新农村建设丛书

新农村住宅设计

孙培祥　主编

中国铁道出版社

2012年·北京

内 容 提 要

本书共分为七章,主要介绍了新农村住宅概述、新农村住宅建筑设计基础、房屋建筑施工图基础、房屋建筑构造、新农村住宅设计、新农村公共建筑设计及新农村生态建筑设计等内容。

本书内容系统全面,具有实践性和指导性。本书既可作为土木工程技术人员的培训教材,也可作为大专院校土木工程专业的学习教材。

图书在版编目(CIP)数据

新农村住宅设计/孙培祥主编 . —北京:中国铁道出版社,2012.12
(新农村建设丛书)
ISBN 978-7-113-15673-2

Ⅰ.①新… Ⅱ.①孙… Ⅲ.①农村住宅—建筑设计 Ⅳ.①TU241.4

中国版本图书馆 CIP 数据核字(2012)第 270369 号

书　名:	新农村建设丛书
	新农村住宅设计
作　者:	孙培祥

策划编辑:	江新锡　曹艳芳
责任编辑:	冯海燕　王　健　　**电话**:010-51873193
封面设计:	郑春鹏
责任校对:	张玉华
责任印制:	郭向伟

出版发行:	中国铁道出版社(100054,北京市西城区右安门西街 8 号)
网　址:	http://www.tdpress.com
印　刷:	北京鑫正大印刷有限公司
版　次:	2012 年 12 月第 1 版　2012 年 12 月第 1 次印刷
开　本:	787mm×1092mm　1/16　印张:15.75　字数:392 千
书　号:	ISBN 978-7-113-15673-2
定　价:	38.00 元

前　言

当前,我国经济社会发展已进入城镇化发展和社会主义新农村建设齐头并进的新阶段,中国特色城镇化的有序推进离不开城市和农村经济社会的健康协调发展。大力推进社会主义新农村建设,实现农村经济、社会、环境的协调发展,不仅经济要发展,而且要求大力推进生态环境改善、基础设施建设、公共设施配置等社会事业的发展。

村镇建设是社会主义新农村的核心内容之一,是立足现实、缩小城乡差距、促进农村全面发展的必经之路。村镇建设不仅改善了农村人居生态环境,而且改变了农民的生产生活,为农村经济社会的全面发展提供了基础条件。

在新农村建设过程中,有一些建筑缺乏设计或选用的建筑材料质量低劣,甚至在原有建筑上盲目扩建,因而使得质量事故不断发生,不仅造成了经济上的损失,而且危及人们的生命安全。为了提高村镇住宅建筑的质量,我们编写了此套丛书,希望对村镇住宅建筑工程的选材、设计、施工有所帮助。

本套丛书共分为以下分册:

《新农村常用建筑材料》;

《新农村规划设计》;

《新农村住宅设计》;

《新农村建筑施工技术》。

本套丛书既可为广大的农民、农村科技人员和农村基层领导干部提供具有实践性、指导性的技术参考和解决问题的方法,也可作为社会主义新型农民、职工培训等的学习教材,还可供新型材料生产厂商、建筑设计单位、建筑施工单位和监理单位参考使用。

本套丛书在编写过程中,得到了很多专家和领导的大力支持,同时编写过程中参考了一些公开发表的文献资料,在此一并表示深深的谢意。

参加本书编写的人员有孙培祥、赵洁、叶梁梁、汪硕、孙占红、张正南、张学宏、彭美丽、李仲杰、李芳芳、张凌、向倩、乔芳芳、王文慧、张婧芳、栾海明、白二堂、贾玉梅、李志刚、朱天立、邵艺菲等。

由于编者水平有限以及时间仓促,书中难免存在一些不足和谬误之处,恳请广大读者批评指正,提出建议,以便再版时修订,以促使本书能更好地为社会主义新农村建设服务。

编　者

2012 年 10 月

目　　录

第一章 新农村住宅概述

第一节 新农村住宅的特点

一、新农村住宅的概念

新农村住宅不同于仅作为居住生活的城市住宅,具有更多的功能,这是城市住宅所不能比拟的;新农村住宅不是洋房,也不可能是洋房;新农村住宅更不是别墅,也更不可能是别墅。新农村住宅是农村中以家庭为单位,集居住生活和部分生产活动于一体,并能够适应可持续发展需要的实用性住宅。

二、新农村住宅的特点

新农村住宅所处的环境贴近自然并具有乡土文化的特色,因此新农村住宅具有许多新的特点。

1. 使用功能的双重性

我国有 7 亿人口居住在农村,广大的农民群众承担着全部的农业生产以及各种副业、家庭手工业的生产,这其中不少都是利用住宅作为部分生产活动的场所。

因此,农村住宅不仅要有确保农民生活居住的功能空间,还必须考虑生产的相关功能。很多的功能空间都应兼具生活和生产的双重要求外,同时应该配置农机具、谷物等的储藏空间以及室外的晾晒场地和活动场所。例如,庭院是农村住宅中一个极为重要并富有特色的室外空间,是室内空间的对外延伸。在农村住宅建设中大量推广沼气池,农村住宅的平面布置就要求厨房、厕所、猪圈和沼气池要有较为直接、便捷的联系,以方便管线布置和使用。

2. 持续发展的适应性

近几年农村经济发生了巨大的变化,农民的生活质量不断提高。生产方式、生产关系的急剧变化必然会对居住形态产生影响,这就要求农村住宅的建设应具有适用性、灵活性和可改性,既要满足当前生产和生活的需要,又要适应可持续发展的要求,以避免建设周期太短,反复建设劳民伤财。如把室内功能空间的隔墙尽可能采用非承重墙,以便于功能空间的变化使用。

3. 服务对象的多变性

我国地域广阔,民族众多。即便是在同一个地区,也多因聚族而居的特点,不同的地域、不同的村庄、不同的族性也都有着不同的风俗民情,对于生产方式、生产关系和生活习俗、邻里交往都有着不同的理解、认识和要求,其宗族、邻里关系极为密切,十分重视代际关系。这在农村住宅的设计中都必须针对服务对象的变化,逐一认真加以解决,以适应各自不同的要求。

4. 建造技术的复杂性

农村住宅不仅功能复杂,而且建房资金紧张,同时还受自然环境和乡土文化的影响。这就要求农村住宅的设计必须因地制宜,节约土地;精打细算,使每平方米的建筑面积都能充分发挥应有的作用;就地取材,充分利用地方材料和废旧的建筑材料;采用较为简便和行之有效的施工工艺等。

在功能齐全、布局合理和结构安全的基础上,还要求所有的功能空间都有直接的采光和通风。力求节省材料、节约能源、降低造价,创造具有乡土文化特色的农村住宅,这就使得面积小、层数低,看似简单的农村住宅显现了包括设计工作在内的建造技术的复杂性。

5. 地方风貌的独特性

农村住宅不仅受历史文化、地域文化和乡土文化的影响,同时也还受使用对象对生产、生活的要求不同而有很大的变化,即使在同一个村落,有时也会有所不同。对农村住宅的各主要功能空间及其布局也有着很多特殊的要求。比如厅堂(堂屋)就不仅必须有较大的面积,还应位居南向的主要入口处,以满足农村家庭举办各种婚丧喜庆活动之所需。这是城市住宅中的客厅和起居厅所不能替代的。所以现在的任务是深入研究、努力弘扬,创造富有地方风貌的现代农村住宅,避免千村一面、百里同貌。

第二节　新农村住宅的居住形态和建筑文化

一、厅堂文化

1. 农村住宅独具特色的厅堂文化

我国的农村多以聚族而居,宗族的繁衍使得一个个相对独立的小家庭不断涌现,每个家庭又形成了相对独立的经济和社会氛围,农村住宅的厅堂(或称堂屋)在平面布局上居于中心位置,是组织生活的关系所在,是农村住宅的核心,是农民起居生活和对外交往的中心。其大门即是农村住宅组织自然通风、接纳清新空气的"气口"。为此,厅堂是集对外和内部公共活动于一体的室内功能空间。厅堂的位置要求居于住宅朝向最好的方位,而大门即需居中布置,以适应各种活动的需要。正对大门的墙壁即要求必须是实墙,在日常生活中用以布置展示其宗族亲缘的象征。而在喜庆中布置红幅,更可烘托喜庆的气氛等,形成了农村住宅独具特色的厅堂文化。厅堂文化在弘扬中华民族优秀传统文化和构建和谐社会中有着极其积极的意义,在新农村住宅设计中应予以足够的重视。

2. 新农村住宅厅堂的演化

为了节省用地,除个别用地比较宽松和偏僻的山地外,新农村住宅已由低层楼房替代了传统的平房农村住宅,但农村住宅的厅堂依然是人们最为重视的功能空间,传承着农村平房住宅的要求。在面积较大的楼房中,农村住宅厅堂的功能也开始分为一层为厅堂,作为对外的公共活动空间和二层为起居厅,作为家庭内部的公共活动空间,有条件的地方还在三层设置活动厅。这时,一层的厅堂其要求仍传承着农村住宅厅堂的布置要求,只是把对内部活动功能分别安排在二层的起居厅和三层的活动厅。

3. 农村住宅的厅堂与庭院的联系

农村住宅的厅堂都与庭院有着极为密切的联系,"有厅必有庭"。因此,低层农村住宅楼层的起居厅、活动厅也应与阳台、露台这一楼层的室外活动空间保持密切的联系。

农村住宅的庭院是厅堂活动的延伸,也有一定的替代作用。

二、庭院文化

1. 农村住宅庭院的特点

农村住宅的庭院,不论是有明确以围墙为界的庭院或者是无明确界限的庭院,都是农村优美自然环境和田园风光的延伸,也还是利用阳光进行户外活动和交往的场所,是农村住宅居住生活和进行部分农副业生产之所需,也是农村家庭老人、小孩和家人进行户外活动以及邻里交往的农村居住生活之必需,同时还是农村住宅贴近自然、融合于自然环境之中的所在。

2. 农村住宅的庭院文化

广大农民群众极为重视户外活动,因此农村住宅的庭院有前院、后院、侧院和天井内庭,都充分展现了天人合一的居住形态,构成了极富情趣的庭院文化。庭院文化是当代人崇尚的田园风光和乡村文明之所在,也是新农村住宅设计中应该努力弘扬和发展的重要内容。特别应引起重视的是作为低层农村住宅楼层的阳台和露台也都具有如同地面庭院的功能,其面积也都应较大,并布置在厅的南面。

3. 农村住宅庭院的作用

在南方的农村住宅,阳台和露台往往还是培栽盆景和花卉的副业场地或主要的消夏纳凉场所。低层楼房的农村住宅由于阳台和露台的设置所形成的退台,还可丰富农村住宅的立面造型,使得低层农村住宅与自然环境更好地融为一体。带有可开启活动玻璃屋顶的天井内庭,不仅是传统民居建筑文化的传承,更是调节居住环境小气候的重要措施(图1-1),得到学术界的重视和广大群众的欢迎,成为现代新农村住宅庭院文化的亮点。

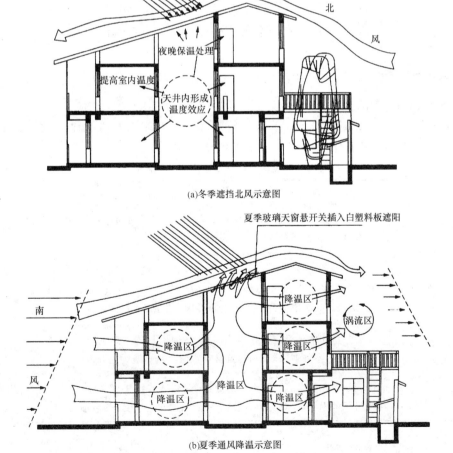

(a)冬季遮挡北风示意图

(b)夏季通风降温示意图

图 1-1　带有可开启活动玻璃屋顶的天井内庭

三、乡土文化

1. 乡土文化的"和合文化"

在我国 960 万平方公里的土地上,居住着具有多种风俗的民族,在长期的实践中,人们认识到,人的一切活动要顺应自然的发展,人与自然的和谐相生是人类的永恒追求,也是中华民族崇尚自然的最高境界,以儒、道、释为代表的中国传统文化更是主张和谐统一,也常被称为"和合文化"。

2. 传统民居和村落的乡土文化

在人与自然的关系上,传统民居和村落遵循风水学顺应自然、相融于自然,巧妙地利用自然形成"天趣";在物质与精神关系上,风水学指导下的中国广大农村在二者关系上也是协调统一的,人们把对皇天后土和各路神明的崇敬与对长寿、富贵、康宁、浩德、善终"五福临门"的追求紧密地结合起来,形成了环境优美贴近自然、明清风俗淳朴真诚、传统风貌鲜明独特和形式别致丰富多彩的乡土文化,具有无限的生命力,成为当代人追崇的热土。

3. 对社会主义新农村的展望

我们必须认真深入地发掘富有中华民族特色的传统优秀乡土文化,在社会主义新农村的建设中加以弘扬,使其焕发更为璀璨的光芒,创造融于环境、因地制宜、更具独特地方风貌的社会主义新农村。

第三节　新农村住宅的设计原则和指导思想

一、新农村住宅的设计原则

1. 建筑设计的基本原则

建筑设计的基本原则是安全、适用、经济和美观。这对于新农村的住宅设计是非常适合的,建筑设计基本原则的具体内容见表 1-1。

表 1-1　建筑设计基本原则的具体内容

项　目	内　容
安全性	就是指住宅必须具有足够的强度、刚度、抗震性和稳定性,满足防火规范和防灾要求,以保证居民的人身财产安全
适用性	就是方便居住生活,有利于生产和经营,适应不同地区、不同民族的生活习惯需要。包括各种功能空间(即房间)的面积大小、院落各组成部分的相互关系,以及采光、通风、御寒、隔热和卫生等设施要满足生活、生产的需要
经济性	就是指住宅建设应该在因地制宜、就地取材的基础上,要合理的布置平面,充分利用室内、室外空间,节约建筑材料,节约用地,节约能源消耗,降低住宅造价
美观性	就是指在安全、适用、经济的原则下,弘扬传统民族文化,力求简洁明快大方,创造与环境相协调,具有地方特色。适当注意住宅内外的装饰,给人以美的艺术感受

2. 新农村住宅发展的主流

由于需要与大自然相协调的需要,建设以二、三层为主的低层住宅应是新农村住宅发展的主流,这也是新农村住宅的研究重点。新农村住宅设计的基本原则见表1-2。

表 1-2 新农村住宅设计的基本原则

项 目	内 容
生活性和生产性	应以满足新农村不同层次的农民家居生活和生产的需求为依据,一切从农户舒适的生活和生产需要出发,充分保证新农村家居文明的实现
可持续发展的原则	应能适应当地的居住水平和生产发展的需要,并具有一定的超前意识和可持续发展的需要
适用性、舒适性和安全性	努力提高新农村住宅的功能质量,合理组织齐全的功能空间并提高其专用程度,实现动静分离、公私分离、洁污分离、食居分离、居寝分离,充分体现出新农村住宅的适用性、舒适性和安全性
灵活性、多样性、适应性和可改性	在充分考虑当地自然条件、民情风俗和居住发展需要的情况下,努力改进结构体系,突破落后的建造技术,以实现新农村住宅设计的灵活性、多样性、适应性和可改性
空间设计的统一性和标准化	各功能空间的设计应为采用按照国家制定的统一模数和各项标准化措施所开发、推广运用的各种家用设备产品创造条件
反映新农村住宅的特点	新农村住宅的平面布局和立面造型应能反映新农村住宅的特点．并具有时代风貌和富有乡土气息

二、新农村住宅的指导思想

1. 努力排除影响居住环境质量的功能空间

几千年来,小农经济的生产模式导致我国农村居民的居住形态极其复杂。农村经济体制的改革促使经济飞速发展,农村剩余劳动力的转移,使得广大农民更多地接触到现代科学技术较为集中的城市,因而在观念上有了很大的变化。尤其是农业生产集约化和适度规模经营的推广,使得一些经济比较发达地区的农村住宅已摆脱过去那种严重影响居住环境质量的居住形态,而被动人的庭院绿化所替代,形成优雅温馨的家居环境。

因此,要提高农村住宅的功能质量,就必须合理的组织生活和生产空间,使其在满足新农村居住水平和生活需要的同时,摆脱小农经济的发展模式,才能获得经济的高速发展,也才能促使思想意识的转变,进而在居住生活中排除那些严重影响居住环境质量的功能空间。

2. 充分体现以现代新农村居民生活为核心的设计思想

新农村住宅的设计,应符合新农村居民的居住行为特征,突出"以人为核心"的设计原则,提倡住户参与精神,一切从住户舒适的生活和生产的需要出发,改变与现代居住文明生活不相适应的旧观念。因此,新农村住宅的设计必须建立在对当地新农村经济发展、居住水平、生产要求、民情风俗等的实态调查和发展趋势进行研究的基础上,才能充分保证家居文明的实现。为此,广大设计人员只有经过熟悉群众、理解群众、尊重群众,在尊重民情风俗的基础上．和群众交朋友,才能做好实态调查,也才能做出符合当地群众喜爱的设计。在设计中又必须留出较大的灵活性,以便群众参与,也才能在设计中充分体现以现代新农村居民生活和生产为核心的设计思想。

3. 弘扬传统建筑文化,在继承中创新,在创新中保持特色

我国传统民居,无论是平面布局、结构构造,还是造型艺术,都凝聚着我国历代先民们在顺应自然和适度改造大自然的历史长河中的聪明才智和光辉业绩,形成了风格特异的文化特征。

作为建筑文化,它不仅受历史上经济和技术的制约,更受到历史上各种文化的影响。我国地域辽阔,幅员广大,民族众多,各地在经济水平、社会条件、自然资源、交通状况和民情风俗上都各不相同。即便是在同一地区、同一村庄,能工巧匠们也能在统一中创造出很多各具特色的造型。同是起防火作用的封火墙,安徽的、浙江的、江西的、福建的等各地都各不相同,变化万千。建筑师们在创作中往往把它作为一种表现地方风貌和表现自我的手法,大加渲染。

在新农村住宅的设计时,对于我国灿烂的传统建筑文化,不能仅仅局限于造型上的探讨,还必须考虑到现代的经济条件,运用现代科学技术和从满足现代生活和生产发展的需要出发,从平面布局、空间利用和组织、结构构造、材料运用以及造型艺术等诸多方面努力汲取精华,在继承中创新,在创新中保持特色。因地制宜,突出当地优势和特色。使得每一个地区、每一个新农村、乃至每一幢建筑,都能在总体协调的基础上独具风采。

4. 改进结构体系,善于运用灵活的轻质隔墙

经济的发展推动着社会进步,也必然促进居住条件和生活环境的改善。新农村住宅必须适应可持续发展的需要,才能适应新农村生产方式和生产关系所发生变化的需要。同时,由于住户的生活习惯各不相同,也应该为住户参与创造条件。

新农村住宅的设计就要求有灵活性、多样性、适应性和可改性。为此,必须努力改进和突破农村传统落后的建造技术,推广应用和开发研究适用于不同地区的坚固耐用、灵活多变、施工简便的新型农村住宅结构。目前,有条件的地方可以推广钢筋混凝土框架结构,而仍然采用以砖混结构为主的,也不要把所有的分隔墙都做成承重砖墙,而应该根据建筑布局的特点,尽量布置一些轻质的内隔墙,以便适应变化的要求。外墙应确保保温、隔热的热工计算和节能要求,并为创造良好的室内声、光、热、空气环境质量提供可靠的保证。

5. 善加引导新农村住宅的室内装修

进入21世纪,人们的居住条件有了根本改变,随着住宅硬环境的改善,一场家庭装修革命也随之悄然兴起。纵观人们对住宅室内软环境的营造,折射出种种截然不同的心态,在某种意义上说,这也反映了人们的文化素养和心理情趣。

改革开放以来,人们的生活节奏加快了,客观上需要一个良好的居住环境,人们已逐步开始摆脱传统的无需装修的旧观念,而不断追求一种具有时代美感的家居环境。

随着新农村居民收入增加了,对于家庭装修也特别重视。家庭装修应以自然、简洁、温馨、高雅为农户提供安全舒适、有利于身体健康和节约空间的居住环境。但由于对新农村居民的装修意识缺乏引导,盲目追求欣赏效果,与人攀比,照搬饭店的设计和材料,造成了华而不实、档次过高、缺少个性,导致投入资金偏大,侵占室内空间较多,甚至对原有建筑结构的破坏较为严重及使用有毒有害的建筑材料等不良效果。住宅毕竟不是仅仅用来看的,对新农村住宅的室内装修应善加引导,本着经济实用、朴素大方、美观谐调、就地取材的原则,充分利用有限资金、面积和空间进行装修,真正地为提高新农村住宅的功能质量,营造温馨的家居环境起到补充和完善的作用。

第四节　新农村住宅的分类

一、按住宅的层数分类

新农村住宅的分类方法有很多,其中新农村住宅按住宅的层数分类见表1-3。

表 1-3　新农村住宅按住宅的层数分类

项　　目	内　　容
单层的平房住宅	传统的农村住宅多为平房住宅,随着经济的发展、技术的进步,改革人居环境已成为广大农民群众的迫切要求,但由于受经济条件的制约,近期新农村住宅建设仍应以注重改善传统农村住宅的人居环境为主。在经济条件允许下,为了节约土地,不应提倡建造平房住宅。只是在一些边远的山区或地多人少的地区,仍还采用单层的平房住宅,但也应有现代化的设计理念。如图 1-2 所示是为建设社会主义新农村而设计的新型农村平房住宅
低层住宅	三层以下的住宅称为低层住宅,是新农村住宅的主要类型。它又可分为二层住宅和三层住宅
多层住宅	六层以下的称为多层住宅,在新农村建设中常用的为四、五层的住宅

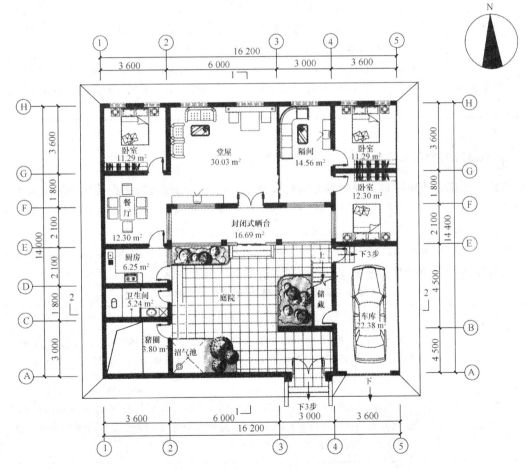

图 1-2　新农村平房住宅(单位:mm)

二、按结构形式分类

可用作新农村住宅的结构有很多,其大致分类见表 1-4。

表 1-4　新农村住宅按住宅的结构分类

项　　目	内　　容
木结构与木质结构	木结构和木质结构是以木材和木质材料为主要承重结构和围护结构的建筑。 　　木结构是中国传统民居(尤其是农村住宅)广为采用的主要结构形式,但由于种种原因,如森林资源遭到乱砍滥伐,造成水土流失,木材严重奇缺,木结构建筑从 20世纪 50 年代末便开始被严禁使用。而世界各国对木结构建筑的推广应用却十分迅速,尤其是加拿大、美国、新西兰、日本和北欧的一些国家,不仅木结构广为应用,而且十分重视以人工速生林、次生林和木质纤维为主要材料的集成材料,各种作物秸秆的木质材料也得到迅速发展。我国在这方面的研究,也已急起直追,取得了可喜的成果。这将为木质结构的推广应用创造必不可少的基本条件。 　　木质结构尤其是生物秸秆木质材料结构,由于大量采用农村中的秸秆,变废为宝,在新农村住宅中应用具有重要的特殊意义,发展前景看好
砖木结构	砖木结构是以木构架为承重结构,而以砖为围护结构或者是以砖柱、砖墙承重的木屋架结构。这在传统的民居中应用也十分广泛
砖混结构	材料主要由砖、石和钢筋混凝土组成。其结构由砖(石)墙或柱为垂直承重构件,承受垂直荷载,而用钢筋混凝土做楼板、梁、过梁、屋面等横向(水平)承重构件搁置在砖(石)墙或柱上。这是目前我国农村住宅中最为常用的结构
框架结构	框架结构就是由梁柱作为主要承重构件组成住宅的骨架,它除了上面已单独介绍的木结构和木质结构外,目前在新农村住宅建设中普遍采用的还是钢筋混凝土结构和轻钢结构

三、按庭院的分布形式分类

　　庭院是中国传统民居最富独特魅力的组成部分。建筑师们通过对中国传统民居文化的深入探索和研究,在新农村住宅设计中,纷纷借鉴传统民居的建筑文化,庭院布置受到普遍的重视,出现了或前庭、或后院、或侧院、或前庭后院多种庭院布置形式。

　　由于各地自然地理条件、气候条件、生活习惯相差较大,因此,合理选择院落的形式,主要应从当地生活特点和习惯去考虑。新农村住宅按庭院的分布形式分类见表 1-5。

表 1-5　新农村住宅按庭院的分布形式分类

项　　目	内　　容
前院式	也称为南院式,庭院一般布置在住房南向,优点是避风向阳,适宜家禽、家畜饲养。缺点是生活院与杂物院混在一起,环境卫生条件较差。一般北方地区采用较多,如图 1-3 所示
后院式	也称为北院式,庭院布置在住房的北向,优点是住房朝向好,院落比较隐蔽和阴凉,适宜炎热地区进行家庭副业生产,前后交通方便。缺点是住房易受室外干扰。一般南方地区采用较多,如图 1-4 所示
前后院式	庭院被住房分隔为前后两部分,形成生活和杂务活动分开的两个场所。南向院子多为生活院子,北向院子为杂物和饲养场所。优点是功能分区明确,使用方便、清洁、卫生、安静。一般适合在宅基地宽度较窄、进深较长的住宅平面布置中使用,如图 1-5 所示

续上表

项　目	内　容
侧院式	庭院被分割成两部分,即生活院和杂物院,一般分别设在住房前面和一侧,构成既分割又连通的空间。优点是功能分区明确,院落净脏分明。如图1-6所示
天井式	也称为内院式、内庭式、中庭式。将庭院布置在住宅的中间,它可以为住宅的多个功能空间(即房间)引进光线,组织气流,调节小气候,是老人便利的室外活动场地,可以在冬季享受避风的阳光,也是家庭室外半开放的聚会空间,如图1-3所示。 　以天井内庭为中心布置各功能空间,除了可以保证各个空间都能有良好的采光和通风外,天井内庭还是住宅内的绿岛,可适当布置"水绿结合",以达到水绿相互促进、共同调节室内"小气候"的目的,成为住宅内部会呼吸的"肺"。这种汲取传统民居建筑文化的设计手法,越来越得到重视,布置形式和尺寸大小也可根据不同条件和使用要求而变化万千

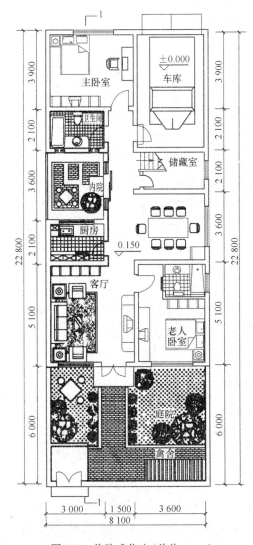

图1-3　前院式住宅(单位:mm)

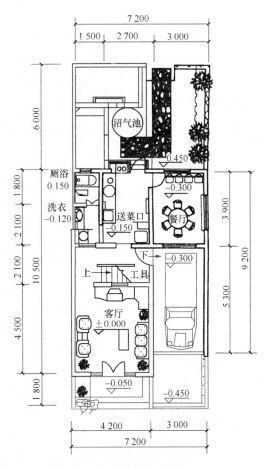

图1-4　后院式住宅(单位:mm)

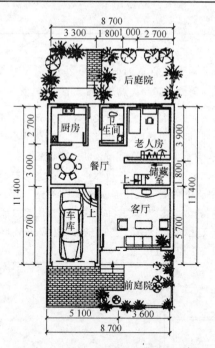

图 1-5　前后院式住宅(单位：mm)

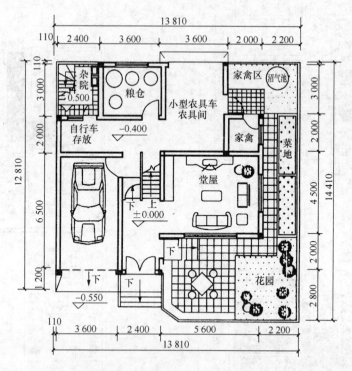

图 1-6　侧院式住宅(单位：mm)

四、按平面的组合形式分类

农村住宅过去多采用独院式的平面组合形式,伴随着经济改革,我国新农村的低层住宅多采用独立式、并联式和联排式。新农村住宅按平面的组合形式分类见表 1-6。

表 1-6　新农村住宅按平面的组合形式分类

项　目	内　容
独立式	独门独院,建筑四面临空,居住条件安静、舒适、宽敞,但需占用较大的宅基地,且基础设施配置不便,一般应少量采用,如图 1-7 所示
并联式	由两户并联成一栋房屋。这种布置形式适用于南北向布置,每户可有前后两院,分别单独设计出入口,中间山墙可两户合用,基础设施配置方便,对节约建设用地有很大好处,如图 1-8 所示
联排式	一般由 3～5 户组成一排,不宜太多,当建筑耐火等级为一、二级时,长度超过100 m,或耐火等级为三级长度超过 80 m 时应设防火墙,山墙可合用。室外工程管线集中且节省。这种形式的组合也可有前后院,每排有一个东西向通道,单独的出入口为南北两个方向,这种布置方式占地较少,是当前新农村普遍采用的一种形式,如图 1-9 所示。这种形式加在中间的农户,采光通风受到一定的制约,在设计中必须引起重视,加以改善
院落式	院落式是在吸取合院式传统民居优秀文化的基础上,创作的一种新农村住宅平面组合形式。它是联排式和联排式、或联排式和并联式(独立式)组合而成的一组带有人车分离庭院的院落式,不仅在单体设计中较好的解决联排式住宅中间农户的采光通风问题,而且具有可为若干住户组成一个不受机动车干扰的邻里交往共享空间和便于管理等特点,在实践中备受欢迎。这种形式在新农村建设中颇有推广意义,如图 1-10 所示

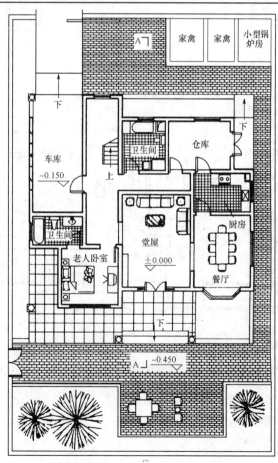

图 1-7　独立式住宅

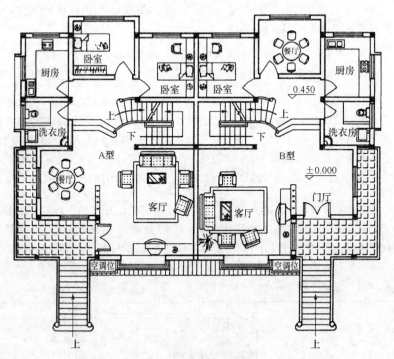

图 1-8 并联式住宅

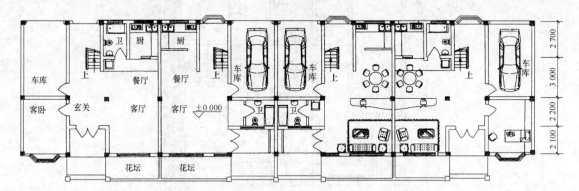

图 1-9 联排式住宅

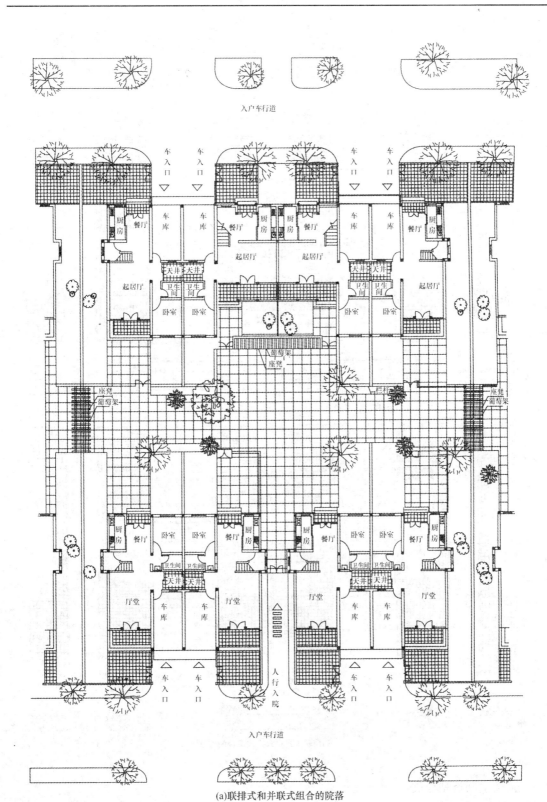

(a)联排式和并联式组合的院落

图　1-10

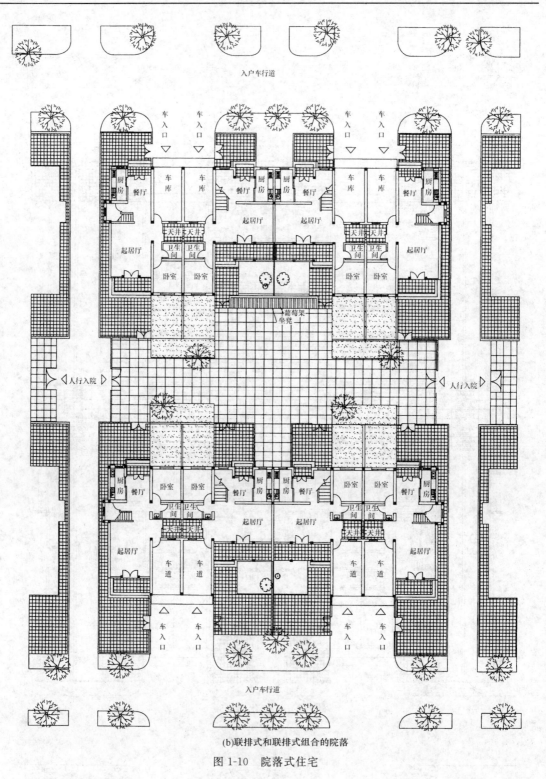

(b)联排式和联排式组合的院落

图 1-10　院落式住宅

五、按空间类型分类

　　为了适应新农村住宅居住生活和生产活动的需要,在设计中可按每户空间布局占有的空间进行分类,其具体分类见表 1-7。

表 1-7 新农村住宅按空间类型分类

项 目	内 容
垂直分户	垂直分户的住宅一般都是二、三层的低层住宅,每户不仅占有上、下二(或三)层的全部空间,也即"有天有地",而且都是独门独院。垂直分户的新农村住宅具有节约用地和有利于农副业活动为主农户对庭院农机具储存和晾晒谷物的特点。而对于虽然已脱离农业生产的住户,由于传统的民情风俗和生活习惯,也仍然希望居住这种贴近自然且带有庭院的二、三层低层住宅。因此它是新农村住宅的主要形式如图 1-11 所示
水平分户	水平分户的新农村住宅一般有 2 种形式。 (1)水平分户平房住宅。它是每户占据一层的"有天有地"的空间,而且是带有庭院的独门独户的住宅,具有方便生活、便于进行生产活动和接地性良好的特点,但由于占地面积较大,因此应尽量减少采用如图 1-12 所示。 (2)水平分户多层住宅。水平分户的多层住宅一般都是六层以下的公寓式住宅,由公共楼梯间进入,新农村多层住宅常用的是一梯两户,每户占有同一层中的部分水平空间。这种住宅除一层外,二层以上都存在着接地性较差的缺点。因此,在设计时应合理确定阳台的进深和阔度,并处理好其与起居厅的关系,使其尽可能的具有庭院的功能,如图 1-13 所示
跃层分户	跃层分户是新农村住宅中的一种新的形式,具有节约用地的特点。一般是用于四层的多层住宅,其中一户占有一、二层的空间,另一户则占有三、四层的空间。这种住宅在设计中为了解决三、四层住户接地性较差的缺点,往往一方面把三、四层住户的户楼梯直接从地面开始,另一方面则努力设法扩大阳台的面积,使其形成露台,以保证三、四层有住户具有较多的户外活动空间,如图 1-14 所示

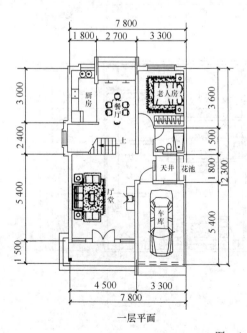

一层平面

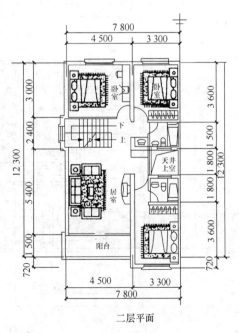

二层平面

图 1-11(单位:mm)

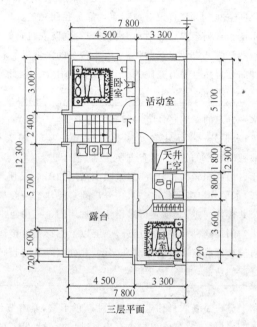

三层平面

图 1-11　垂直分户的新农村住宅(单位:mm)

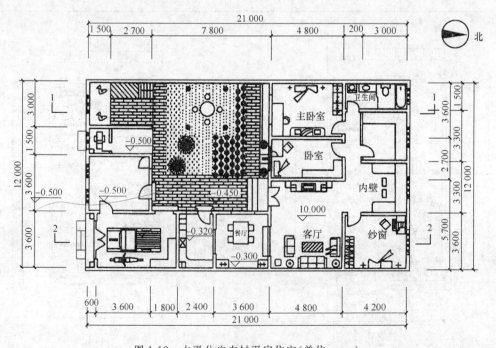

图 1-12　水平分户农村平房住宅(单位:mm)

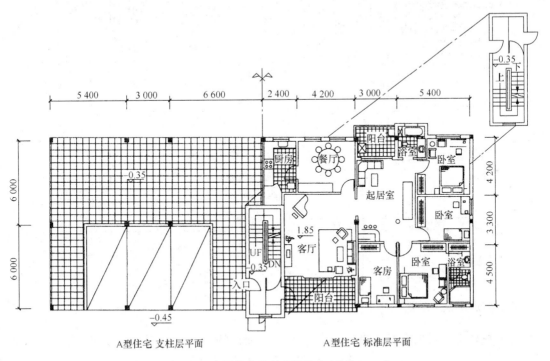

A型住宅 支柱层平面　　　　　A型住宅 标准层平面

图 1-13　水平分户农村多层住宅（单位：mm）

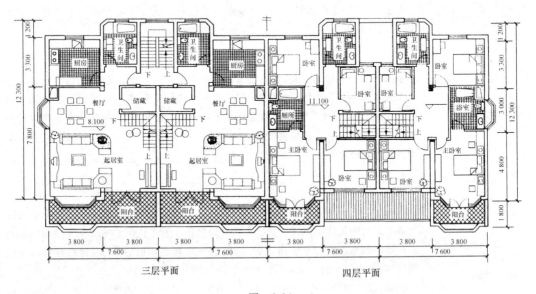

三层平面　　　　　　　　　　四层平面

图　1-14

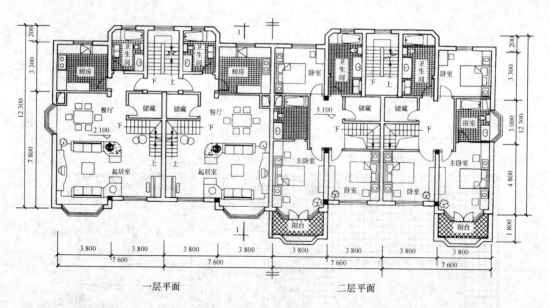

一层平面　　　　　　　　二层平面

图 1-14　跃层分户农村多层住宅（单位：mm）

六、按使用特点分类

新农村住宅应根据不同的使用人群，按住宅的使用特点分类，具体的分类及内容见表 1-8。

表 1-8　新农村住宅按使用特点分类

项　目	内　容
生活、生产型住宅	新农村生活、生产型住宅，它兼顾到新农村农民居住生活和部分生产活动的需要，是我国新农村住宅的主要形式，如图 1-15 所示
居住型住宅	在农业集约化程度较高、农民已基本上脱离了农业生产活动的地区，虽然住宅基本上仅需要满足居住生活的要求，但应重视新农村的住宅仍然是处于农村的大环境之中，因此居住型住宅不仅应保持与大自然的密切联系，同时还应弘扬当地的民情风俗和历史文化。这也就使得其与城市住宅仍然存在着不少的差距，是不能简单地用城市住宅所能替代的，如图 1-16 所示
代际型住宅	在我国的农村中，爷爷奶奶乐于带孩子，儿女也把赡养老人作为自己的义务。这种共享天伦的传统美德使我国广大农村普遍存在着三代同堂的现象。考虑到老年人和年轻人在新形势下对待各种问题，容易出现认识的分歧，因此也容易出现代沟，影响家庭的和睦。因此，代际型住宅也随之应运而生。 代际型住宅的处理方法很多，如在垂直分户的农村住宅中老人住楼下，儿孙住楼上如图 1-17 所示。而在水平分户一梯两户的农村住宅中，老人和儿孙各住一边如图 1-18 所示。代际型住宅的设计必须特别重视老人和儿孙所居住的空间既有适当合理的分开，又有相互关照的密切联系

续上表

项　目	内　容
专业户住宅	改革开放给农村注入了新的活力，广大农村百业兴旺，形成了很多专门从事某种农村副业生产的专业户。专业户住宅的设计，除了必须注意满足住户居住生活的需要，还应特别注意做好根据专业户经营的副业特点进行设计。如图1-19所示为养花专业户农村住宅
少数民族住宅	我国是一个拥有56个民族的国家。其中55个少数民族分布在全国各地广大农村。在新农村住宅的设计中，对于少数民族的住宅，除了必须满足其居民生活和生产活动的需要外，还应该特别尊重各少数民族的民族风情和历史文化

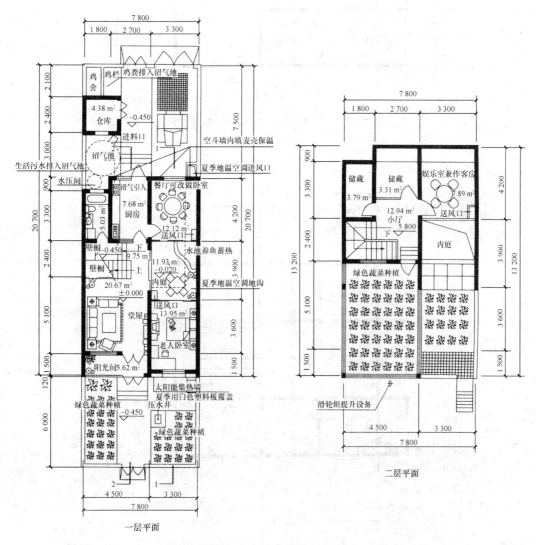

图1-15　生活、生产型农村住宅（单位：mm）

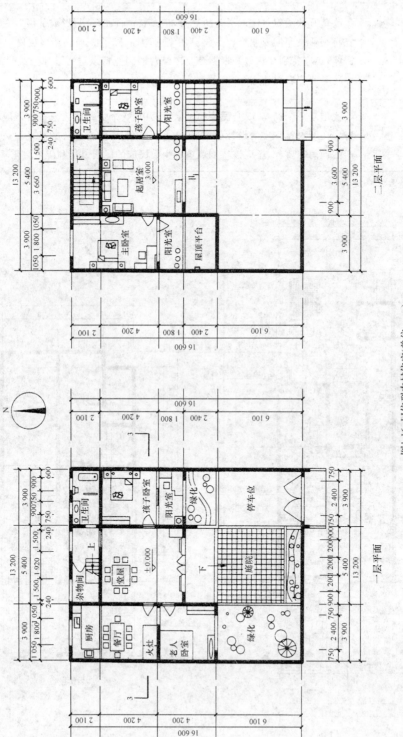

图1-16 居住型农村住宅(单位: mm)

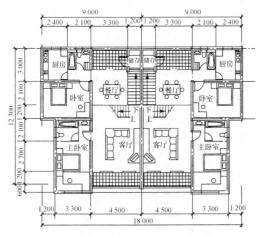

两代居住宅二层平面

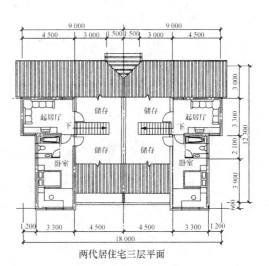

两代居住宅三层平面

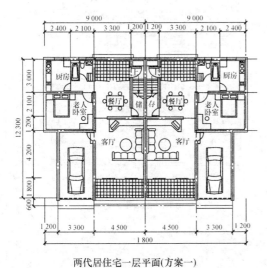

两代居住宅一层平面(方案一)

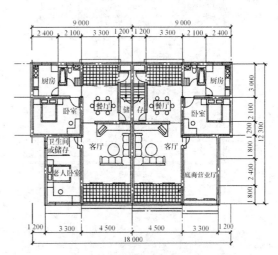

两代居住宅一层平面(方案二)

图 1-17　垂直分户代际型农村住宅(单位：mm)

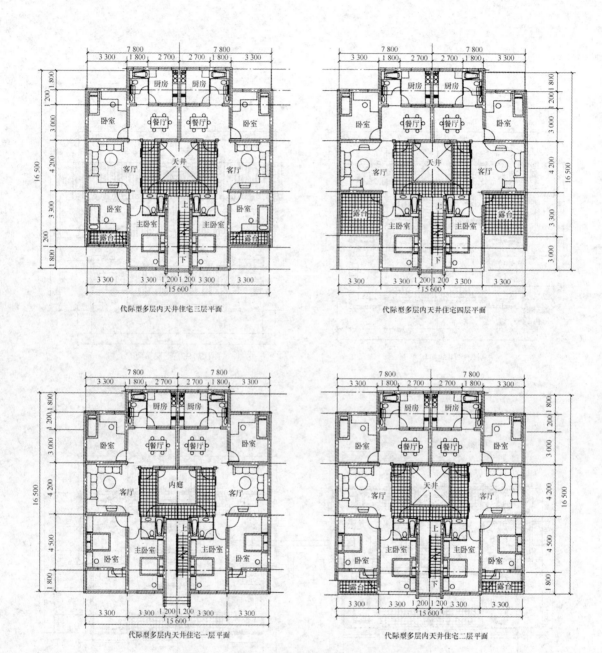

代际型多层内天井住宅三层平面　　　　　　　　　代际型多层内天井住宅四层平面

代际型多层内天井住宅一层平面　　　　　　　　　代际型多层内天井住宅二层平面

图 1-18　水平分户代际型农村住宅（单位：mm）

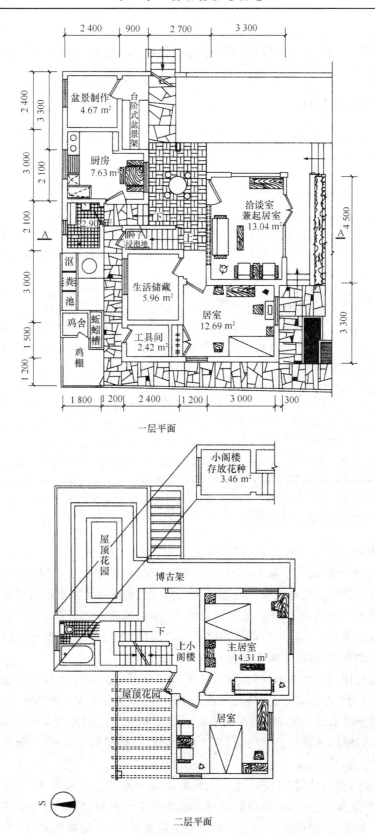

一层平面

二层平面

图 1-19　养花专业户农村住宅(单位:mm)

第五节　新农村住宅的功能特点和各功能空间的特点

一、新农村住宅的功能特点

现代新农村住宅的功能早已不在单一,各种功能都已经体现在日常生活中。新农村住宅的功能特点见表 1-9。

表 1-9　新农村住宅的功能特点

项　　目	内　　容
农业与生产上的功能	新农村住宅除了是农业生产收成后的加工处理和储藏场所外,还是农村从事家庭副业生产的地方。当今,新农村的各种产业飞快发展,生产方式和生产关系也随之发生变化
社交与行为上的功能	新农村住宅是农民睡眠、休息、家人团聚以及接待客人的场所,所以住宅是每一个家庭成员生活行为以及与他人相处等的社交行为所在,它的空间分隔也在一定程度上反映出家庭成员的各种关系,同时还需要满足每个居住者生活上私密性及社交功能的要求
环境与文化上的功能	新农村住宅室内的居住环境及设备,既应能满足农民生理上的需要,如充足的阳光、良好的通风等;也应能满足农民心理上的安全感,如庭院布置、住宅造型等;还应该配合当地的地形地貌、自然条件、技术进步及民情风俗等因素来发展,以使住宅及住区的发展能与自然环境融为一体,并延续传统的建筑风格

二、新农村住宅各功能空间的特点

1. 厅堂和起居厅是家庭对外和家庭成员的活动中心

低层住宅中的厅堂(或称堂屋)不论以哪一个角度的标准来衡量,都是一个家庭的首要功能空间。它不仅有着城市住宅中起居厅、客厅的功能,更重要的还在于新农村低层住宅中的厅堂是家庭举行婚丧喜庆的重要场所,它负责联系内外,沟通宾主的任务,往往是集门厅、祖厅、会客、娱乐(有时还兼餐厅、起居厅)的室内公共活动综合空间。新农村低层住宅厅堂的特殊功能是城市住宅中的客厅、起居厅所不能替代的。

起居厅是现代住宅中主要的功能空间,已成为当今住宅必不可少的生活空间。在新农村低层住宅中,一般把它布置在二层,是家庭成员团聚、视听娱乐等活动的场所,常为人们称为家庭厅。而对于多层公寓式住宅来说,它几乎起着厅堂和起居厅的所有功能,即除家庭成员团聚、视听娱乐等活动外,还兼具会客的功能,设计中还往往把起居厅和餐厅、杂务、门厅、交通的部分功能结合在一起。

厅堂和起居厅,由于使用时间长、使用人数多,因此不仅要求开敞明亮,有足够的面积和家具布置空间,以便于集中活动,同时还要求与其相连的室外空间(庭院、阳台或露台)都有着较为密切的联系。设计时,应根据不同使用对象和使用要求,布置适当的家具,并保证必要的人体活动空间,以此来确定合宜的尺度和形状,合理布置门窗,以满足朝向、通风、采光及有良好的视野景观等要求。

在《住宅设计规范》(GB 50096—2011)(以下简称《规范》)中要求保证这一空间能直接采光和自然通风,有良好的视野景观,并保证起居厅的面积应在 10 m² 以上,且有一长度不小于 3 m 的直段实墙面,以保证布置一组沙发和一个相对稳定的角落,如图 1-20 所示。

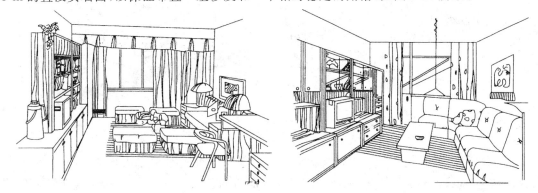

图 1-20　起居厅的布置

对于新农村住宅中的厅堂和起居厅来说,更应该强调必须有良好的朝向和视野。充足的光照,其采光口和地面的比例应不小于 1/7。厅堂和起居厅宜作成长方形,以便于家具的灵活布置。实践证明,平面的宽度最好不应小于 3.9 m,深宽比不得大于 2。

新农村住宅的厅堂,应该根据当地的民情风俗和用户要求进行布置。而起居厅则依需要可分为谈聚休闲区、娱乐区、影视音乐欣赏区,甚至还有非正式餐饮区,当带有餐厅时,餐厅应布置在相对的独立区域。它的动线与家具配置,应力求视觉上的宽敞感,留出更多的活动空间,营造生活居住的气氛,以便发挥每个角落的作用,避免过分强调区域的划分。厅堂和起居厅均应尽量保留与户外空间(庭院、阳台和露台)的灵活关联,甚至,利用户外空间当作实质上或视觉上的伸展。

加强室内外的联系,扩大视野,因此除正对厅堂大门的后墙,应扩大窗户的面积,有条件时可适当降低窗台高度,甚至做成落地窗。厅堂的平面布置应采用半包围形或半包围加 L 形,并减少功能空间对着厅堂和起居厅开门(不要超过一个),留有较大的壁面或不被走穿的一角,形成足够摆放家具的稳定空间,以保证有足够的空间布置和使用家具,从而发挥更大的使用效果。当条件允许时,还可适当提高其层高,以满足空间的视觉要求。

2. 卧室是住宅内部最重要的功能空间

在生存型居住标准中,卧室几乎是住宅的代表,在城市住宅中它还是户型和分类的重要依据。卧室不能任意地缩小,卧室的面积大小和平面位置应根据一般卧室(子女用)、主卧室(夫妇用)、老年人卧室等不同的要求分别设置。

卧室的最小面积是根据居住人口、家具尺寸及必要的活动空间来确定的。根据我国人民的生活习惯,卧室常有兼学习的功能,以床、衣柜、写字台为必要的家具,因此其面积不应过小。在《规范》中规定,双人卧室的面积不应小于 9 m²,单人卧室的面积不应小于 5 m²。卧室兼起居时不应小于 12 m²,卧室的布置如图 1-21 所示。

卧室是以寝卧活动为主要内容的特定功能空间,寝卧是人类生存发展的重要基础。在新农村住宅中通常设置一至多间卧室,以满足家庭各成员的需要。卧室应能单独使用,不许穿套,以免相互干扰。

主卧室必须以获得充分的私密性及高度的安宁感为根本基础,个人才能在环境独立和心

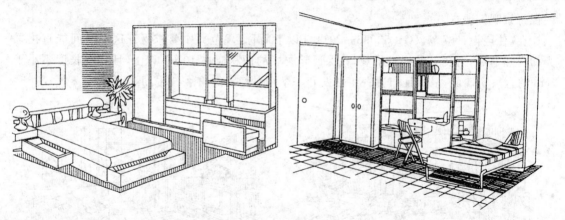

图 1-21　卧室的布置

理安全的维系下,暂且抛开世俗礼规的束缚,以享受真正自由轻松的私人生活乐趣,也才能使主人松弛身心,获得适度的解脱,从而提供自我发展、自我平衡的机会。主卧室应布置在住宅朝向最好、视野最美的位置。主卧室不仅必须满足睡眠和休息的基本要求,同时也必须符合于休闲、工作、梳妆更衣和卫生保健等综合需要,因此主卧室必须有足够的面积,它的净宽度不宜小于 3 m,面积应大于 12 m^2。主卧室应有独立、设施完善及通风采光良好的卫生间,并且档次比公共卫生间要高,为健身需要也常采用冲浪按摩浴缸。主卧室的卫生间开门和装饰应特别注意避免对卧室,尤其是双人床位置的干扰。主卧室还应有较多布置衣橱或衣柜的位置。

老年人的卧室应布置在较为安静、阳光充足、通风良好、便于家人照顾,且对室内公共活动空间和室外私有空间有着较为方便联系的位置。

卧室内应尽量避免摆放有射线危害的家用电器,如电视机、微波炉、计算机等。特别是供孕妇居住的卧室更应引起特别的重视。

3. 餐厅是新农村住宅中的就餐空间和厨房的补充空间

餐厅是一家人就餐的场所,家具设备有餐桌、餐柜及冰箱等。其面积大小主要取决于家庭人口的多少,一般不宜小于 8 m^2。在住宅水平日益提高的情况下,餐厅空间应尽可能独立出来,以使各空间功能合理、整洁有序如图 1-22 所示。

图 1-22　餐厅的布置

一般小型餐厅的平面尺寸为 3 m×3.6 m,可容纳一张餐桌、四把餐椅;中型餐厅的平面尺寸为 3.6 m×4.5 m,足以设一张餐桌、六至八把餐椅;较大型餐厅的平面尺寸则应至少在 3.6 m×4.5 m 以上。

4. 厨房、卫生间是住宅的心脏,是现代居住文明的重要体现

厨房、卫生间的配置水平是一个国家建筑水平的标志之一。厨房、卫生间是住宅的能源中心和污染源。住宅中产生的余热余湿和有害气体主要来源于厨房和卫生间。有资料表明:一个四口之家的厨房、卫生间的产湿量为 7.1 kg/d,占住宅产湿总量的 70%。每天燃烧所产生的二氧化碳为 2.4 m^3,住宅内的二氧化碳和一氧化碳均来源于厨房和卫生间。因此,厨房、卫生间的设计是现代居住文明的重要组成部分,应以实现小康居住水平为设计目标。

(1)厨房。把厨房视为一个家庭核心的观念自古就有,厨房是家庭工作量最大的地方,也是每个家庭成员都必须逗留的场所。因此厨房的设计应努力做到卫生与方便的统一。

新农村住宅的厨房一般均应布置在住宅北面(或东、西侧)紧靠餐厅的位置。对于低层住宅来说还应该布置在一层,并有直接(或通过餐厅)通往室外的出入口,以方便生活组织和密切邻里关系,同时还应考虑与后院以及牲畜圈舍、沼气池的关系。在设计中应改变旧观念。注意排烟通风和良好的采光,并应有足够的面积,以便合理有序地布置厨具设备和设施,形成一个洁净、卫生、设备齐全的炊务空间。

厨房虽是户内辅助房间,但它对住宅的功能与质量起着关键作用。由于人们在厨房中活动时间较长,且家务劳动大部分是在厨房中进行的,因此厨房的家具设备布置及活动空间的安排在住宅设计中显得尤为重要。厨房应有直接对外的采光和通风口,以保证基本的操作环境需要。在住宅设计中,厨房宜布置在靠近入口处以有利于管线布置和垃圾清运,这也是住宅设计时达到洁污分离的重要保证。

根据对全国新建住宅小区的调查统计,厨房使用面积普遍能达到 4 m^2 以上,所以由卧室、起居室(厅)、厨房和卫生间等组成的住宅套型厨房的最小使用面积为 4 m^2。对由兼起居的卧室、厨房和卫生间等组成的住宅套型的厨房面积则规定为 3.5 m^2。

厨房的形式可分为封闭式、开放式和半封闭式三种,其具体分类形式的内容见表 1-10。

表 1-10　厨房具体分类形式的内容

项　目		内　容
封闭式厨房	一字形	这种布局将储存、洗涤、烹调沿一侧墙面一字排开,操作方便,是最常用的一种形式。 单面布置设备的厨房净宽不应小于 1.50 m,以保证操作者在下蹲时,打开柜门或抽屉所需的空间,或另一个人从操作者身后通过的极限距离,如图 1-23(a)所示
	走廊形	这种布局将储存、洗涤、烹调区沿两墙面展开,相对布置。 它的两端通常是门和窗。相对展开的厨具间距不应小于 0.90 m,否则就难以施展操作。换句话说,贴墙而作的厨具一般不宜太厚,如图 1-23(b)所示
	曲尺形	也称 L 形,它适用于较小方形的厨房。厨房的平面布局,灶台、吊柜、水池等设施布置紧凑,人在其中的活动相对集中,移动距离小,操作也很灵活方便,需要注意的是"L"式的长边不宜过长,否则将影响操作效率,如图 1-23(c)所示

项　目		内　容
封闭式厨房	U 形	洗涤区在一侧,储存及烹饪区在相对应的两侧。这种厨具布局构成三角形,最为省时省力,充分地利用厨房空间,把厨房布置地井井有条,上装吊柜、贴墙放厨架、下立矮柜的立体布置形式已被广泛采用。立体地使用面积,关键在于协调符合人体高度的各类厨具尺寸,使得在操作时能得心应手。 　　目前一些发达国家都根据本国人体计测的数据,以国家标准的形式制定出各类厨具的标准尺寸。根据我国的人体高度计测,以下数据供人们确定厨具尺寸时参考。操作台高度为 0.80～0.90 m,宽度一般为 0.50～0.60 m,抽油烟机与灶台之间的距离为 0.60～0.80 m,操作台上方的吊柜要以不使主人操作时碰头为宜,它距地不应小于 1.45 m,吊柜与操作台之间的距离应为 0.50 m。根据我国妇女的平均身高,取放物品的最佳高度应为 0.95～1.50 m,其次是 0.70～0.85 m 和 1.60～1.80 m,最不舒服的高度是 0.60 m 以下和 1.90 m 以上。若能把常用的东西放在 0.90～1.50 m 的高度范围内,就能够减少弯腰、下蹲和踮脚的次数
开放式厨房		开放式厨房是厨餐合一的布置,使得厨房和餐厅在空间上融会贯通,使主厨者与用餐者之间方便地进行交流,而不感到相互孤立。这就丰富了烹调和用餐的生活情趣,又保持了二者的连续性,节省中间环节。这种布置方式,在过去的农村住宅中也颇为常见,随着社会的发展,技术的进步,清洁能源的采用,以及现代化厨具设备的普及,由烹调所产生的各种污染已基本得到控制。同时由于厨房面积在增大,厨房与餐厅之间的固定墙逐步被取消,封闭的厨房模式将有被开放式厨房布局取代的动向。 　　在有条件实行厨餐合一的厨房内,厨具(包括餐桌的配置)可采用半岛型或岛型方法。烹调在中间独立的台面上进行,台面的一侧放置餐桌,洗涤及备餐则在贴墙的台面上进行
半封闭式厨房		半封闭式厨房基本上同封闭式厨房,只是将厨房与餐厅之间的分隔墙改为玻璃推拉门隔断,这样更便于餐厅与厨房之间的联系,必要时还可以把玻璃推拉门打开,使餐厅和厨房融为一体。半封闭式厨房的布局,一般也就只能采用封闭式厨房中的一字形或曲尺形。 　　随着家用电器的日益增多和普及,需要科学合理的定位厨房的电器布置,以改变目前厨房家电随意摆放使用不便的情况。设计时应充分考虑厨房所需电器品种的数量、规格和尺寸。本着使用方便、安全的原则,精心布置、合理设计电器插座的位置,且应为今后的发展和适当改造留有余地。 　　管线的布置应简短集中,并尽量暗装

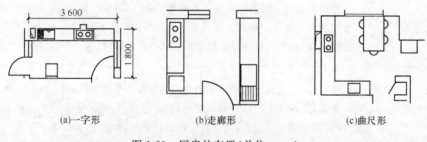

(a)一字形　　　　　(b)走廊形　　　　　(c)曲尺形

图 1-23　厨房的布置(单位:mm)

（2）卫生间。卫生间是住宅中不可缺少的内容之一，随着人民生活水平的改善和提高，卫生间的面积和设施标准也在提高。习惯上人们将只设便器的空间称为厕所，而将设有便器、洗面盆、浴盆或淋浴喷头等多件卫生设备的空间称为卫生间。在现代住宅中卫生间的数量也在增加，如在较大面积的住宅中，常设两个或两个以上的卫生间，一般是将厕所和卫生间分离，以方便使用。

住宅的卫生间与现代家居生活有着极其密切的关系，在日常生活中所扮演的角色已越来越重要，甚至已成为现代家居文明的重要标志。

在经济发达的地区，新农村住宅的卫生间的设计已引起极大的重视。但是由于新农村住宅的建设受经济的制约也十分明显，它不仅应考虑当前的可能性，也还应该为今后的发展留有充分的余地，也就是要有适度的超前意识。为此，在新建的新农村低层住宅楼房中至少应分层设置卫生间。为了适应新农村住宅建设的特点，卫生间的隔断应尽可能采用非承重的轻质隔墙，尤其是主卧室的专用卫生间，其隔墙一定要采用非承重隔墙，这样在暂时不设专用卫生间时可合并为一个大卧室，当条件成熟时，就可以十分方便的增设专用卫生间。

在设计中，各层的卫生间应上下对应布置。卫生间的管线应设主管道井和水平管线带暗装，并应尽可能和厨房的管线集中配置。多层公寓式住宅的卫生间不应直接布置在下层住户的卧室、起居厅和厨房的上部，但在低层住宅、跃层住宅中当采取有效的防水和隐蔽措施时，可布置在本套内的卧室、起居厅、厨房的上层。卫生间宜布置有前室，当无前室时，其门不应直接开向厅堂、起居厅、餐厅或厨房，以避免交通和视线干扰等缺点。另外卫生间内应考虑洗浴空间和洗衣机的摆放位置。

卫生间的面积应根据卫生设备尺寸及人体必需的活动空间来确定。各种卫生间的布置如图 1-24 所示。每套住宅的卫生间，至少应配置便器、洗浴器、洗面器三件卫生设备或为其预留设置位置及条件。由于住宅集成化技术的不断成熟，设备成套技术的不断推广，提高了卫生间面积的利用效率，所以由三件卫生设备集中配置的卫生间的使用面积不小于 $2.50 \ m^2$ 即可。

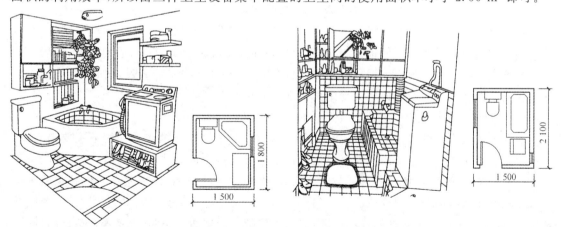

图 1-24 卫生间的布置（单位：mm）

卫生间可根据使用功能要求组合不同的设备。不同组合的空间使用面积应符合下列规定：

1）设便器、洗面器时不应小于 $1.80 \ m^2$；

2）设便器、洗浴器时不应小于 $2.00 \ m^2$；

3）设洗面器、洗浴器时不应小于 $2.00 \ m^2$；

4)设洗面器、洗衣机时不应小于 1.80 m²;

5)单设便器时不应小于 1.10 m²。

新农村住宅的卫生间应有较好的自然采光和通风。卫生间可向楼梯间、走廊开固定窗（或固定百叶窗），但不得向厨房、餐厅开窗。当不能直接对外通风时，应在内部设置排通风道。

5. 门厅和过道是住宅室内不可缺少的交通空间

在多层住宅和北方的低层住宅中，门厅是住宅户内不可缺少的室内外过渡空间和交通空间，也是联系住宅各主要功能空间的枢纽（南方的低层住宅往往改为门廊）。门厅的布置，可以使具有私密性要求较高的住宅避免家门一开便一览无余的缺陷。门厅有着对客人迎来送往的功能，更是家人出入更衣、换鞋、存放雨具和临时搁置提包的场所。

门厅在面积较小的住宅设计中常与餐厅或起居厅结合在一起。随着居住水平的提高，这种布置方式已越来越少。即使面积较大的住宅，也应很好的考虑经济性问题。常常由于这一空间开门较多，设计中门的位置和开启方向显得尤为重要，应尽量留出较长的实墙面以摆放家具，减少交通面积，如图 1-25 所示是某住宅门厅平面示意图。门厅可无直接采光，但其面积不应太大，否则会造成无直接采光的空间过大，降低居住生活质量和标准。

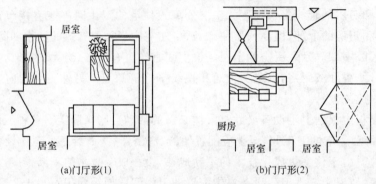

(a)门厅形(1)　　　　　　　　(b)门厅形(2)

图 1-25　住宅门厅平面示意图

过道是住宅户内的交通空间。过道宽度要满足行走和家具搬运的要求即可，过宽则影响住宅面积的有效使用率。一般地讲，套内入口过道净宽不宜小于 1.20 m，通向卧室、起居厅的过道宽不宜小于 1.0 m，通往辅助用房的过道的净宽不应小于 0.90 m，过道拐弯处的尺寸应便于家具的搬运。在一般的住宅设计中其宽度不应小于 1.0 m。

6. 新农村低层住宅最好应有两个出入口

一般来说新农村低层住宅最好应有两个出入口。一个是家居及宾客使用的主要出入口，另一个是工作出入口。主要出入口是以连接住宅中各功能空间为主要目的的，它一般应位于厅堂前面的中间位置，以便于各功能空间的联系，缩短进出的距离，并可避免形成长条的阴暗走廊。主要出入口前应有门廊或门厅。门廊（或门厅）是住宅从主要出入口到厅堂的一个缓冲地带，为住宅提供一个室内外的过渡空间，这里不仅是家居生活的序曲，也是宾客造访的开始。在新农村住宅中厅堂兼有门厅的功能，因此，门廊的设置也就显得特别重要。它不仅是室内外的过渡空间，而且还对主要出入门的正大门起着挡风遮雨的作用。大门口的地面上应设有可刮除鞋底尘土及污物的铁格鞋垫，以保持室内清洁。

新农村低层住宅的正大门，应为宽度在 1.5 m 左右的双扇门，并布置在厅堂南面的正中位置，它一般只有在婚丧喜庆等大型活动时开启。而为了适应现代生活的需要，可在主要出入口正大门的附近布置一个带有门厅的侧门，作为日常生活的出入口，在那里可以布置鞋柜和挂衣柜,为人们提供更换衣、鞋和放置雨具、御寒衣帽的空间,还可以阻挡室外的噪声、视线和灰尘,有助于提高住宅的私密性和改善户内的卫生条件。

工作出入口主要功能是为便于家庭成员日常生活和密切邻里关系而设置的,它通常布置在紧临厨房附近。在它的附近也应设置鞋柜和挂衣柜,并应与卫生间有较方便的关系。在工作出入口的外面也应布置为生活服务的门廊或雨棚。

7. 楼　　梯

楼梯是农村低层和跃层住宅楼层上下的垂直交通设施,楼梯的布置常因农户的习惯和爱好不同而有很大的变化,农村低层和跃层住宅的楼梯间应相对独立,避免家人上下楼穿越厅堂和起居厅,以保障厅堂和起居厅使用的安宁。但也有特意把楼梯暴露在厅堂、起居厅或餐厅之中的,它既可以扩大厅堂、起居厅或餐厅的视觉空间,又可形成一个景点,使得更富家居生活气息,别有一番情趣。

楼梯的位置固然应考虑楼层上下及出入的交通方便,但也必须注意避免占用好的朝向,以保障主要功能空间(如厅堂、起居厅、主卧室等)有良好的朝向,这在小面宽大进深的农村住宅设计中更应引起重视。

新农村低层和跃层住宅常用楼梯的形式,可以是一字形和 L 形,但有时也采用弧形的一跑楼梯,既可增加踏步的数量还可美化室内空间。楼梯间的梯段净宽度不得小于 0.90 m,并应有足够的长度以布置踏步和留有足够宽的楼梯平台,必要时还可利用楼梯的中间休息平台做成扇步,以增加楼梯的级数,从而避免楼梯太陡,影响家人上下和家具的搬运。楼梯间在室内空间处理时,常为厅堂、起居厅或餐厅所渗透,为此楼梯间的隔墙应尽量不做承重墙。

8. 为住户提供较多的私有室外活动空间

在新农村住宅的设计中,应根据不同的使用要求以及地理位置、气候条件,在厅堂前布置庭院,并选择适宜的朝向和位置布置阳台、露台和外廊,为住户提供较多的私有室外活动空间,使得家居环境的室内和室外的公共活动空间写大自然更好地融汇在一起,既满足新农村住宅的功能需要,又可为立面造型的塑造创造条件,便于形成独具特色的建筑风貌。

庭院、阳台、露台和外廊(门廊)都是为住户提供夏日乘凉、休闲聚谈、凭眺美景、呼吸新鲜空气以及晾晒衣被、谷物的室外私有活动空间。

(1)庭院和露台都是露天的,面积较大。庭院一般都布置在厅堂的前面,是住户地面上一个开放的私有空间,可供住户栽花、种草和进行邻里交往,不应采用封闭的围墙,可采用低矮的通透栏杆或绿篱进行隔离。庭院是低层住宅或多层住宅首层设置的室外活动或生产空间,是人们最为接近自然的地方。尤其对于新农村低层住宅,它还具有许多生产功能,如饲养禽畜、堆放柴草和存放生产工具等。在我国耕地日益减少的情况下,住宅院落不应过大,在经济条件较好的地区应积极提倡兴建多层住宅。

露台即是把部分功能空间屋顶做成可上人的平屋顶,为住户提供一个私有的屋顶露天空间,便于晾晒谷物、进行盆栽绿化和其他的室外活动。

(2)阳台按结构可分为挑阳台、凹阳台、转角阳台以及半挑半凹阳台等;按用途又可分生活阳台、服务阳台和封闭阳台。北向的阳台一般作为服务阳台,深度可控制在 1.2 m 左右。而封闭阳台往往是布置在主卧室或书房前面,有着充足的光照和良好的视野,以作为休闲、聚谈、读书的所在,在北方还可作为阳光室。它是主卧室或书房功能空间的延伸,因此通往封闭阳台的门应做成落地玻璃推拉门。生活阳台一般均布置在起居厅或活动厅的南面,是起居厅或活动厅使用功能向室外的延伸和补充,应尽量采用落地玻璃推拉门隔断,以满足不同使用的需要。

生活阳台的进深应根据使用要求和当地的气候条件来确定,一般进深不宜小于 1.5 m,在南方气候比较炎热的地区最好深至 1.80~2.40 m,以提高其使用功能。为保证良好的采光、通风和扩大视野,在确保阳台、露台栏杆高 1.10 m 时,应设法降低实体栏板的高度,上加金属的栏杆和扶手。垂直栏杆净空不应大于 0.11 m,且不应有附加的横向栏杆,以防儿童攀爬产生危险。另外,阳台应设置晾晒衣服的设施,如晾衣架,顶层阳台应设雨罩。如图 1-26 所示。

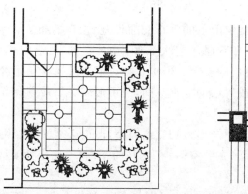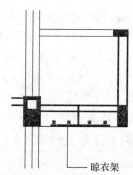

晾衣架

图 1-26　住宅阳台平、剖面图

(3)外廊,通常都是门廊,不管是在底层或楼层,它都是一个可以遮风避雨的过渡空间。用作厅堂主要出入口的正大门前门廊深度一般不小于 1.5 m,而用做工作出入口的门廊即可为 1.20 m 左右。

9. 扩大储藏面积,必须安排停车库位

在住宅中设置储藏空间,主要是为了解决住户的日常生活用品和季节性物品的储藏问题,这对于保持室内整洁,创造舒适、方便、卫生的居住条件,提高居住水平有着重要意义。

《规范》规定,每套住宅应有适当的储藏空间。住宅中常用吊柜、壁柜、阁楼或储藏间等作为储藏空间,其大小应根据气候条件、生活水平、生活习惯等综合确定。如全年温差大的地区,其季节性用品一般较多,储藏空间就应大一些,反之,则可小些。为了最大限度地利用住宅空间,常通过设置吊柜、壁柜等方法解决物品的储藏问题。从方便使用的角度考虑,其尺寸不宜太小,一般吊柜净高不应小于 0.40 m,壁柜深度净尺寸不宜小于 0.45 m。紧靠外墙、卫生间、厕所的壁柜内应采取防潮、防结露直至保温等措施。

扩大储藏面积对于新农村住宅来说是极其必要的。它除了保证卧室、厨房必备的储藏空间外,还必须根据各功能空间的不同使用要求和新农村住宅的使用特点,增加相应储藏空间。为适应经济发展的需要,新农村住宅必须设置停车库。近期可以用作农具、谷物等的储藏或者作为农村家庭手工业的工场等,也可以存放农用车,并为日后小汽车进入家庭做好准备,这既具有现实意义,又可适应可持续发展的需要,所以在新农村住宅中设置车库不是一个可有可无的问题。

10. 其他用房

为了适应可持续发展的需要,新农村住宅和面积较大的多层住宅,还将出现活动厅、书房、儿童房、客房、甚至琴房等功能空间。活动厅可按起居厅的要求布置,而其他功能空间可暂按一般卧室布置,在进行室内装修时按需要进行安排。

第二章 新农村住宅建筑设计基础

第一节 建筑设计的内容

一、建筑的含义

"建筑"这个词的含义很广,也很模糊,既表示建造房屋和从事其他土木工程的活动,又表示这种活动的成果,在这层含义上,建筑等同于建筑物,是工程技术和艺术的产物。建筑是建筑物和构筑物的统称。建筑物是人们为了生产、生活和进行社会活动的需要,利用所掌握的物质技术条件,运用科学规律和美学法则而创造的社会生活环境,如住宅、教室、办公楼、影剧院、商场等。仅仅为满足生产、生活的某一方面的需要而建造的工程设施,如水塔、堤坝、烟囱等是构筑物。

建筑首先是物质产品,其次是精神产品,建筑要具有物质功能方面的要求和艺术审美的要求。在建筑的设计过程中,需要对建筑在适用的基础上进行艺术加工,以获得美的建筑形象。

从建筑的艺术特点来看,建筑形象不仅使人产生美感和丰富的联想,在一定程度上也反映出社会经济基础、地方风貌和民族特色,引发人们思想、精神上的共鸣,具有综合、实用艺术的特点,可以说,建筑在一定程度上体现着社会和时代的精神风貌。

二、建筑的基本要素

构成建筑的基本要素主要有三个:建筑功能、建筑的物质技术条件和建筑形象。三个基本构成要素中,满足建筑功能要求是建筑的主要目的,建筑的物质技术条件是达到建筑功能即目的的手段,而建筑形象则是建筑功能、建筑技术和艺术的综合表现。建筑功能占主导地位,对建筑的物质技术条件和建筑形象起决定作用。建筑形象是在同样功能和物质技术条件下,应将建筑形象做得更美观。在优秀的建筑作品中,这三者是辩证统一的。建筑基本要素的具体内容见表2-1。

表 2-1　建筑基本要素的具体内容

项　　目	内　　容
建筑功能	建筑功能是指建筑物的实用性,在物质和精神方面的具体使用要求。任何建筑都有为人所用的功能,这也是人们建造房屋的主要目的
建筑的物质技术条件	建筑的物质技术条件包括建筑材料、建筑结构、建筑设备、建筑施工(生产技术)等。建筑材料和结构是构成建筑空间的骨架,材料是构成建筑的物质基础,建筑结构是运用建筑材料通过一定的技术手段构成的建筑骨架,它们形成了建筑空间的实体。建筑设备是保证建筑达到某种要求的技术条件。建筑的生产技术则是实现房屋建造的过程和方法。 　　新的建筑材料是新型结构产生的物质条件,比如钢和钢筋混凝土材料的问世,产生了框架结构,出现了前所未有的大跨度和高层建筑。电梯和大型起重运输设备的运用也促进了高层建筑的发展。

续上表

项　　目	内　　容
建筑的物质技术条件	建筑的物质技术条件是受社会的生产水平和科学技术水平制约的。建筑物质技术条件的发展，必然为建筑功能和建筑形象带来新的变化。新技术的产生为建筑新的功能提供了保证，例如
建筑的物质技术条件	多功能大厅、超高层建筑；材料、结构的改变也使新的建筑形象出现，例如薄壳结构、悬索形式的建筑形象。建筑在满足物质要求和精神要求的同时，也会反过来向物质条件提出新的要求，推动物质技术条件的发展
建筑形象	建筑在满足人们使用要求外，在一定程度上又以它不同的空间组合、建筑造型、细部处理，构成一定的建筑形象反映建筑的性质、时代风采、民族风格以及地方特色，满足着人们的精神需求，使人们生存的环境赏心悦目。例如，故宫的雄伟壮丽、纪念碑建筑的庄严肃穆，地方民居的简洁、亲切，现代建筑的朴素、明朗等

三、建筑设计的内容

建筑的设计工作是关键环节，是具体体现建筑方针和政策的主要工作。各专业设计既有分工，又有密切配合，形成一个设计团队。汇总各专业设计的图纸、计算书、说明书及预算书，以完成一项建筑工程的设计文件，作为建筑工程施工的依据。建筑工程设计的内容见表2-2。

表 2-2　建筑工程设计的内容

项　　目	内　　容
建筑设计	建筑设计是在总体规划的前提下，根据设计任务书的要求，综合考虑建筑环境、使用功能、材料设备、建筑经济及艺术等因素，着重解决建筑物内部使用功能和使用空间的合理安排，建筑物与周围环境、外部条件的协调配合，内部与外部的艺术效果，细部的构造方案等，创作出既符合科学性又具有艺术性的生活和生产环境。 　　建筑设计在整个工程设计中是主导和先行专业，除考虑上述要求以外，还应考虑建筑与结构及设备专业的技术协调，使建筑物做到适用、安全、经济、美观。建筑设计包括总体设计和单体设计两方面，由建筑师来完成
结构设计	结构设计主要是结合建筑设计选择切实可行的结构方案，进行结构计算及构件设计，完成全部结构施工图设计等，由结构工程师来完成
设备设计	设备设计主要包括给水排水、电器照明、通信、采暖、空调通风、动力等方面的设计，由相关的设备工程师配合建筑设计完成

第二节　建筑的分类及组成

一、建筑物的分类

1. 按使用性质分类

常用建筑物按其使用性质分类见表2-3。

表 2-3　建筑物按使用性质分类

项　目	内　容
民用建筑	(1)居住建筑,供人们居住使用的建筑。如:住宅、公寓、宿舍等。 (2)公共建筑,供人们进行各种公共活动的建筑。如:办公建筑、文教建筑、科研建筑、托幼建筑、医疗建筑、商业建筑、生活服务建筑、旅游建筑,观演建筑、体育建筑、展览建筑、通信建筑、园林建筑、纪念建筑、娱乐建筑等
工业建筑	包括主要生产厂房、辅助生产厂房、动力建筑、储藏建筑、运输建筑等
农业建筑	包括温室、粮仓、畜禽饲养场、农副业产品加工厂等。此外还有一些农业用建筑,如农产品仓库、农机修理站等,已包括在工业建筑之中

2. 按建筑层数和高度分类

(1)住宅按层数分类见表 2-4。

表 2-4　住宅按层数分类

项　目	内　容
1～3 层	低层建筑
4～6 层	多层建筑
7～9 层	中高层建筑
10 层及 10 层以上	高层建筑

(2)公共建筑按高度划分见表 2-5。

表 2-5　公共建筑按高度划分

项　目	内　容
高度不大于 24 m	单层和多层建筑
超过 24 m	高层建筑

3. 按建筑规模和数量分类

按建筑规模和数量分类见表 2-6。

表 2-6　按建筑规模和数量分类

项　目	内　容
大量性建筑	指数量多、面积大,与人民生活、生产密切相关的建筑。如住宅、幼儿园、学校、商店、医院、中小型厂房等。这些建筑在大中小城市和乡村都是不可缺少的,修建数量很大,故称为大量性建筑
大型性建筑	指规模宏大、耗资较多的建筑。如体育馆、影剧院、车站、航空港、展览馆、博物馆等。与大量性建筑相比,大型性建筑修建数量有限,但在一个地区、一个城市具有代表性,且对城市的景观影响较大

4. 按承重结构材料分类

按承重结构材料分类见表 2-7。

表 2-7　按承重结构材料分类

项　目	内　容
砖木结构	用砖墙、木楼层和木屋架建造的房屋。这种结构耐火性能差、耗费木材多,已很少用,主要用于古建复原、维修
砖混结构	用砖墙、钢筋混凝土楼板层、钢木屋架或钢筋混凝土屋面板建造的房屋,又称混合结构。主要用于六层及六层以下的中小型民用建筑和小型工业厂房
钢筋混凝土结构	建筑物的主要承重构件均用钢筋混凝土制作,可称为钢筋混凝土框架结构。主要用于公共建筑和多层工业厂房

二、建筑物的组成

建筑物通常是由楼地层、墙或柱、基础、楼电梯、屋盖、门窗等组成的,组成结构的内容见表 2-8。

表 2-8　建筑物组成结构的内容

项　目	内　容
楼地层	其主要作用是提供使用者在建筑物中活动所需要的各种平面,同时将由此而产生的各种荷载,传递到支承的垂直构件上去。其中建筑物底层地坪可以直接铺设在天然土上,也可架设在建筑物的其他承重构件上。楼层则可以单由楼板构成,或者也包括梁和楼板。它除了具有提供活动平面并传递水平荷载的作用外,还起着沿建筑物的高度分隔空间的作用。对于高层建筑而言,楼地层是对抗风荷载等侧向水平力的有效支撑
墙或柱	在不同结构体系的建筑中,屋盖、楼层等部分所承受的活荷载以及它们的自重,分别通过支承它们的墙或柱传递到基础上,再传给地基。墙体还具有分隔空间或对建筑物起到围合、保护作用的功能
基础	基础是建筑物的垂直承重构件与支承建筑物的地基直接接触的部分
楼电梯	楼电梯是解决建筑物上下楼层之间联系的交通枢纽。特别是楼梯,由于使用时存在高差,对其安全性能应予以重视
屋盖	除了承受由于雨雪或屋面上人所引起的荷载外,屋盖主要起到围护的作用,其防水性能及隔热或保温的热工性能是主要问题。同时,屋盖的形式往往对建筑物的形态起着非常重要的作用
门窗	门窗用来提供交通及通风采光的方便。设在建筑物外墙上的门窗还兼有分隔和围护的作用

第三节　建筑设计的要求与依据

一、建筑设计的要求

建筑设计除了应满足相关的建筑标准、规范等要求外,还应符合表 2-9 的要求。

表 2-9　建筑设计的要求

要　　求	内　　容
满足建筑功能的需求	这是建筑最基本的要求。因为为人们的生产和生活活动创造良好的环境,是建筑设计的首要任务
符合总体规划及美观的要求	规划设计是有效控制城市发展的重要手段。所有建筑物的建造都应纳入所在地规划控制的范围。同时,规划还会对建筑提出形式、高度、色彩等方面的要求。建筑是凝固的乐章,在这方面,建筑设计应当做到既有鲜明的个性特征、满足人们对良好视觉效果的需求,同时又是整个城市空间和谐乐章中的有机部分
采用合理的技术措施	采用合理的技术措施能为建筑物安全、有效地建造和使用提供基本的保证。随着人类社会物质文明的发展和生产技术水平的提高,可以运用于建筑工程领域的新材料、新技术层出不穷。根据所设计项目的特点,正确地选用相关的材料和技术,尤其是适用的建筑结构体系、合理的构造方式以及可行的施工方案,可以做到高效率、低能耗,兼顾建筑物在建造阶段及较长使用周期中的各种相关要求,达到可持续发展的目的
符合经济要求	工程项目的总投资一般是在项目立项的初始阶段就已经确定。在设计的各个阶段之所以要反复进行项目投资的估算、概算以及预算,就是要保证项目能够在给定的投资范围内得以实现或者根据实际情况及时予以调整。作为建设项目的设计人员,应当具有建筑经济方面的相关知识,应了解建筑材料的近期价格以及一般的工程造价,在设计过程中根据投资的可能性选用合适的建筑材料及建造方法,合理利用资金,避免浪费人力和物力

二、建筑设计的依据

1. 使用功能

建筑设计的使用功能依据见表 2-10。

表 2-10　建筑设计的使用功能依据

项　　目	内　　容
人体尺度和活动所需的空间尺度	建筑物中家具、设备的尺寸,踏步、窗台、栏杆的高度,门洞、走廊、楼梯的宽度和高度,以至各类房间的高度和面积大小,都和人体尺度以及活动所需的空间尺度有关。因此人体尺度和人体活动所需的空间尺度,是确定建筑空间的依据之一
家具、设备的尺寸和使用空间	家具、设备尺寸,以及人们在使用家具和设备时,必要的活动空间,是确定房间内部使用面积的重要依据

2. 自然条件

(1)气象条件。温度、湿度、雨雪、风向、风速、日照等是建筑设计的重要依据,对建筑设计有较大的影响。建筑设计应根据不同的气候条件,采用不同的布置措施。现代科学技术虽能够创造人工气候环境,但终究要受经济和技术条件的限制。从生活习惯上,人们更偏爱自然环境,因此保证房屋适宜的间距和朝向,争取良好的日照、天然采光和自然通风等,是房屋总体和单体空间组合设计的主要任务。

1)建筑的朝向和日照间距。选择有利的建筑朝向不仅可以保证日照时数,对加强自然通风也有着重要的作用,在建筑设计中应全面考虑。日照是确定房屋间距的重要依据,保证一定的日照,又不能使日照过度,还应考虑遮阳与隔热,需进行日照设计。

在寒冷地区,建筑朝向可采取南向、南偏东、南偏西布置,应避免北向,以便在冬季获得必要的日照。在建筑设计中应根据各房间性质、使用要求争取尽量多的房间有较好的朝向。房屋日照间距的要求,是确定房屋间距的主要因素,这是因为房屋前后之间的日照间距通常大于房屋在室外使用、防火或其他方面要求的间距,如居住小区建筑物的用地指标主要和日照间距有关。

房屋日照间距,一般是以后排房屋底层窗台处,室内在冬季有一定的日照,日照长短是由房间和太阳的相对位置的关系决定的,是以太阳的高度角和方位角表示,它和建筑物所在的地理纬度、建筑方位以及季节时间有关。通常是将当地冬至日正午十二时太阳的高度角作为确定日照间距的依据。

对于重建、改建的旧城镇区,在基础设施容量允许的条件下,可酌情放宽日照间距,即可比新建区降低一个档次,但不得小于大寒日 1 h 的日照时间。

在建筑总体和单体设计中,既要节约用地又要满足日照与通风要求,设计时应从以下几方面考虑:

①降低房屋背面建筑高度或加大底层窗面积,缩小日照间距(图 2-1);

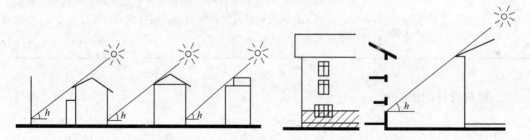

图 2-1　用降低房屋背面总高度或加大底层窗面积来缩小间距

②檐口出挑不宜太多,尽量不做挑檐和女儿墙;

③层高大对缩小房屋间距不利,而加大进深能提高建筑密度,却不增加间距;

④建筑偏正南布置,在获得同样日照条件下,缩小间距;

⑤不同的建筑体型,如条形住宅比点式住宅节省用地;

⑥在总体布置中往往利用不同层数和不同高低建筑布置,低层房屋布置在高层房屋向阳的一面;

⑦单体平面设计中应根据房间的性质、使用要求合理安排位置,争取尽可能多的房间有较好的朝向。

2)自然通风。通风是使建筑内外部空气流动,可以采用机械通风和自然通风。民用建筑中主要采用自然通风。良好的自然通风能提供新鲜空气,降低室温,改善小气候环境。自然通风是通过在平面设计、剖面设计和总平面设计中合理安排进排气口位置、单体建筑和风向的位置关系。

总体平面布置时,应考虑当地的常年主导风向和夏季主导风向。村镇建筑总体平面布置时可参照相近城市的风向频率玫瑰图。确定主导风向、选择建筑方位对自然通风和减少太阳辐射热有着重要影响。

　　合理安排门窗在建筑平面中的位置和尺寸是自然通风的措施之一。房屋的夏季通风主要是利用风压差组织穿堂风。进出风口的位置，决定通风效果的好坏，如图2-2所示。

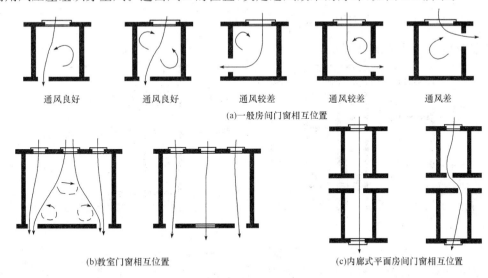

图 2-2　进出口位置对通风的影响

　　主要使用房间应布置在夏季迎风面，门窗位置应使气流通过室内面积大，气流通畅。在剖面中合理安排窗洞口高度、方向、位置及确定适当的进排风口面积。

　　(2)地形、水文地质及地震烈度。基地地形、地质构造、土壤特性和地耐力的大小，对建筑物的平面组合、结构布置、建筑构造处理和建筑体型都有明显的影响。坡度陡的地形，常使房屋结合地形采用错层、吊层或依山就势等较为自由的组合方式。复杂的地质条件，要求基础采用相应的结构和构造处理。

　　水文条件是指地下水位的高低及地下水的性质，直接影响建筑物基础及地下室。一般应根据地下水位的高低及地下水的性质确定是否对建筑物采用相应的防水和防腐蚀措施。

　　地震烈度表示当发生地震时，地面及建筑物遭受破坏的程度。烈度在6度以下时，地震对建筑物影响较小；9度以上的地区，地震破坏力很大，一般应尽量避免在此类地区建造房屋。因此，按《建筑抗震设计规范》(GB 50011—2010)和《中国地震烈度区规划图》的规定，地震烈度为6度、7度、8度、9度地区均需进行抗震设计。

　　3. 建筑的技术经济影响

　　技术经济问题在建筑设计的各个阶段都有不同的要求，从基地选址、总体布置、空间组合、材料和结构形式的选择，建筑形式的处理及设备选用等，都应考虑技术经济的影响。建筑技术经济是一项综合性经济问题，贯穿于房屋建造的全过程，设计人员和村镇建设人员不仅要了解建筑设计方面的要求，对经济问题也应有一定的认识。在选择、审定建筑设计方案时，除了考虑功能要求、建筑形象以外，必须注意建筑的经济性。一般从下列几个方面考虑。

　　(1)平面形状的选择。建筑平面形状的选择，对占地面积多少和围护墙体的长度有直接关系。

　　1)用地经济分析。用地经济是很复杂的问题，这里主要从建筑平面的外形比较建筑用地的空缺率来分析用地的经济性。

针对面积相同的两栋住宅楼建筑平面进行分析,如图 2-3 所示。依据公式,建筑用地空缺率 $=(L\times B)/S$,其中 L 为长度,B 为宽度,S 为建筑面积。

如图 2-3(a)所示的建筑用地空缺率为:$\dfrac{16.14\times9.14}{147.5}=1$

如图 2-3(b)所示的建筑用地空缺率为:$\dfrac{15.84\times12.84}{147.5}=1.38$

空缺率值越大,用地越不经济。

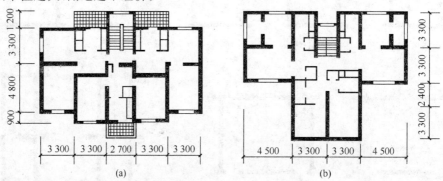

图 2-3　面积相同的住宅平面(单位:mm)

2)围护结构。如图 2-3(a)所示外围护结构总长 105.16 m,单位建筑面积墙体长度为 0.713 m;如图 2-3(b)所示外围护结构总长 113.6 m,单位建筑面积墙体长度为 0.77 m。砌砖工程量(a)比(b)经济。再者围护结构墙体,冬季易散失热量增加经常性费用。

(2)建筑物的开间(面阔)、进深及其长度。建筑物的开间相同、进深不同对建筑的经济也有一定影响,图 2-4 为开间不变、进深加大,单位面积墙体周长值的变化。如图 2-4(a)所示中,单位面积墙体周长值为 $\dfrac{15}{14.04}=1.07$;图 2-4(b)中,单位面积墙体周长值为 $\dfrac{16.2}{16.2}=1$;图 2-4(c)中,单位面积墙体周长值为 $\dfrac{17.4}{18.36}=0.95$。

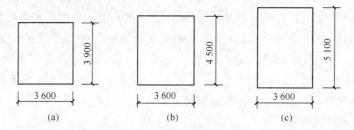

图 2-4　开间相同,进深加大,单位面积墙体周长值的变化(单位:mm)

在开间不变的情况下,进深加大,是有一定的经济意义的,其意义为:

1)建筑物的长度一定时,加大建筑物进深,单位面积的外墙长度减少;

2)建筑物进深不变时,单位面积的外墙长度随着建筑长度的增加而减少。

(3)建筑物的层高和层数。不同类型的建筑物在空间使用合理的情况下,选择适宜的层高对降低造价、节约用地影响较大。据统计,北京地区的住宅层高每降低 10 cm,可节约造价的 1.2%~1.5%,节约居住用地 2%。

(4)用地与经济。村镇建筑方案的选择应从总体规划用地的经济性、单体建筑与基地的关系以及用地的多少等方面来决定,可以从建筑物的层高、层数及进深来进行分析。

1)建筑物层数与用地的关系。以五层建筑物作为比较对象,随着层数的增加,节约用地的效果越好(表2-11)。

表 2-11　建筑物层数与用地关系的比较(考虑采光间距和山墙间距)

层数	平均每户用地(m²/户)	与五层住宅用地比的百分比(%)	与五层住宅用地相比较(%)
一	215.46	254.1	多用地 154.1
二	133.80	157.8	多用地 57.8
三	107.02	126.2	多用地 26.2
四	92.97	109.6	多用地 9.6
五	84.80	100	0

2)建筑物进深与用地的关系。建筑物进深与用地关系的比较见表2-12。以进深9.84 m作为比较对象,当进深减少到8 m时,要多用地15.9%;而进深增加到12 m时,则可节约用地12.5%。

表 2-12　建筑物进深与用地关系的比较

进深(m)	平均每户用地(m²/户)	与进深 9.84 m 住宅用地比的百分比(%)	与进深 9.84 m 住宅用地相比较(%)
8.00	42.15	115.9	多用地 15.9
9.84	36.36	100	0
11.0	33.7	92.7	节约用地 7.3
12.00	31.81	87.5	节约用地 12.5

3)建筑物层高与用地的关系。建筑物层高与用地关系的比较见表2-13。以层高2.8 m为比较对象,层高由2.8 m降低至2.7 m,可节约用地7.7%;层高由2.8 m升高到2.9 m时多用地2.1%,升高到3 m时多用地4.5%。在满足功能要求的前提下,尽量降低层高,节约用地的效果显著。

表 2-13　建筑物层高与用地关系的比较

层高(m)	平均每户用地(m²/户)	与层高 2.8 m 住宅用地比的百分比(%)	与层高 2.8 m 住宅用地相比较(%)
2.7	33.56	92.3	节约用地 7.7
2.8	36.36	100	0
2.9	37.14	102.1	多用地 2.1
3.00	37.98	104.5	多用地 4.5

4. 建筑设计的有关规范

国家有关部委颁发的建筑设计规范、标准、通则等是建筑设计中应遵循的准则,设计人员应对规范有总体的了解,以免设计成果和规范发生冲突。

现行建筑设计规范有几十种,涉及各专业的制图标准、模数协调标准、防火、防雷、热工、暖通、隔声及各类建筑的设计要求,作为建筑设计人员,都应有所了解,并有所侧重地掌握。

规范分为两大类:一类是通用性的,如《民用建筑设计通则》(GB 50352—2005)、《建筑设计防火规范》(GB 50016—2006)、《房屋建筑制图统一标准》(GB/T 50001—2010)等,这类规范带有普遍性；另一类是专项性的，针对各种建筑提出具体的要求，现已颁布的有《住宅设计规范》(GB 50096—2011)、《住宅建筑规范》(GB 50368—2005)、《宿舍建筑设计规范》(JGJ 36—2005)、《托儿所、幼儿园建筑设计规范》(JGJ 39—1987)等。

5.建筑模数

建筑设计的建筑模数依据见表 2-14。

表 2-14　建筑设计的建筑模数依据

项　　目	内　　容
基本模数	建筑模数协调统一标准采取的基本模数的数值为 100 mm,符号为 M,即 1M＝100 mm。整个建筑物或其中的一部分以及建筑组合件的模数化尺寸,应是基本模数的倍数
扩大模数	扩大模数是基本模数的整数倍。扩大模数的基数为 3M、6M、12M、15M、30M、60M,其相应尺寸为 300 mm、600 mm、1 200 mm、1 500 mm、3 000 mm、6 000 mm
分模数	分模数是基本模数除以整数。分模数的基数为 M/10、M/5、M/2,其相应的数值分别为 10 mm、20 mm、50 mm
建筑模数适用范围	(1)基本模数主要用于门窗洞口、建筑物的层高、构(配)件断面尺寸。 (2)扩大模数主要用于建筑物的开间、进深、柱距、跨度、建筑物高度、层高、构件标志尺寸和门窗洞口尺寸。 (3)分模数主要用于缝宽、构造节点、构(配)件断面尺寸

第三章 房屋建筑施工图基础

第一节 房屋建筑图的基本内容

一、房屋建筑施工图

房屋建筑是根据一整套能反映建筑物整体及细部的建筑工程图建造的。无论是城市建设还是村镇建设,都必须是在当地政府规划管理部门制订的总体规划约束下,依据国家现行法规、规范标准和建设程序有计划、有秩序地进行。

针对一栋建筑物的建造来说,进入设计阶段后,首先进行初步设计,在此阶段提出方案,详细说明该建筑的平面布置、建筑造型与立面处理、结构选型等内容;而施工图设计主要是将已经批准的初步设计,从满足施工的要求予以具体化,为编制施工图预算、材料设备采购和非标准构配件的制作、工程施工及安装等提供完整、正确的图纸依据。

建筑工程图因专业内容不同,一般分为建筑施工图、结构施工图和设备施工图见表 3-1。各专业施工图,根据表达的内容和作用不同,又分为基本图和详图两部分。

表 3-1 根据专业内容不同划分的建筑工程图

项　目	内　容
建筑施工图	建筑施工图主要表达建筑总体布局、外部造型、内部空间布置、细部构造、装修和施工要求等。图纸内容包括首页图(设计说明)、总平面图、建筑平面图、建筑立面图、建筑剖面图和详图。以上内容的图纸由建筑专业设计人员完成
结构施工图	结构施工图主要反映承重结构布置、构件类型以及结构做法等。图纸内容包括设计说明、结构平面布置图及构件详图。基本图纸包括基础图、结构平面布置图等,详图有反映各类构件位置及反映构件相互关系的构件详图。构件详图包括基础详图和柱、梁、楼梯等构件的配筋图。以上内容的图纸由结构专业设计人员完成
设备施工图	设备施工图包括室内给水排水及采暖通风施工图、建筑电气施工图等,主要表示管道、线路的布置走向,设备安装及技术要求等。图纸由设计说明、平面图、系统图和安装详图等组成,这部分由设备专业人员设计完成。也有设备施工图只包含室内给水排水及采暖通风施工图,电气施工图不列入的分类方法

一套房屋施工图的编排顺序是:建筑施工图、结构施工图、设备施工图。各专业施工图应按内容的主次顺序排列,一般是全局性或整体性的图纸在前,局部的图纸在后;先施工的在前,后施工的在后;主要的在前,次要的在后。

二、房屋建筑图的表示方法

房屋建筑是人们进行生产、生活、工作、学习及娱乐的场所。房屋建筑图是表示一栋房屋内部和外部形状的图纸,有建筑平面图、建筑立面图和建筑剖面图等(表 3-2)。这些图都是按照国家建筑制图标准绘制的。如图 3-1 所示为建筑平面图、建筑立面图和建筑剖面图的形成。

表 3-2　房屋建筑图的分类

项　目	内　容
建筑平面图	建筑平面图是反映房屋各组成部分大小和相互关系的最基本图纸,是用一水平的剖切平面沿门窗洞口位置将建筑物剖开,对剖切面以下的部分所做的正投影图,就形成了建筑平面图,这也是整套图纸中最主要的图纸。图 3-1(a)为建筑平面图的形成。 房屋有几层就应画出几个平面图,若其中几个楼层平面布置相同时,可用一个平面图表示,称为标准层或中间层平面图。底层也称为首层平面,底层平面图表明房屋室内外联系和室外设施等内容。屋顶平面是房屋顶面的水平投影,表明屋面排水情况
建筑立面图	建筑立面图是将建筑物从前后、左右各个方向分别在与房屋立面平行的投影面上所作的正投影图,如图 3-1(c)所示。建筑立面图主要是表示建筑物外形轮廓、屋顶形式、立面装修等。反映房屋主要外貌特征的立面图称为正立面图,与其相对的称为背立面图,其他两方向可称为侧立面图;也可按房屋朝向来划分,称南立面图、北立面图、东立面图、西立面图;有时也按轴线编号来命名,如①～⑦立面图、⑦～①立面图等
剖面图	假想用一铅垂的剖切面将建筑物剖开,对剖切面后保留下来的部分所做的正投影图,称建筑剖面图,所示图 3-1(b)所示显示了剖面图的形成,所示图 3-1(c)所示绘制了 1—1 剖面图。建筑剖面图的作用是反映建筑物的结构形式、分层情况、内部构造、各部分的联系及高度方向尺寸等信息内容,是与平面图、立面图相互配合不可缺少的重要图样之一。 剖面图的剖切位置,应选择在内部结构和构造比较复杂的部位,一般选在楼梯间并应通过门窗洞口的位置

三、施工图中常用的符号

1. 定位轴线

将房屋的基础、墙、柱、梁、屋架等承重构件的轴线画出,并对其进行编号以便于施工放线定位和查阅图纸之用,这些轴线就称为定位轴线。定位轴线应用细单点长画线绘制。定位轴线应编号,编号应注写在轴线端部的圆内。圆应用细实线绘制,直径为 8～10 mm。定位轴线圆的圆心应在定位轴线的延长线上或延长线的折线上。

除较复杂需采用分区编号或圆形、折线形外,平面图上定位轴线的编号,宜标注在图样的下方或左侧。横向编号应用阿拉伯数字,从左至右顺序编写;竖向编号应用大写拉丁字母,从下至上顺序编写,如图 3-2 所示。

拉丁字母作为轴线号时,应全部采用大写字母,不应用同一个字母的大小写来区分轴线号。拉丁字母的 I、O、Z 不得用做轴线编号。当字母数量不够使用,可增用双字母或单字母加数字注脚,如 AA、BA…YA 或 A1、B1…Y1。

组合较复杂的平面图中定位轴线也可采用分区编号,如图 3-3 所示。编号的注写形式应

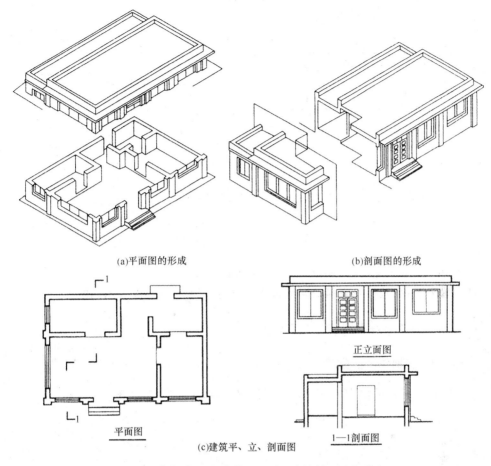

(a)平面图的形成　　　　　(b)剖面图的形成

正立面图

平面图

1—1剖面图

(c)建筑平、立、剖面图

图 3-1　建筑平面图、建筑立面图和建筑剖面图的形成

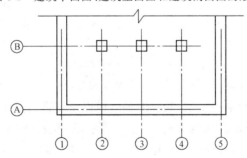

图 3-2　定位轴线的编号顺序

为"分区号——该分区编号"。"分区号——该分区编号"采用阿拉伯数字或大写拉丁字母表示。

附加定位轴线的编号，应以分数形式表示，并应符合下列规定：

(1)两根轴线的附加轴线，应以分母表示前一轴线的编号，分子表示附加轴线的编号。编号宜用阿拉伯数字顺序编写，如：

$\frac{1}{2}$表示 2 号轴线之后附加的第一根轴线；

$\frac{3}{C}$表示 C 号轴线之后附加的第三根轴线。

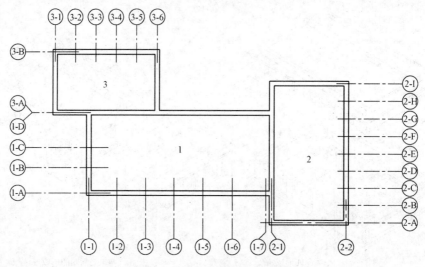

图 3-3 定位轴线的分区编号

(2)1 号轴线或 A 号轴线之前的附加轴线的分母应以 01 或 0A 表示,如:

$\frac{1}{01}$ 表示 1 号轴线之前附加的第一根轴线;

$\frac{3}{0A}$ 表示 A 号轴线之前附加的第三根轴线。

一个详图适用于几根轴线时,应同时注明各有关轴线的编号,如图 3-4 所示。

用于2根轴线时　　　　　用于3根或3根　　　用于3根以上连续
　　　　　　　　　　　　以上轴线时　　　　编号的轴线时

图 3-4 详图的轴线编号

通用详图中的定位轴线,应只画圆,不注写轴线编号。

圆形与弧形平面图中的定位轴线,其径向轴线应以角度进行定位,其编号宜用阿拉伯数字表示,从左下角或 $-90°$(若径向轴线很密,角度间隔很小)开始,按逆时针顺序编写;其环向轴线宜用大写阿拉伯字母表示,从外向内顺序编写。如图 3-5、图 3-6 所示。

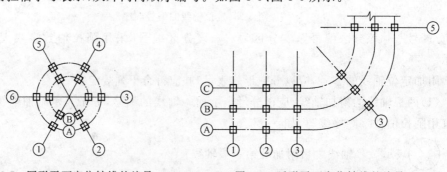

图 3-5 圆形平面定位轴线的编号　　　图 3-6 弧形平面定位轴线的编号

折线形平面图中定位轴线的编号可按如图 3-7 所示的形式编写。

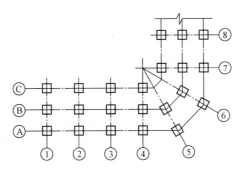

图 3-7　折线形平面定位轴线的编号

2. 标高

标高符号应以直角等腰三角形表示,按图 3-8(a)所示形式用细实线绘制,当标注位置不够,也可按图 3-8(b)所示形式绘制。标高符号的具体画法应符合图 3-8(c)、(d)的规定。

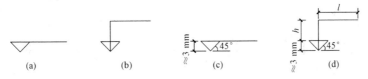

图 3-8　标高符号

l—取适当长度注写标高数字;*h*—根据需要取适当高度

总平面图室外地坪标高符号,宜用涂黑的三角形表示,具体画法应符合图 3-9 的规定。

标高符号的尖端应指至被注高度的位置。尖端宜向下,也可向上。标高数字应注写在标高符号的上侧或下侧,如图 3-10 所示。

图 3-9　总平面图室外地坪标高符号　　　　图 3-10　标高的指向

标高数字应以米为单位,注写到小数点以后第三位。在总平面图中,可注写到小数字点以后第二位。零点标高应注写成±0.000,正数标高不注"+",负数标高应注"-",例如 3.000、-0.600。

在图样的同一位置需表示几个不同标高时,标高数字可按图 3-11 的形式注写。

图 3-11　同一位置注写多个标高数字

3. 索引符号与详图符号

图样中的某一局部或构件,如需另见详图,应以索引符号索引。索引符号是由直径为 8～10 mm 的圆和水平直径组成,圆及水平直径应以细实线绘制,如图 3-12(a)所示。索引符号应按下列规定编写:

(1)索引出的详图,如与被索引的详图同在一张图纸内,应在索引符号的上半圆中用阿拉伯数字注明该详图的编号,并在下半圆中间画一段水平细实线,如图 3-12(b)所示;

(2)索引出的详图,如与被索引的详图不在同一张图纸内,应在索引符号的上半圆中用阿拉伯数字注明该详图的编号,在索引符号的下半圆用阿拉伯数字注明该详图所在图纸的编号,

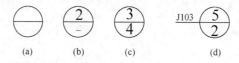

图 3-12　索引符号

如图 3-12(c)所示。数字较多时,可加文字标注;

(3)索引出的详图,如采用标准图,应在索引符号水平直径的延长线上加注该标准图集的编号,如图 3-12(d)所示。需要标注比例时,文字在索引符号右侧或延长线下方,与符号下对齐。

索引符号当用于索引剖视详图,应在被剖切的部位绘制剖切位置线,并以引出线引出索引符号,引出线所在的一侧应为剖视方向,如图 3-13 所示。

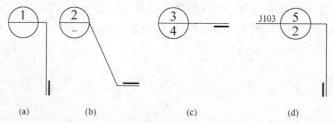

图 3-13　用于索引剖面详图的索引符号

零件、钢筋、杆件、设备等的编号宜以直径为 5～6 mm 的细实线圆表示,同一图样应保持一致,其编号应用阿拉伯数字按顺序编写,如图 3-14 所示。消火栓、配电箱、管井等的索引符号,直径宜为 4～6 mm。

图 3-14　零件、钢筋等的编号

详图的位置和编号应以详图符号表示。详图符号的圆应以直径为 14 mm 粗实线绘制。详图编号应符合下列规定:

(1)详图与被索引的图样同在一张图纸内时,应在详图符号内用阿拉伯数字注明详图的编号,如图 3-15 所示;

图 3-15　与被索引图样同在一张图纸内的详图符号

(2)详图与被索引的图样不在同一张图纸内时,应用细实线在详图符号内画一水平直径,在上半圆中注明详图编号,在下半圆中注明被索引的图纸的编号,如图 3-16 所示。

图 3-16　与被索引图样不在同一张图纸内的详图符号

4. 引出线

引出线应以细实线绘制,宜采用水平方向的直线,与水平方向成 30°、45°、60°、90°的直线,或经上述角度再折为水平线。文字说明宜注写在水平线的上方,如图 3-17(a)所示,也可注写在水平线的端部,如图 3-17(b)所示。索引详图的引出线,应与水平直径线相连接,如图 3-17(c)所示。

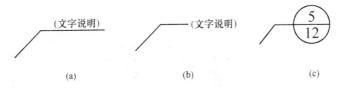

图 3-17　引出线

同时引出的几个相同部分的引出线,宜互相平行,如图 3-18(a)所示,也可画成集中于一点的放射线,如图 3-18(b)所示。

图 3-18　共用引出线

多层构造或多层管道共用引出线,应通过被引出的各层,并用圆点示意对应各层次。文字说明宜注写在水平线的上方,或注写在水平线的端部,说明的顺序应由上至下,并应与被说明的层次对应一致;如层次为横向排序,则由上至下的说明顺序应与由左至右的层次对应一致,如图 3-19 所示。

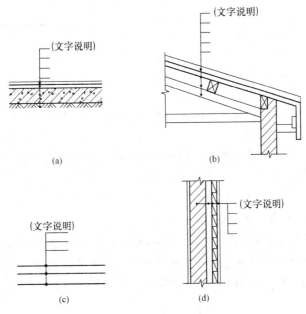

图 3-19　多层共用引出线

5. 指北针与风向频率玫瑰图

指北针的形状应符合图 3-20(a)的规定,其圆的直径宜为 24 mm,用细实线绘制;指针尾部的宽度宜为 3 mm,指针头部应注"北"或"N"字。需用较大直径绘制指北针时,指针尾部的宽度宜为直径的 1/8。

风向频率玫瑰图,即风玫瑰图,如图 3-20(b)所示。图上的风向是由外吹向地区中心,如由北吹向中心的风即称为北风。风向频率玫瑰图是依据某地区多年来统计的各个方向吹风的平均日数的百分数按比例绘制而成,采用 16 个罗盘方位表示。

6. 剖切符号

剖视的剖切符号应由剖切位置线及剖视方向线组成,均应以粗实线绘制。剖视的剖切符

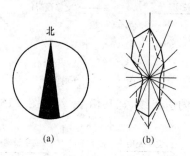

图 3-20 指北针和风向频率玫瑰图

号应符合下列规定：

(1)剖切位置线的长度宜为 6～10 mm,剖视方向线应垂直于剖切位置线,长度应短于剖切位置线,宜为 4～6 mm,如图 3-21 所示；也可采用国际统一和常用的剖视方法,如图 3-22 所示。绘制时,剖视剖切符号不应与其他图线相接触；

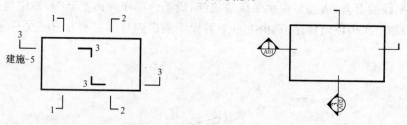

图 3-21 剖视的剖切符号   图 3-22 国际统一和常用剖视的剖切符号

(2)剖视剖切符号的编号宜采用粗阿拉伯数字,按剖切顺序由左至右、由下向上连续编排,并应注写在剖视方向线的端部；

(3)需要转折的剖切位置线,应在转角的外侧加注与该符号相同的编号；

(4)建(构)筑物剖面图的剖切符号应注在±0.000 标高的平面图或首层平面图上；

(5)局部剖面图(不含首层)的剖切符号应注在包含剖切部位的最下面一层的平面图上。

断面的剖切符号应符合下列规定：

(1)断面的剖切符号应只用剖切位置线表示,并应以粗实线绘制,长度宜为 6～10 mm；

(2)断面剖切符号的编号宜采用阿拉伯数字,按顺序连续编排,并应注写在剖切位置线的一侧；编号所在的一侧应为该断面的剖视方向,如图 3-23 所示。

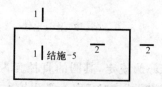

图 3-23 断面的剖切符号

剖面图或断面图,当与被剖切图样不在同一张图内,应在剖切位置线的另一侧注明其所在图纸的编号,也可以在图上集中说明。

四、常用建筑术语

为了学习方便和工作需要,下面将常用的建筑专业术语列表介绍,其具体内容见表 3-3。

表 3-3 常用建筑术语

项 目	内 容
建筑物	范围广泛,一般多指房屋
构筑物	一般指附属的建筑设施,如烟囱、水塔、筒仓等
红线	规划部门批给建设单位的建筑用地范围,一般用红笔圈在图纸上,具有一定约束效应
纵向	指建筑物的长轴方向,即建筑物的长度方向
横向	指垂直建筑物的长轴即其短轴方向,亦即建筑物的宽度方向
定位轴线	确定建筑物承重构件相对位置的纵向、横向的控制线,如承重墙、柱子、梁等都要用轴线定位
横向定位轴线	沿建筑物横向设置的轴线,用以确定墙体、柱、梁和基础等的位置和尺寸。采用阿拉伯数字自左至右进行编号
纵向定位轴线	沿建筑物纵向设置的轴线,也是用以确定墙体、柱、梁基础的位置和尺寸。采用大写拉丁字母自下而上进行编号,但 I,O,Z 不得使用
开间	一间房屋的面宽,即两条横向定位轴线间的距离
进深	一间房屋的深度,即两条纵向定位轴线间的距离
标高	确定建筑竖向定位的相对尺寸数值。建筑总平面图和建筑平面图、立面图、剖面图以及需要竖向设计的图纸都要注标高
层高	相邻两层楼地面之间的垂直距离
净高	指房间的净空高度,即楼地面至上层楼板底的高度,有梁或吊顶时到梁底或吊顶底部。净高等于层高减去楼地面厚度、楼板厚度或梁高及吊顶厚度
建筑高度	指设计室外地坪至檐口顶部的高度,也称建筑总高度
建筑面积	指建筑物长度、宽度外包尺寸的乘积再乘以层数,包括使用面积、结构面积、交通面积,单位 m^2
使用面积	指主要使用房间和辅助使用房间的净面积。是轴线尺寸减去墙皮厚度所得净尺寸的乘积
结构面积	指墙体、柱等所占的面积
交通面积	指走道、楼梯间、电梯间等交通联系设施的净面积
使用面积系数	指使用面积占建筑面积的百分数,比值小于 1
地坪	多指室外自然地面
地物	地面上的建筑物、构筑物、河流、森林、道路、桥梁等
地貌	地面上的一切自然状况
地形	地球表面上地物和地貌的总称
竖向设计	根据地形、地貌和建设要求,拟定各建设项目的标高、定位及相互关系的设计,如建筑物、构造物、道路、地坪、地下管线等标高和定位

项　目	内　容
构造柱	砖混结构中为抗震而设的钢筋混凝土柱
预埋件	建筑物或构筑物中可事先埋置作某种特殊用途的小构件
强度	建筑材料或构件抵抗破坏的能力
标号	建筑材料每平方厘米上能承受的拉力或压力

五、常用建筑材料图例

　　房屋建筑体量都比较大,绘图时均采用缩小的比例,而组成房屋构配件的建筑材料、设施等只能借助图形符号表示,这些图形符号就称为工程制图图例,在《房屋建筑制图统一标准》(GB/T 50001—2010)中均有规定。表 3-4 是常用建筑材料图例。

表 3-4　常用建筑材料图例

名　称	图　例	备　注
自然土壤		包括各种自然土壤
夯实土壤	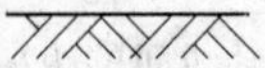	—
砂、土		—
砂砾石、碎砖三合土	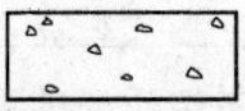	—
石材	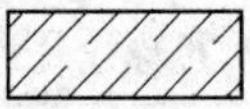	—
毛石		—
普通砖		包括实心砖、多孔砖、砌块等砌体。断面较窄不易绘出图例线时,可涂红,并在图纸备注中加注说明,画出该材料图例
耐火砖	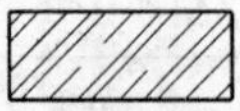	包括耐酸砖等砌体
空心砖	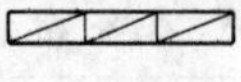	指非承重砖砌体
饰面砖	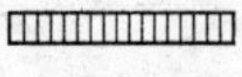	包括铺地砖、马赛克、陶瓷锦砖、人造大理石等
焦渣、矿渣	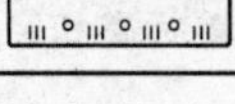	包括与水泥、石灰等混合而成的材料

名　称	图　例	备　注
混凝土	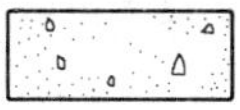	(1)本图例指能承重的混凝土及钢筋混凝土。 (2)包括各种强度等级、骨料、添加剂的混凝土。
钢筋混凝土		(3)在剖面图上画出钢筋时,不画图例线。 (4)断面图形小,不易出画图例线时,可涂黑
多孔材料	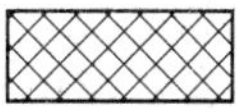	包括水泥珍珠岩、沥青珍珠岩、泡沫混凝土、非承重加气混凝土、软木、蛭石制品等
纤维材料	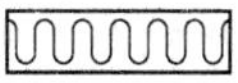	包括矿棉、岩棉、玻璃棉、麻丝、木丝板、纤维板等
泡沫塑料材料	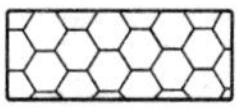	包括聚苯乙烯、聚乙烯、聚氨酯等多孔聚合物类材料
木材	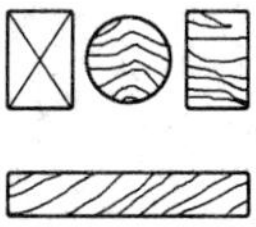	(1)上图为横断面,左上图为垫木、木砖或木龙骨 (2)下图为纵断面
胶合板	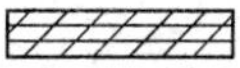	应注明为×层胶合板
石膏板	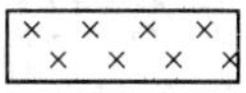	包括圆孔、方孔石膏板、防水石膏板、硅钙板、防火板等
金属	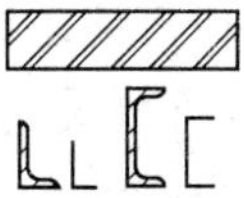	(1)包括各种金属 (2)图形小时,可涂黑
网状材料		(1)包括金属、塑料网状材料 (2)应注明具体材料名称
液体	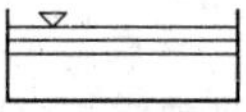	应注明具体液体名称
玻璃		包括平板玻璃、磨砂玻璃、夹丝玻璃、钢化玻璃、中空玻璃、夹层玻璃、镀膜玻璃等
橡胶		—
塑料	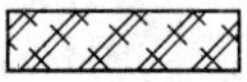	包括各种软、硬塑料及有机玻璃等
防水材料	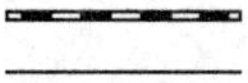	构造层次多或比例大时,采用上图例
粉刷	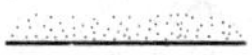	本表中采用较稀的点

六、阅读施工图的步骤

施工图是按照上述图示方法,并综合运用相关专业知识和相关规范、标准绘制而成的,要读懂施工图就要做好下面的准备工作:

(1)应掌握投影制图原理和房屋建筑图的表示方法;

(2)要熟识施工图中常用的图例、符号、线型、尺寸和比例的意义;

(3)施工图会涉及一些专业上的问题,在学习过程中还应善于观察和了解房屋的组成和构造上的一些基本情况。

阅读施工图时,首先应根据图纸目录,检查和了解这套图纸有多少类别,每类有多少张,如有缺损或需用标准图,应及时配齐。检查无缺后,按图纸目录顺序通读一遍,对建筑物所处建设地点、周围环境、建筑物的大小及形状、结构形式和建筑主要部位等情况先有一个概括的了解。阅读时,应按先整体后局部、先文字说明后图样、先图形后尺寸的方法仔细阅读,还应特别注意各类图纸之间的联系以避免发生矛盾而造成质量事故和经济损失。

第二节　建筑总平面图

一、总平面图的用途

建筑总平面图是表示新建房屋与周围环境总体布置的图纸,可以在画有等高线或坐标方格网的地形图上进行绘制。工程简单的总平面图可不画等高线或方格网。

总平面图应能反映出新建、拟建工程的总体布局,原有建筑物、构筑物的情况及相互关系,周围环境布置等,如建筑的具体位置、高程,道路系统,管线的走向以及绿化、地形、地貌等情况。总平面图可以作为新建房屋和其他设施的定位、施工放线、土方开挖以及水、暖、电、管线等施工的依据。总平面图常用图例见表 3-5。

表 3-5　总平面图中常用图例

名　称	图　例	备　注
新建建筑物		新建建筑物以粗实线表示与室外地坪相接处±0.000外墙定位轮廓线; 建筑物一般以±0.000高度处的外墙定位轴线交叉点坐标定位,轴线用细实线表示,并标明轴线号; 根据不同设计阶段标注建筑编号,地上、地下层数,建筑高度,建筑出入口位置(两种表示方法均可,但同一图纸采用一种表示方法); 地下建筑物以粗虚线表示其轮廓; 建筑上部(±0.000以上)外挑建筑用细实线表示; 建筑物上部轮廓用细虚线表示并标注位置

图例中标注:X=、Y=、① 12F/2D、H=59.00 m

续上表

名　　称	图　　例	备　　注
原有建筑物	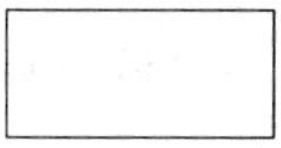	用细实线表示
计划扩建的预留地或建筑物		用中粗虚线表示
拆除的建筑物	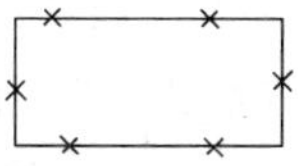	用细实线表示
新建的道路	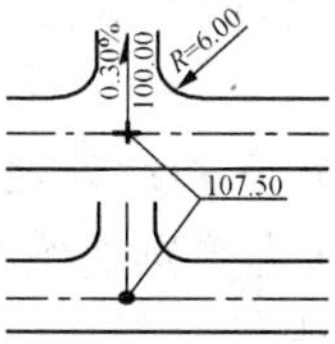	"R=6.00"表示道路转弯半径;"107.50"为道路中心线交叉点设计标高,两种表示方式均可,同一图纸采用一种方式表示;"100.00"为变坡点之间距离,"0.30%"表示道路坡度,→表示坡向
原有道路	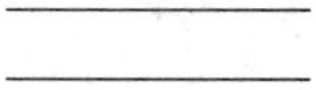	—
计划扩建的道路		—
拆除的道路	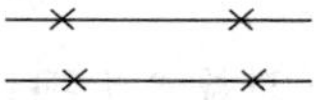	—
围墙及大门	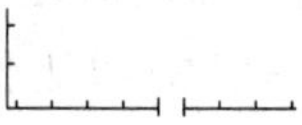	
挡土墙	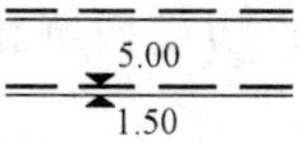 5.00 / 1.50	挡土墙根据不同设计阶段的需要标注墙顶标高墙底标高
挡土墙上设围墙		—
坐标	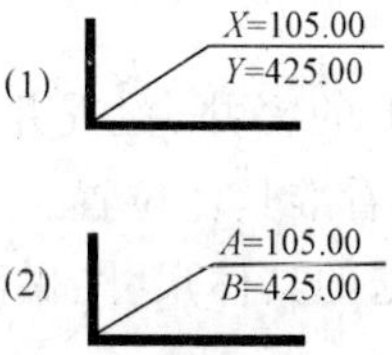 (1) X=105.00 Y=425.00　(2) A=105.00 B=425.00	(1)表示地形测量坐标系(2)表示自设坐标系坐标数字平行于建筑标注
填挖边坡		—
室内地坪标高	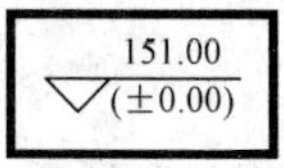 151.00 ▽(±0.00)	数字平行于建筑物书写

名　称	图　例	备　注
室外 地坪标高	▼ 143.00	室外标高也可采用等高线

二、总平面图的基本内容

总平面图具体包括以下的基本内容：

(1)表明红线范围,新建建筑物及构筑物的具体位置、标高,道路及各种管线布置系统等的总体布局。

(2)表明原有房屋、道路的位置,作为新建工程定位的参照物,如利用道路的转折点或某一原有房屋的某个拐角点作为定位依据。

(3)表明标高,主要包括建筑物的首层地面标高、室外设计地坪标高、道路中心线的标高等。通常把总平面图上的标高,全部推算成以海平面为零点的绝对标高。根据标高可以看出地势坡向、水流方向,并可计算出施工中土方填挖工程量。

(4)表示新建房屋朝向,通常采用风向频率玫瑰图。它既能表示朝向,又能显示出该地区的常年风向和主导风向。

在一张总平面图中,若应该表示的专业内容过多,则可分画几张总平面图,如绿化布置、各类管网布置的总平面图等。

三、总平面图的读图注意事项

在看懂总平面图基本内容的过程中,要注意以下的各个事项：

(1)总平面图的内容,多数是用图例符号表示的,看图之前要先熟悉总图图例的含义。

(2)查看总平面图的比例,以了解工程规模。一般常用比例为 1：500,1：1 000,1：2 000。

(3)看清用地范围内的新建、原有、拟建、拆除建筑物或构筑物的位置,新、旧道路布局,周围环境和建设地段内的地形、地貌情况。

(4)查看新建建筑物的室内、外地面标高和道路标高,地面坡度及排水走向。

(5)根据风向频率玫瑰图搞清新建建筑朝向。

(6)弄清图中尺寸是以坐标网形式表现的,还是一般表现形式,以清楚建筑物或构筑物自身占地尺寸及相对距离。

(7)总平面图中的各种管线要仔细阅读,管线上的窨井、检查井,要看清编号和数目,管径中心距离、坡度,从何处引进到建筑物或构筑物,要看准具体位置。

(8)绿化布置要看清楚草坪、树丛以及各种设施的具体尺寸、做法及建造要求等。

第三节　建筑平面图

一、建筑平面图的用途

建筑平面图反映建筑物各功能空间位置、大小和相互间联系,墙或柱等承重构件布置以及门窗类型和位置的基本图样。建筑平面图可作为结构计算、编制预算、施工放线、安装门窗、预留孔洞、预埋构件、室内装饰、施工备料等的重要依据。

　　1. 建筑平面图中常用门窗的图例

　　(1)建筑平面图中常用门的图例见表 3-6。

表 3-6　建筑平面图中常用门的图例

名　　称	图　　例	备　　注
单面开启单扇门 (包括平开或单面弹簧)		
双面开启单扇门 (包括双面平开或双面弹簧)	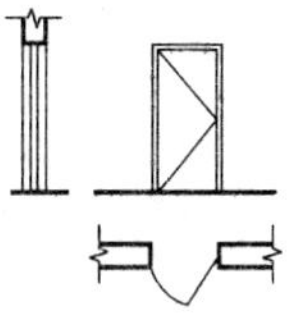	(1)门的名称代号用 M 表示。 (2)平面图中,下为外,上为内门开启线为 90°、60° 或 45°,开启弧线宜绘出。 (3)立面图中,开启线实线为外开,虚线为内开。开启线交角色的一侧为安装合页一侧。开启线在建筑装门面图中可不表示,在立面大样图中可根据需要绘出。 (4)剖面图中,左为外,右为内。 (5)附加纱扇应以文字说明,在平立、剖面图中均不表示。 (6)立面形式应按实际情况绘制
双层单扇平开门		
单面开启双扇门(包括平开或单面弹簧)		
双面开启双扇门 (包括双面平开或双面弹簧)		
双层双扇平开门		

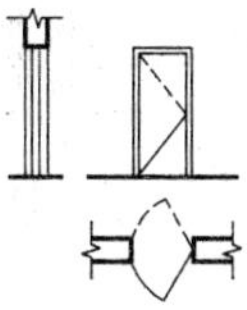

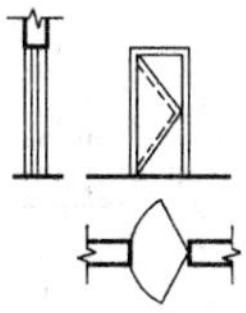

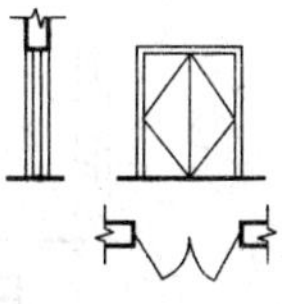

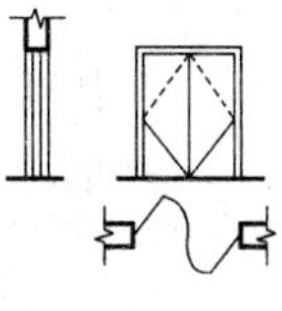

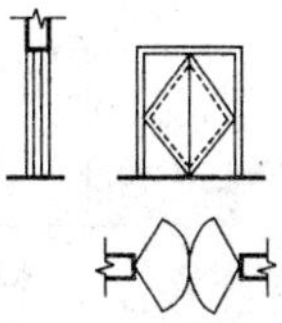

名　称	图　例	备　注
折叠门	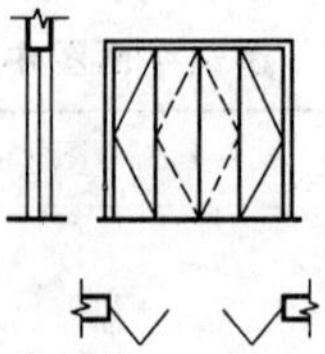	(1)门的名称代号用M表示。 (2)平面图中,下为外,上为内。 (3)立面图中,开启线实线为外开,虚线为内开。开启线交角的一侧为安装合页一侧。 (4)剖面图中,左为外,右为内。 (5)立面形式应按实际情况绘制
推拉折叠门	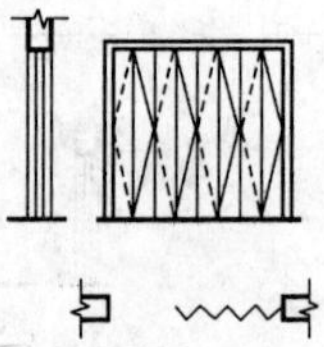	
墙洞外单扇推拉门	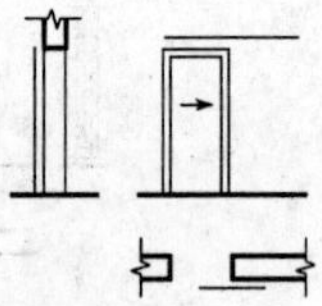	(1)门的名称代号用M表示。 (2)平面图中、下为外,上为内。 (3)剖面图中,左为外,右为内。 (4)立面形式应按实际情况绘制
墙洞外双扇推拉门	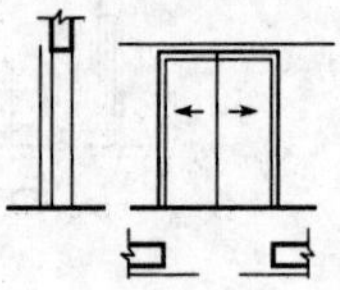	
墙中单扇推拉门	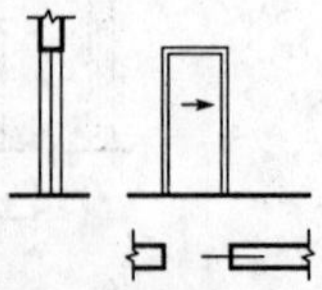	(1)门的名称代号用M表示。 (2)立面形式应按实际情况绘制
墙中双双扇推拉门	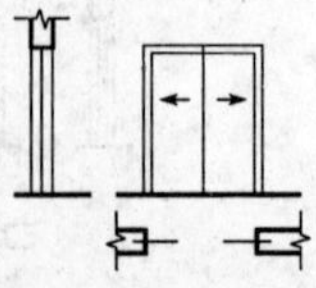	

名　称	图　例	备　注
推杠门	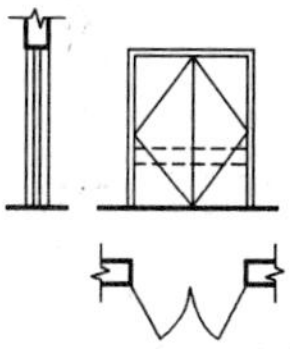	（1）门的名称代号用M表示。 （2）平面图中，下为外，上为内门开启线为90°、60°或45°。 （3）立面图中，开启线实线为外开，虚线为内开。开启线交角的一侧为安装合页一侧。开启线在建筑立面图中可不表示，在室内设计门窗立面大样图中需绘出。 （4）剖面图中，左为外，右为内。 （5）立面形式应按实际情况绘制
门连窗	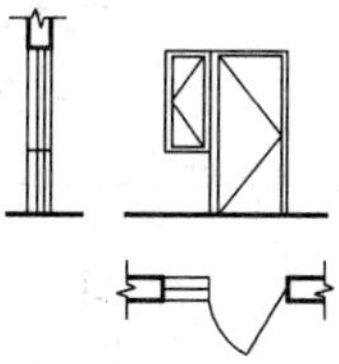	
旋转门	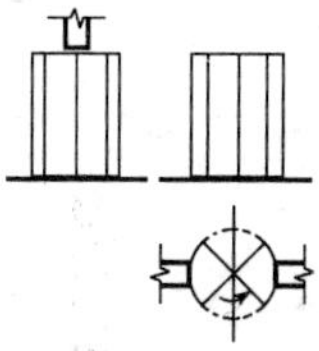	
两翼智能旋转门	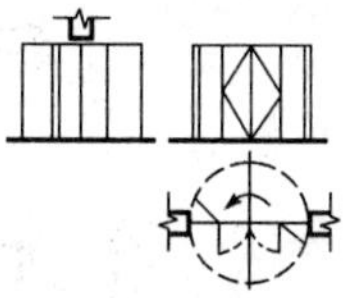	（1）门的名称代号用M表示。 （2）立面形式应按实际情况绘制
自动门	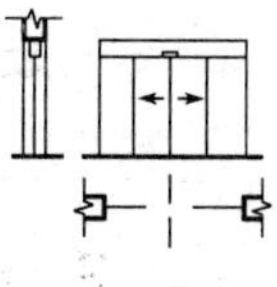	
折叠上翻门	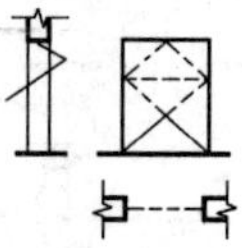	（1）门的名称代号用M表示。 （2）平面图中，下为外，上为内。 （3）剖面图中，左为外，右为内。 （4）立面形式应按实际情况绘制

名　称	图　例	备　注
提升门	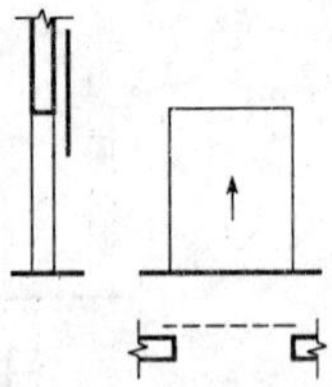	（1）门的名称代号有 M 表示。 （2）立面形式应按实际情况绘制
分节提升门	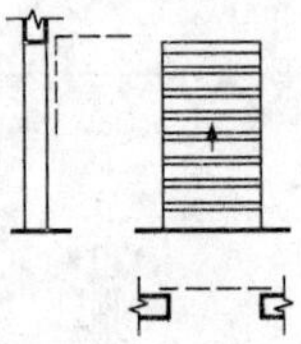	
人防单扇防护密闭门	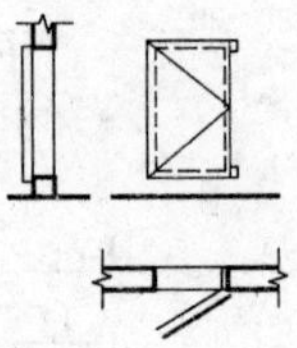	
人防单扇密闭门	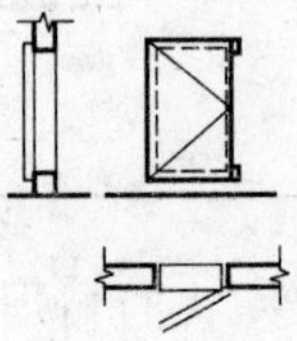	
人防双扇防护密闭门	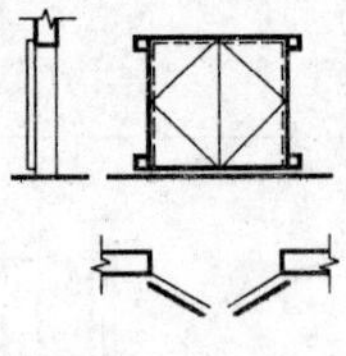	（1）门的名称代号按人防要求表示。 （2）立面形式应按实际情况绘制
人防双扇密闭门	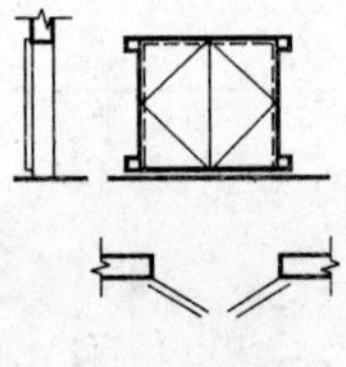	
横向卷帘门	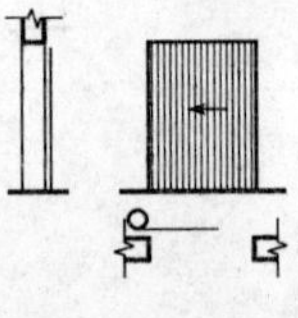	

续上表

名　　称	图　　例	备　　注
竖向卷帘门	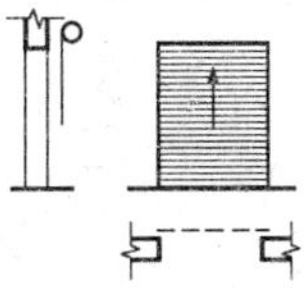	
单侧双层卷帘门	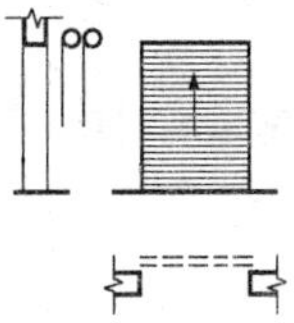	（1）门的名称代号按人防要求表示。 （2）立面形式应按实际情况绘制
双侧单层卷帘门	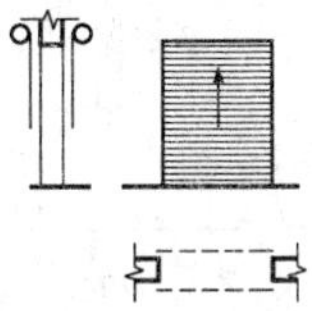	

（2）建筑平面图中常用窗的图例见表3-7。

表 3-7　建筑平面图中常用窗的图例

名　　称	图　　例	备　　注
固定窗	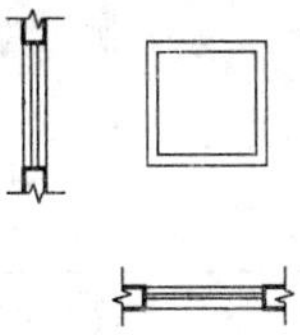	（1）窗的名称代号用C表示。 （2）平面图中，下为外，上为内 （3）立面图中，开启线实线为外开，虚线为内开。开启线交角的一侧为安装合页一侧。开启线在建筑装门面图中合页一侧。开启在建筑立面图中可不表示，在门窗立面大样图中需绘出。 （4）剖面图中，左为外、右为内。虚线仅表示开启方向，项目设计不表示。
上悬窗	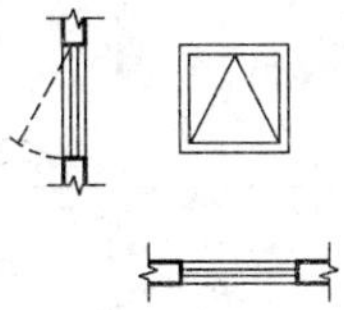	
中悬窗	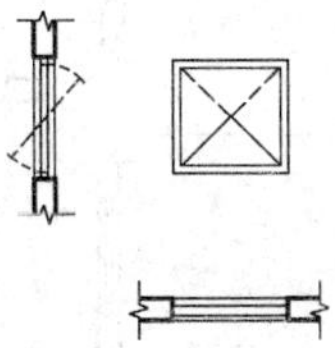	
下悬窗	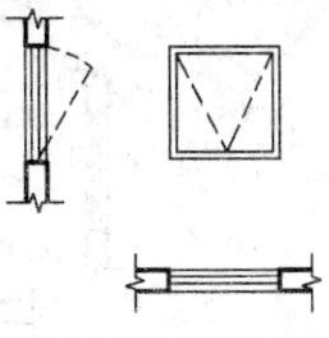	

续上表

<table>
<tr><th>名　称</th><th>图　例</th><th>备　注</th></tr>
<tr><td>立转窗</td><td>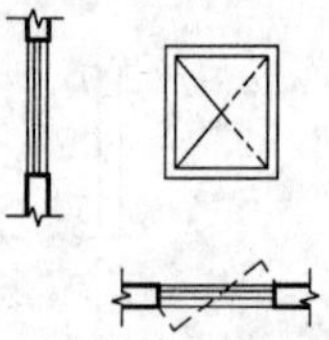</td><td rowspan="5">(5)附加纱窗应以文字说明，在平、立、剖面图中均不表示。
(6)立面形式应按实际情况绘制</td></tr>
<tr><td>内开平开内倾窗</td><td>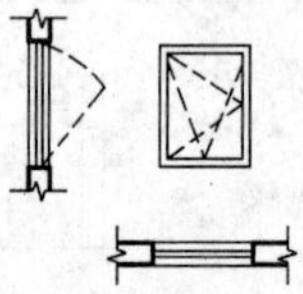</td></tr>
<tr><td>单层外开平开窗</td><td>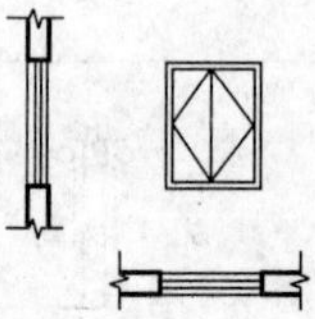</td></tr>
<tr><td>单层内开平开窗</td><td>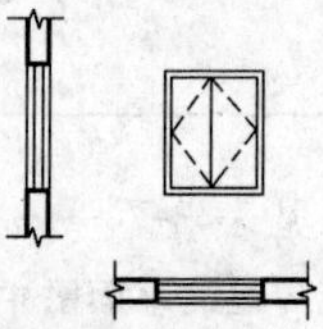</td></tr>
<tr><td>双层内外开平开窗</td><td>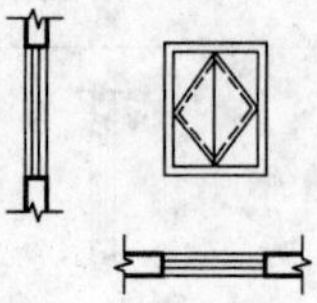</td></tr>
<tr><td>单层推拉窗</td><td>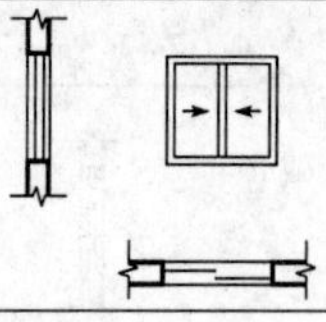</td><td rowspan="4">(1)窗的名称代号用C表示。
(2)立面形式应按实际情况绘制</td></tr>
<tr><td>双层推拉窗</td><td>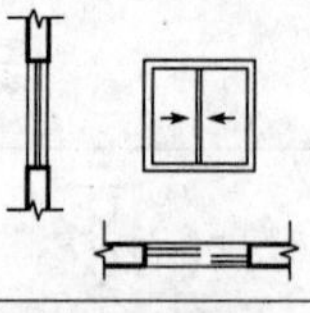</td></tr>
<tr><td>上推窗</td><td>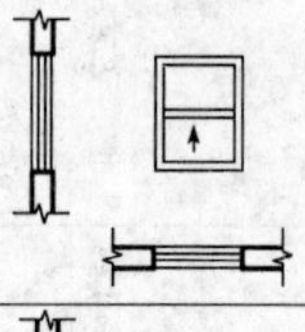</td></tr>
<tr><td>百叶窗</td><td>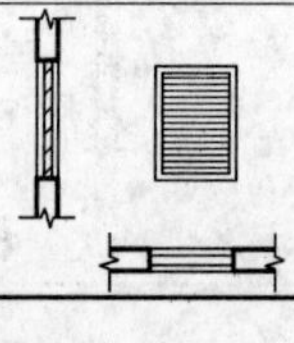</td></tr>
</table>

续上表

名　　称	图　例	备　注
高窗	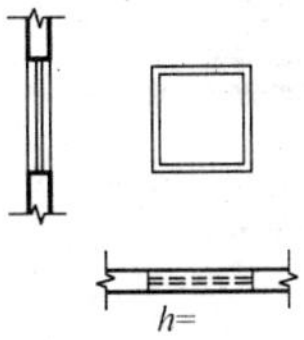	(1)窗的名称代号用 C 表示。 (2)立面图中,开启线实线为外开,虚线为内开。开启线交角的一侧为安装合页一侧。开启线在建筑立面图中可不表示,在门窗立面大样图中需绘出。 (3)剖面图中,左为外,右为内。 (4)立面形式应按实际情况绘制。 (5)h 表示高窗底距本层地面高度。 (6)高窗开启方式参考其他窗型
平推窗	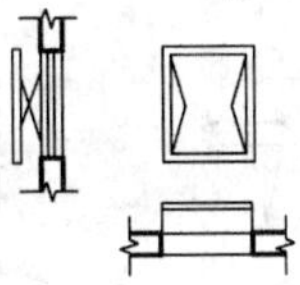	(1)窗的名称代号用 C 表示。 (2)立面形式应按实际情况绘制

2. 建筑平面图中部分建筑配件图例

建筑平面图中部分建筑配件图例见表 3-8。

表 3-8　建筑平面图中部分建筑配件图例

名　　称	图　例	备　注
墙体	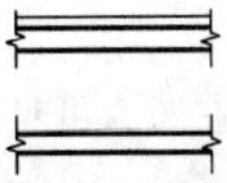	(1)上图为外墙,下图为内墙。 (2)外墙细线表示有保温层或有幕墙。 (3)应加注文字或涂色或图案填充表示各种材料的墙体。 (4)在各层平面图中防火墙宜着重以特殊图案填充表示
隔断		(1)加注文字或涂色或图案填充表示各种材料的轻质隔断。 (2)适用于到顶与不到顶隔断

名　　　称	图　　例	备　　注
玻璃幕墙	≡≡≡≡≡	幕墙龙骨是否表示由项目设计决定
栏杆	≡≡≡	—
楼梯	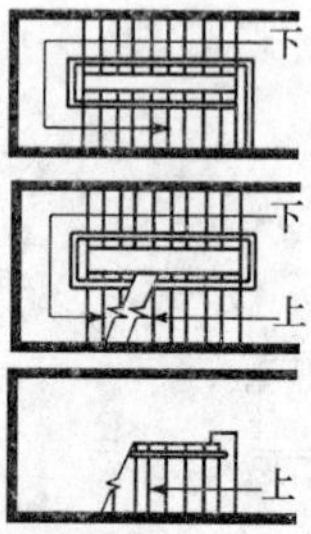	(1)上图为顶层楼梯平面,中图为中间层楼梯平面,下图为底层楼梯平面。 (2)需设置靠墙扶手或中间扶手时,应在图中表示
坡道	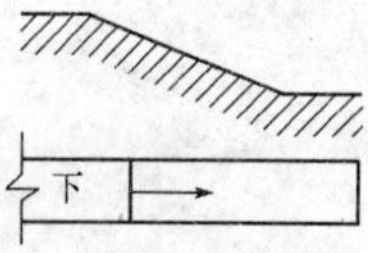	长坡道
	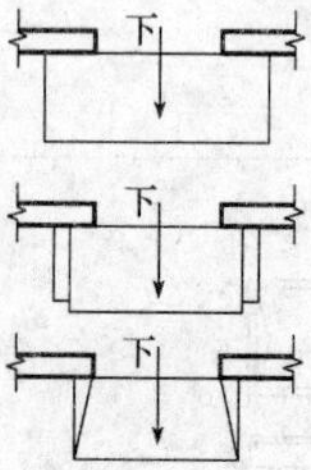	上图为两侧垂直的门口坡道,中图为有挡墙的门口坡道,下图为两侧找坡的门口坡道
台阶	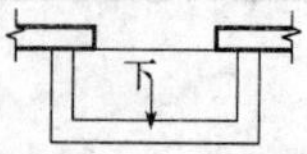	—
平面高差	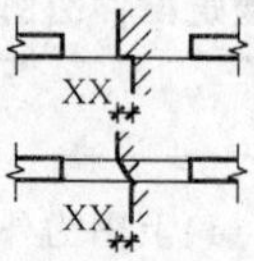	用于高差小的地面或楼面交接处,并应与门的开启方向协调
检查口		左图为可见检查口,右图为不可见检查口
孔洞		阴影部分亦可填充灰度或涂色代替
坑槽		—

名　　称	图　　例	备　　注
墙预留洞、槽	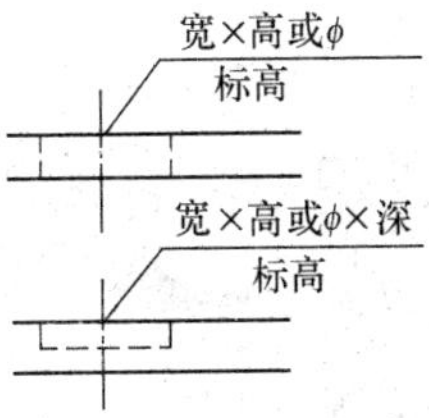 宽×高或φ 标高 宽×高或φ×深 标高	(1)上图为预留洞,下图为预留槽。 (2)平面以洞(槽)中心定位。 (3)标高以洞(槽)底或中心定位。 (4)宜以涂色区别墙体和预留洞(槽)
地沟	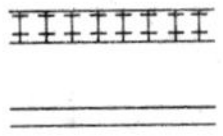	上图为有盖板地沟,下图为无盖板明沟
烟道	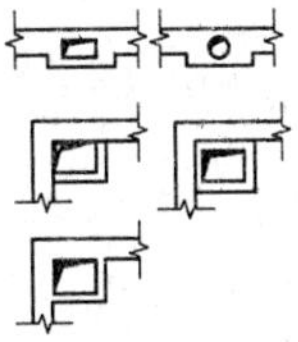	(1)阴影部分亦可填充灰度或涂色代替。 (2)烟道、风道与墙体为相同材料,其相接处墙身线应连通。 (3)烟道、风道根据需要增加不同材料的内衬
风道	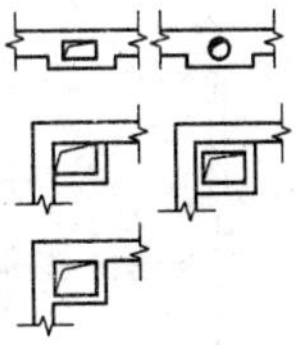	
新建的墙和窗	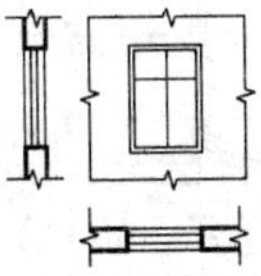	—
改建时保留的墙和窗	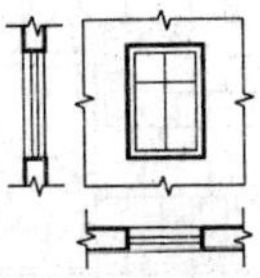	只更换窗,应加粗窗的轮廓线
拆除的墙	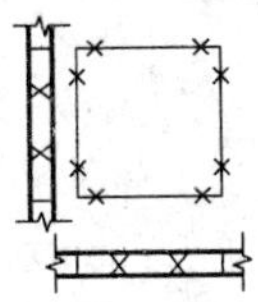	—

3. 两户联体农宅的透视图

两户联体农宅的透视图,如图 3-24 所示。

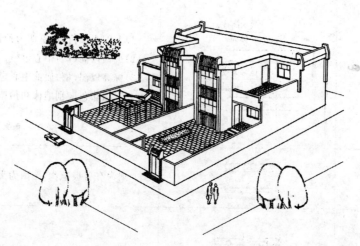

图 3-24　联体农宅透视图

4. 院落平面布置图

院落平面布置图,如图 3-25 所示。

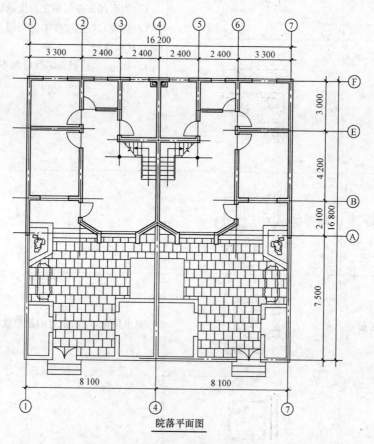

院落平面图

图 3-25　院落平面布置图(单位:mm)

二、建筑平面图的基本内容

建筑平面图具体包括以下的基本内容。

(1)表明建筑物的平面形状及内部各房间组合排列情况,平面图内还应注明房间名称和房间净面积。

(2)首层平面图中绘制指北针符号,表明建筑朝向;在首层平面图中还应表达室外设施,如花池、台阶、坡道等;特别应表达出剖面图的剖切位置和详图索引符号等内容。

(3)表明建筑结构形式和所使用的建筑材料,在平面图中可以看出建筑物是砖混结构还是框架结构或其他结构形式。

(4)表明外形和内部空间的主要尺寸,平面图中的轴线是房屋长宽方向的定位依据,以轴线来确定平面图中所有各个部位的细部尺寸。

外部尺寸常常标注三道:建筑物的总长度和总宽度尺寸,称为外包尺寸;中间是轴线尺寸,表示房屋开间(柱距)和进深(跨度);第三道尺寸称为细部尺寸,表示门、窗洞口及墙垛等细部尺寸。如房屋前后左右不对称时,在平面图四周均应注明尺寸及轴线。局部尺寸标注还有首层平面图的室外台阶、花池、散水、门廊等。

为了表明平面图内部房间的净空尺寸和室内的门窗洞口、墙厚及固定设施的大小和位置,还应标注房屋内部尺寸。

(5)平面图中可以看到表明房屋所处竖向位置的标高。以首层平面图主要房间地面为±0.000,二层以上均为正数标高,首层以下均用负数标高。屋顶平面和有排水要求的房间要注明坡度表示流水方向。如卫生间地面标高为−0.020,表明该处地面比底层地面低 20 mm。

(6)图中还表达了楼梯、门窗、卫生设备等的配置情况。图例表达内容参见常用建筑构件图例,更详尽的请参阅建筑制图标准。

(7)表明门窗编号、门的开启方向。凡使用标准门窗的不必另画详图,只要在图中注明相应的门窗编号即可。

(8)表明给排水、采暖通风、煤气、电气等对土建的要求。这些配套工种需要设置水池、地沟、配电箱、消火栓、检查井、预埋件等,需要在墙或楼板上开洞,平面图中要表示其位置和尺寸。如配电箱等凹进墙内部件,还要在图中用虚线表示并标注洞口尺寸及下皮标高。

(9)文字说明。凡在平面图中无法用图来表示的内容,都要注写文字说明,如砖和砂浆标号及选用的标准图集等。如图 3-26 所示为联体农宅的底层平面图。

图 3-26 所示右下角的指北针和房屋平面外形可知,该农宅为坐北朝南、两户联排的砖混结构建筑。①～④轴为与④～⑦轴完全对称的另一住户,见图中的对称符号。

一层由向东的入口进入客厅,客厅中设置通往二层的 L 形楼梯,围绕客厅设有朝向南、北的两个居室,另外在北向还设有卫生间和厨房。客厅的 C—1 窗为在突出墙面的八角墙体开设的窗户,图中对所有的门窗进行了编号。梯段宽为 1 050 mm,上至二层需两梯段,共计 17 步踏步。首层室内地面标高为±0.000,室外地面标高为−0.300,表明室内外高差为300 mm,设有三步台阶。

如图 3-27 所示为二层平面图,同样设有居室和卫生间等房间,并以一层南向居室屋顶为二层凉台。和一层平面相比,二层平面少了指北针、剖切符号和室外设施,其他内容同底层平面。二层楼面标高为 3.000,表明建筑层高为 3 m。

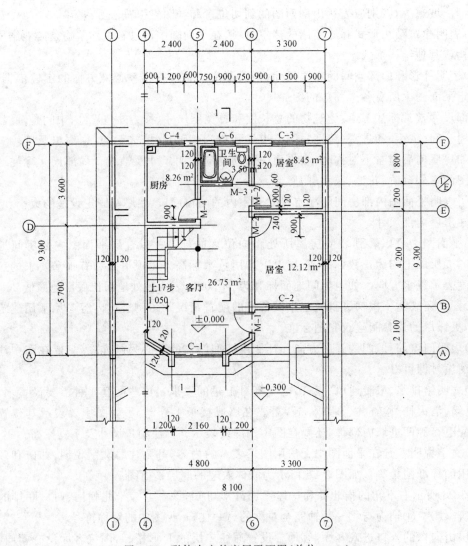

图 3-26　联体农宅的底层平面图(单位:mm)

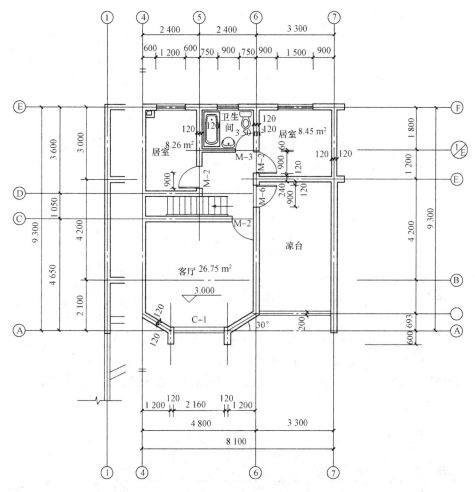

图 3-27 联体农宅的二层平面图(单位:mm)

第四节 建筑立面图

一、建筑立面图的用途

建筑物的外观特征、艺术效果依赖立面设计表现,建筑立面图就是反映房屋建筑的外貌和立面装修的图样。一个好的建筑立面图设计,不仅可以帮助清晰的识图,还可以提升建筑物的艺术效果。

建筑立面图是建筑平面图的延伸和补充。

二、建筑立面图的基本内容

建筑立面图具体包括以下的基本内容。

(1)表达建筑物外形上可以看到的全部内容,如台阶、花池、勒脚、门窗、雨棚、阳台、檐口等部位。

(2)表明高度方向的三道尺寸线,即建筑总高度,分层高度,门窗、勒脚、檐口细部的高度。

还需在长度方向注明轴线编号。

（3）表明外墙各部位建筑装修材料做法，可从图中的文字说明得知其具体构造做法，也可从工程做法表中查知。如图中的外墙1和外墙2代表墙面不同的装修做法。

（4）表明局部或外墙索引。针对一些饰面装修构造，需绘制详图的要引出索引符号并绘制详图。

如图3-28所示为建筑正立面图，如图3-29所示为建筑背立面图。

从图3-28可以看出，由图名和两端轴线可知，是建筑物的南向立面图，比例和平面图一致。正背立面图为两户农宅联体的立面图。正立面图借助平面图所设置的八角墙体突出墙面，并设有外挑坡檐，东西两侧也设有外挑坡檐。

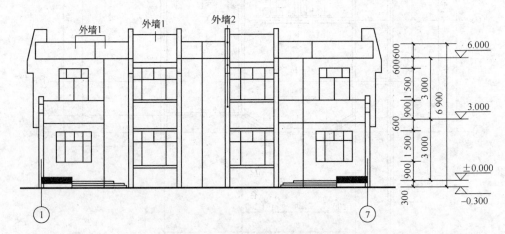

图 3-28　正立面图（单位：mm）

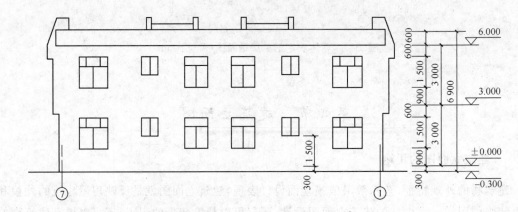

图 3-29　背立面图（单位：mm）

三、建筑立面图的读图注意事项

读取建筑立面图，要注意以下的事项。

（1）立面图与平面图有着密不可分的关系，各立面图中的轴线编号均应与平面图严格一致，并应校核勒脚、雨棚、檐口等所有细部构造是否正确无误。

（2）各立面图之间在材料做法上有无不相符或不协调之处，并应检查房屋整体外观、外装修有无矛盾之处。

第五节　建筑剖面图

一、建筑剖面图的用途

建筑剖面图与建筑立面图有很大的不同,建筑立面图侧重于建筑物的外观特征、艺术效果,而建筑剖面图主要表示房屋内部构造、结构形式、分层情况和房屋各部分之间的竖向联系及高度方向尺寸等内容。

二、建筑剖面图的剖切位置

建筑剖面图的剖切位置来源于首层建筑平面图,一般选在房屋内部构造较为复杂与典型的部位,或层高不同、层数不同的部位,并应通过门窗洞口位置。至少应有一个剖面剖切到楼梯间。剖面图的图名应与平面图上所标注剖切符号的编号一致。

建筑剖面图的数量应根据房屋的复杂程度和施工需要来确定。

三、建筑剖面图的基本内容

建筑剖面图具体包括以下的基本内容。

(1)表明建筑物墙或柱、楼板等结构及定位轴线。

(2)表明建筑物被剖切面剖到和看到的内容,如墙体、楼梯、地面、阳台、雨棚、各层楼面、女儿墙或挑檐、室外设施等图形内容。

(3)表明高度方向尺寸和标高,如室内净高、楼面构造、门窗等细部尺寸和楼地面标高等。剖面图中应沿垂直方向注写三道外部尺寸,自内而外依次为细部尺寸、层高尺寸、建筑总高尺寸,内部尺寸包含室内门窗、栏杆、壁柜、搁板等高度尺寸。水平方向应标注轴线尺寸和总尺寸,构造复杂时还应标注细部尺寸。

(4)表明室内地面、楼面、顶棚、踢脚等装修构造和尺寸。

图 3-30 为某建筑"1—1 剖面图",将剖面图的图名和轴线编号与底层平面图上的剖切位置

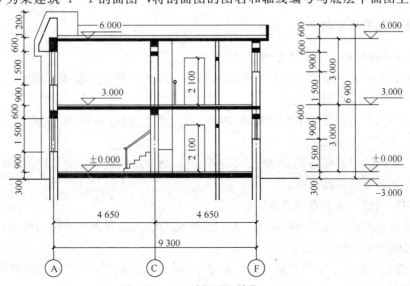

图 3-30　1—1 剖面图(单位:mm)

进行对照,可看出剖面是自南而北剖开 C—1 窗进入客厅后切平面平行转换剖切卫生间的门窗,看到 M—4 门及楼梯的一部分,得到的阶梯剖面图。

读图时宜从左至右、从下至上。1—1 剖面图外侧轴线主要表达了外墙、C—1 窗、窗台、过梁和圈梁等。对应平面图看各层楼地面标高是否一致。

四、建筑剖面图的读图注意事项

建筑剖面图的读图注意事项具体包括以下内容。

(1)阅读剖面图,首先要校核首层平面图的剖切位置与剖面图表达内容是否一致,轴线标注是否和平面图一致。

(2)图中尺寸标注应表明内外高度尺寸、标高,当然还有水平方向尺寸。应校核图样、尺寸是否和平面图、立面图尺寸一致。

(3)剖面图应和平面图、立面图对照阅读。

第六节　建筑详图

一、详图的特点

详图特点是比例较大、图样内容详尽、尺寸齐全。

详图的图示方法和数量,要看建筑细部构造的复杂程度来定。一般情况下绘制剖面详图,如外墙墙身大样,可能还需绘制平面详图,如楼梯间,而针对异型门窗等可能还应绘制立面详图。还可以在建筑剖面图外墙各节点处绘制索引符号,以节点详图方式绘制,按详图编号进行排序。

详图选用标准图集的,必须配合相应标准图集才能完整使用。

外墙详图实际上是建筑剖面图的局部放大,表达外墙从基础以上到屋顶所涉及的各节点细部构造和尺寸,诸如室内外装修、楼地面装修、门窗洞口、楼板和墙的连接、檐口及建筑配件安装等,是进行施工的重要依据。

二、外墙详图的基本内容

外墙详图具体包括以下的基本内容。

(1)外墙详图要和平面图的剖切位置或立面图上的详图索引标志、轴线编号完全一致。

(2)表明外墙厚度与轴线关系。

(3)表明室内外地面处的节点构造、室内外高差、散水、台阶坡道、墙身层等做法和详尽尺寸,如楼面 1、屋面 1 等做法编号。

(4)表明楼层处节点构造做法,当楼层为若干层,而节点构造又完全相同时,可用一个图样表示,但需标注若干层楼面标高。

(5)表明屋顶檐口处节点细部做法。

(6)尺寸标注和标高注写和剖面图一样,标注三道尺寸,说明各个部位的尺寸,注意应与立面图和剖面图的标注完全一致。

墙身详图主要表达了室外地面、散水、防潮层、窗台构造做法,屋顶坡檐的形状、材料及各部分尺寸与相互关系,如图 3-31 所示。

三、外墙详图读图的注意事项

外墙详图读图的注意事项不多,但很重要,需要仔细校核。

(1)认真读图,将全部细部构造内容、做法弄清,并与其他建筑图纸结合起来阅读。

(2)应反复校核图中尺寸与标高是否一致,并应和建筑图或结构图结合以校核细部尺寸,避免出现矛盾之处。

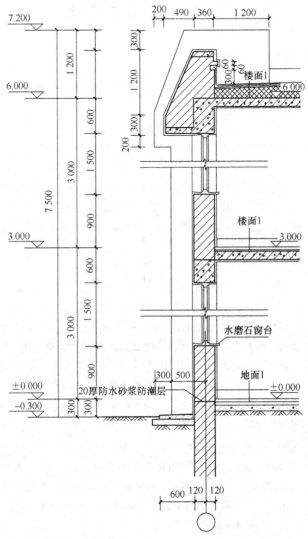

图 3-31 墙身详图(单位:mm)

第四章　房屋建筑构造

第一节　地基与基础

一、地基与基础的关系

地基与基础具有密不可分的联系,但却是两个不同的概念,地基与基础的关系,如图 4-1 所示。地基与基础的主要内容见表 4-1。

表 4-1　地基与基础的主要内容

项　目	内　容
地基与基础的概念	基础是建筑物的墙或柱深入土中的扩大部分,属于建筑物组成部分,起着承上传下的作用。地基则是指基础下部承受由基础传递荷载的土(岩石)层,它不属于建筑物。建筑物的总荷载(包括建筑物自重和外加的活荷载)通过基础传给地基,地基因此产生变形
地基允许承载力	在房屋建造中,地基土质的好坏对基础影响很大,地基承受荷载是有一定限度的。地基在房屋荷载作用下,单位面积上能承受基础传递荷载的能力,称为地基允许承载力或地耐力。为了房屋的稳定和安全,必须保证基础传给地基的压力不超过地基的允许承载力,在房屋建造之前,应进行工程地质勘察。 地基的承载力一般都比砖、石、混凝土等基础材料的抗压强度低很多,基础下部通常做成逐步加宽的形式,以扩大基础底面与地基的接触面积,减少基础传给地基单位面积上的压力,使其能与地基的承载力相适应。当建筑荷载加大,基础底面积也应相应加大
天然地基与人工地基	按现行《建筑地基基础设计规范》(GB 50007—2011),天然地基土分为四大类,有岩石、碎石土、砂土、黏性土。地基按土层承载力分为天然地基和人工地基两大类。 天然土层具有足够的承载力,不需对土层进行加固,直接在其上建造房屋的地基称为天然地基,如岩石、碎石土。 天然土层必须经过人工加固提高土层的承载力之后,才能在其上建造房屋的地基称为人工地基,如淤泥、回填土等。 地基加固方法一般采用压实法(夯实或重锤法)、换土法以及桩基等提高地基承载力

二、地基与基础的设计要求

(1)基础应有足够的强度承受建筑物的全部荷载,地基应具有良好的稳定性,保证建筑物在建造和使用中均匀沉降。

(2)基础材料、基础形式等应与建筑整体的耐久等级相适应,防止基础提前破坏。

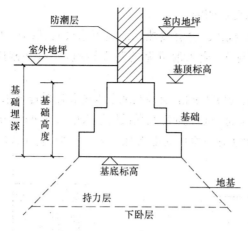

图 4-1　地基与基础的关系

（3）基础的工程量、造价比重份额一般占总造价的 10%～35%，应选择合理的基础形式及恰当的构造方案，以降低基础工程造价。

三、基础的埋置深度

1. 基础埋置深度的概念

建筑物室外设计地坪至基础底面的垂直距离称为埋置深度，简称埋深。基础的埋深对建筑物的耐久年限、工期、造价和施工技术等都产生很大的影响，既要保证建筑物的坚固耐久、又要降低造价加快施工工期，宜选择合理适宜的埋置深度。基础宜浅埋，但埋深应不小于 500 mm。

2. 地基土层对埋置深度的影响

地基通常由若干种土层组成，各土层的承载能力有可能各不相同，一般情况下，基础底面应坐落在坚实可靠的土层上，避免设置在耕植土或淤泥等软弱土层之上。如图 4-2 所示为不同的地基土层分布与埋深的关系。土层的好坏是相对的，对于荷载较小的房屋可能是承载力高的坚硬土层，而对于荷载较大的房屋，却认为是不能满足承载力要求的软弱土层。

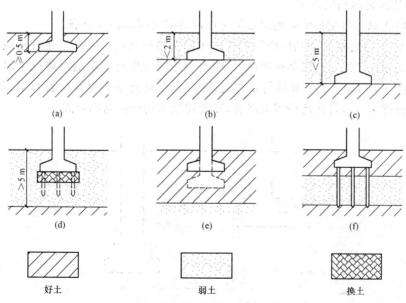

图 4-2　基础埋深与土层的关系

3. 地下水位对埋置深度的影响

地下水对地基土层影响较大,含有侵蚀性的地下水会对基础产生破坏作用。

基础在地下水位以下施工,应采取可靠的防水措施,所以基础应尽可能埋在地下水位以上,如图 4-3(a)所示。

地下水位一般随季节的变换而涨落,有最高地下水位和最低地下水位之分。地下水位高,基础无法埋在地下水位以上时,应将基础底面埋在最低地下水位以下 200 mm 处,如图 4-3(b)所示。

切记不应使基础底面处于地下水位变化范围之内。基础材料应选用石材、混凝土等耐水材料。

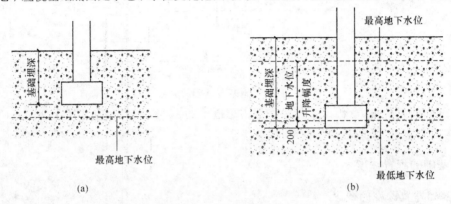

图 4-3　地下水位与基础埋深

4. 土壤冻结深度对埋置深度的影响

冬季土壤冻结与不冻结的分界线称为冰冻线。

室外设计地坪到冰冻线的距离称为冻结深度,是土壤冻结的最大深度,同时也是冻结和解冻现象交替出现,对基础产生影响的土层。土冻结以后是否对建筑物产生不利影响,主要看土冻结后是否产生冻胀现象。

按照土壤的冻胀程度将土分为不冻胀土、弱冻胀土、冻胀土和强冻胀土四类,对于冻胀土和强冻胀土基础底面应埋在冻结深度以下 200 mm 处。

5. 相邻建筑物的基础埋深

新建房屋和原有房屋基础的埋深必须考虑两基础之间的相互影响。

一般情况下,新建房屋的基础埋深不宜深于原有房屋基础。而由于建筑荷载和地基土质因素的影响必须深于原有建筑基础埋深时,两基础之间应保持一定的距离或采取一定措施加以处理。如图 4-4 所示为相邻建筑物基础的埋深,L 应根据原有建筑荷载大小、基础形式、土质情况等进行确定。也可在此设置沉降缝,新建建筑采用悬挑基础形式。

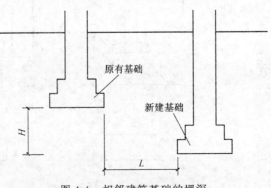

图 4-4　相邻建筑基础的埋深

为了保护基础,基础顶面应低于室外地坪至少 100 mm,以免基础外露。确定基础埋深必须全面考虑上述各方面因素的影响。基础既要坚固耐久,又要降低造价、方便施工。

四、基础的类型

1. 按材料性能分类

按材料性能基础分为刚性基础和柔性基础。常用的砖、毛石、灰土、混凝土基础等都属于刚性基础,钢筋混凝土基础为柔性基础。刚性基础因材料性能关系受刚性角限制,如图 4-5 所示,其台阶的宽高比容许值不能超过表 4-2 中的规定。刚性基础常用于地基承载力较好、压缩性较小的中小型民用建筑。

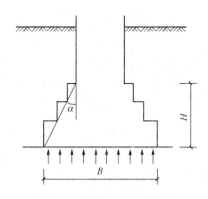

图 4-5　刚性基础的刚性角

表 4-2　刚性基础台阶宽高比的允许值

基础材料	质量要求	台阶宽高比的允许值		
		$P \leqslant 100$	$100 < P \leqslant 200$	$200 < P \leqslant 300$
混凝土基础	C15 混凝土	1∶1.00	1∶1.00	1∶1.25
毛石混凝土基础	C15 混凝土	1∶1.00	1∶1.25	1∶1.50
毛石基础	砂浆不低于 M5	1∶1.25	1∶1.50	—
砖基础	砖不低于 MU10、砂浆不低于 M5	1∶1.5		
灰土基础	体积比为 3∶7 或 2∶8 的灰土,其最小干密度: 黏土:1.45 L/m³; 粉土:1.55 t/m³; 粉质黏土:1.50 t/m³	1∶1.25	1∶1.50	—
三合土基础	体积比 1∶2∶4~1∶3∶6(石灰∶砂∶集料),每层约虚铺 220 mm,夯至 150 mm	1∶1.50	1∶2.00	—

注:P 为基础底面外的平均压力,单位为 kPa(kN/m²)。

2. 按构造类型基础分类

按构造类型基础可分为条形基础、独立基础和联合基础,如图 4-6 所示。

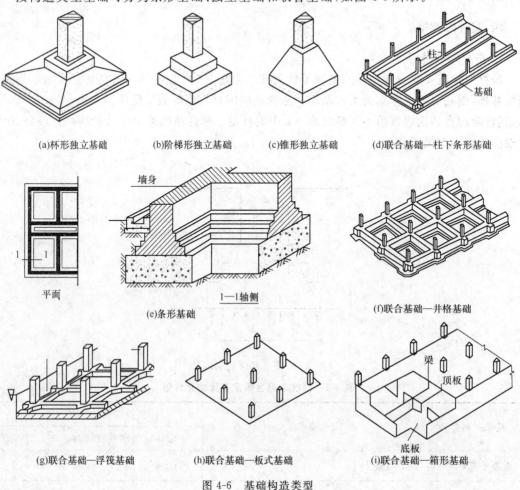

(a)杯形独立基础   (b)阶梯形独立基础   (c)锥形独立基础   (d)联合基础—柱下条形基础

平面   1—1轴侧

(e)条形基础   (f)联合基础—井格基础

(g)联合基础—浮筏基础   (h)联合基础—板式基础   (i)联合基础—箱形基础

图 4-6 基础构造类型

联合基础类型较多,有柱下条形基础、井格基础、浮筏基础、箱形基础等,联合基础可跨越软弱地基,适用于土质较差、土质不均匀且建筑荷载大等场地。

连续墙体的基础常采用条形基础,墙下条形基础由垫层、大放脚组成,如图 4-6(d)所示即为砖砌条形基础。

五、基础的构造

地基基础的构造可分为砖基础、毛石基础、混凝土基础和钢筋混凝土基础等见表 4-3。

表 4-3 地基基础的构造

项　　目	内　　容
砖基础	目前,砖基础可采用灰砂砖等材料,用混合砂浆或水泥砂浆砌筑而成。砖基础价格低廉、施工简便,适合多层建筑物选用。基础的大放脚做法可采用等高退台或间隔退台,等高式也叫两皮一收,即每砌筑两皮砖收进 60 mm;间隔式也叫二一间收,即两皮一收和一皮一收交替,均收进 60 mm。但在间隔式中,大放脚的底部应采用两皮砖砌筑。如图 4-7 所示为砖砌基础大放脚构造的两种做法。

续上表

项　目	内　容
砖基础	地下水位较低或中小型建筑的基础,可在基础下面设置灰土垫层。灰土垫层常采用三七灰土,是石灰和黏土按 3∶7 的体积比加适量水掺对而成的。灰土虚铺 220 mm,夯实厚度 150 mm 称为一步,基础下可做一步、两步垫层等。当基础埋深不同时,基础应做成踏步形缓慢过渡,踏步高不大于 500 mm、踏步长不小于 2 倍踏步高
毛石基础	毛石基础是天然石材经粗略加工后砌筑而成的基础,是山区建造房屋常采用的基础形式。毛石粒径一般不小于 300 mm,毛石基础的断面为矩形或阶梯形,具体构造如图 4-8 所示
混凝土基础	混凝土基础坚固耐久、防水抗冻,适用于地下水位较高或有冰冻情况的建筑物。按基础断面高度的不同一般有矩形、阶梯形和梯形等形式,如图 4-9 所示
钢筋混凝土基础	钢筋混凝土基础具有强度高、埋深浅、土方量小的特点,但造价比其他基础高。钢筋混凝土基础也称柔性基础,如图 4-10 所示为钢筋混凝土基础示意图

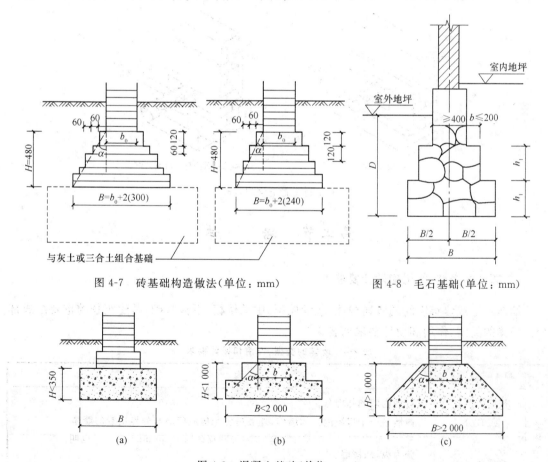

图 4-7　砖基础构造做法(单位:mm)　　　　　图 4-8　毛石基础(单位:mm)

图 4-9　混凝土基础(单位:mm)

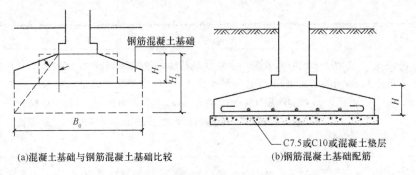

图 4-10　钢筋混凝土基础示意图

六、管道穿越基础的处理

在供热通风、给水排水等工程中,都有各种管道需穿越建筑物的墙体、楼板等构件。管道穿墙特别是穿越基础时,必须做好保护及防水措施,否则会出现建筑物下沉,使管道变形或在结合部位出现渗水现象,影响建筑物的正常使用。

依据墙体受力大小管道穿越有固定式和活动式两种,活动式又有刚性和柔性之分。管道穿越基础或基础墙部位时,必须预留洞口,考虑建筑物沉降量设置洞口大小,如图 4-11 所示。

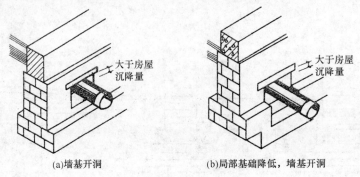

图 4-11　管道穿越基础

第二节　墙　　体

一、墙体的类型、作用和设计要求

墙体是组成建筑空间的竖向构件,上承屋顶,中承楼板,下接基础,是建筑物的重要组成部分。墙体的类型、作用和设计要求见表 4-4。

表 4-4　墙体的类型、作用和设计要求

项　目		内　容
墙体的类型	按墙体所在位置分	分为内墙和外墙分。 内墙是位于房屋内部的墙体,外墙是位于房屋四周与外界接触的墙体
	按墙体布置方向分	分为纵墙、横墙。 纵墙是沿建筑物长轴方向的墙体,横墙是垂直于建筑物长轴方向的墙体。外纵墙也称为檐墙,有前檐墙和后檐墙之分。两端的横墙也称为山墙或端墙。此外,依据

项　目		内　容
墙体的类型	按墙体布置方向分	墙体与门窗的位置关系,平面窗洞口之间的墙体称为窗间墙,立面窗洞口之间的墙体称为窗下墙
	按墙体受力情况分	分为承重墙和非承重墙。 承重墙是直接承受梁、板、屋架等上部荷载的墙体。非承重墙是不承受上部荷载的墙体,又有自承重墙和隔墙之分。自承重墙是仅承受自身重量的墙体,墙体下应设基础。隔墙是自身重量由梁或楼板承担,仅起分隔空间作用的墙体,底层隔墙不必做基础,但应考虑防冻涨要求。如图 4-12 所示为墙体的名称。 此外框架结构中,位于框架梁、柱之间的墙体,仅起围护和分隔作用,称为填充墙。填充墙不承受任何荷载。支承或悬挂在骨架上的外墙称为幕墙
	按材料分	分为砖墙、石墙、土墙、混凝土墙、砌块墙和板材墙等
	按构造方式分	分为实体墙、空体墙和组合墙。 实体墙是一种材料砌筑的墙体,如普通砖墙、石墙等。空体墙一般是空心砌块砌筑的,组合墙是由两种以上材料组合而成。国家大力推行建筑节能,组合墙体的使用范围越来越广。其构造如图 4-13 所示
墙体的作用		墙体有四点作用,即承重、围护、支撑和分隔。在承重墙结构中,墙体承受由屋顶、楼板等水平构件传来的垂直荷载及风力、地震力,墙体具有承重作用。墙体抵御自然界风霜雨雪的侵袭,防止太阳辐射和噪声干扰,保温、隔热、隔声,具有围护作用。墙体与楼板、屋顶互为支撑,起加强房屋整体稳定作用。墙体可根据使用需要分隔室内空间,具有分隔作用
墙体的设计要求		(1)墙体应具有足够的强度和稳定性,以保证房屋结构安全。强度取决于砌块、砂浆的强度和砌筑质量。稳定性由墙体高厚比、长细比控制,必要时增设构造柱、壁柱等提高墙体稳定性的强度。 (2)墙体应具有良好的保温、隔热、隔声等性能。通过增加墙体厚度、选用导热系数小的材料以及改善围护结构的构造做法,提高墙体的保温性能。采用密实容重大或空心、多孔的墙体材料并内外抹灰提高隔声性能。 (3)要满足防火、防水、防潮等要求。墙体材料应符合现行《建筑设计防火规范》(GB 50016—2006)要求。 (4)满足经济要求。合理选择墙体材料和构造方式,以减轻自重、提高功能,降低造价和能源消耗,减少环境污染

二、墙体结构布置方案

墙体结构布置是指梁、板、墙、柱等结构构件在房屋中的总体布局。墙体的承重方案见表 4-5。

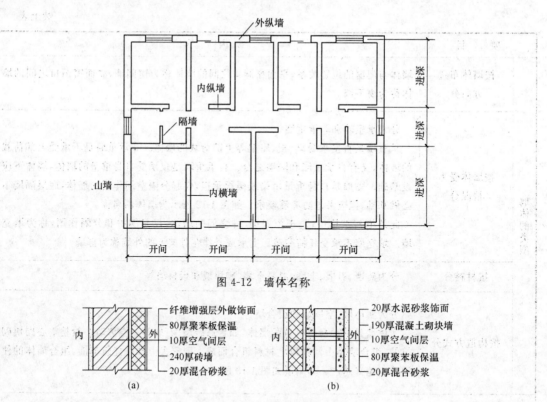

图 4-12　墙体名称

图 4-13　组合墙体构造(单位:mm)

表 4-5　墙体的承重方案

项　目	内　容
横墙承重方案	横墙承重就是将楼板、屋面板的荷载直接传递到横墙上,如图 4-14(a)所示。横墙承重的荷载均由横墙承受,纵墙只起增强房屋刚度、围护和承受自重的作用。横墙承重,在纵墙上开窗较为灵活。横墙间距即为房屋开间,房间面积不大,平面布局也不够灵活,在村镇住宅、宿舍、办公建筑中较常采用
纵墙承重方案	纵墙承重就是将楼板、屋面板荷载直接传递到纵墙上,荷载均由纵墙承受,如图 4-14(b)所示。横墙只是为分隔建筑空间所必须设置的,横墙数量相对较少,整体刚度较差。纵墙是承重墙,开设门、窗的大小和位置受一定限制。纵墙间距即为房屋进深,房间面积较大,平面布局较为灵活,教学楼、办公楼常采用本方案
纵横墙承重方案	由纵墙和横墙共同承受楼板、屋顶荷载的结构布置方案是纵横墙承重方案,如图 4-14(c)所示。此方案平面布置更为灵活,适用于房间变化较大的建筑,如医院、办公楼等
内柱外墙承重方案	墙体、钢筋混凝土梁柱组成内框架,共同承受楼板和屋顶荷载称为内柱外墙承重方案,也可称为半框架,如图 4-14(d)所示。其适用于室内空间要求较大的建筑,如餐厅、商店等公共建筑

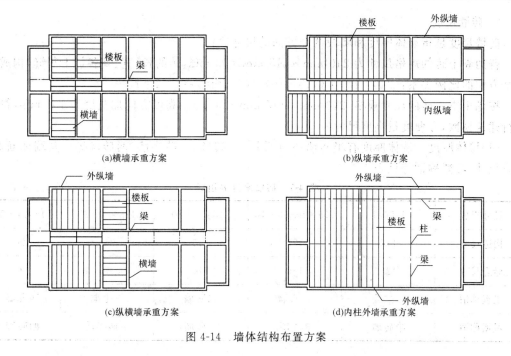

(a)横墙承重方案　　　　　　　　(b)纵墙承重方案

(c)纵横墙承重方案　　　　　　　(d)内柱外墙承重方案

图 4-14　墙体结构布置方案

三、墙体构造

1. 砖墙材料

砖墙材料包括砖和砂浆两种材料,砖和砂浆经砌筑成为砖砌体。砖墙材料种类及内容见表 4-6。

表 4-6　砖墙材料种类及内容

项　目		内　容
砖	规格	砖是我国传统建筑材料,种类很多。普通黏土砖规格尺寸为 240 mm×115 mm×53 mm,空心砖的规格尺寸各地不一,常见的有 240 mm×115 mm×90 mm,190 mm×190 mm×90 mm 等规格
	强度等级	烧结普通砖、承重黏土空心砖的强度等级有 5 级:MU30,MU25,MU20,MU15,MU10
	特点	普通砖就地取材,制作简便,有一定承载能力和抗冻、保温、隔热、隔声、防火等功用。缺点是毁坏农田,不利于机械化施工并与现行模数也不协调,目前采用承重黏土空心砖、灰砂砖等材料建造房屋
砂浆	分类	砂浆是由胶结材料、水以及细集料组成。按砂浆用途不同,又分为砌筑砂浆、抹面砂浆、装饰砂浆和防水砂浆
	适用性	砌筑砂浆常用的有水泥砂浆(水泥、砂)、混合砂浆(水泥、石灰、砂)、石灰砂浆(石灰砂)三种。水泥砂浆适合砌筑基础和潮湿环境的墙体。混合砂浆用于砌筑地面以上的墙体,应用最为广泛
	强度等级	砂浆在墙体中的作用是保证传力均匀,提高防寒、隔热、隔声能力。砂浆的强度等级分为 7 级:M30,M25,M20,M15,M10,M7.5,M5

2. 砖墙尺度

砖墙尺度是指墙体厚度和墙段两个方向的尺寸。

普通黏土砖的规格尺寸为 240 mm×115 mm×53 mm,砖的长、宽、高各加上灰缝,构成了三个方位的比例关系:(240+10):(115+10):(53+10)=4:2:1。

按黏土空心砖的尺寸规格,240 mm×115 mm×90 mm,高度方向加灰缝为 100 mm,符合现行建筑模数,方便度量高度尺寸。

(1)墙体厚度。墙体厚度有半砖墙、3/4 砖墙、一砖墙、一砖半墙、两砖墙等。其墙体断面、标志尺寸、习惯称谓等见表 4-7。

表 4-7　砖墙厚度的组成　　　　　　　　　　　(单位:mm)

尺寸组成	115×1	115×1+53+10	115×2+10	115×3+20	115×4+30
构造尺寸	115	178	240	365	490
标志尺寸	120	180	240	370	490
工程称谓	一二墙	一八墙	二四墙	三七墙	四九墙
习惯称谓	半砖墙	3/4 墙	一砖墙	一砖半砖	两砖墙

(2)墙段尺寸。墙段长度以半砖加灰缝(115+10)为递增基数,当墙段尺寸小于 1 500 mm 时,尽量使墙段尺寸符合砖模,避免砍砖过多。如图 4-15 所示为墙段长度和洞口宽度计算方法。

(3)砖墙高度。按普通黏土砖尺寸,砖墙的高度应为 53+10=63 mm 的整倍数,一块砖厚称为一皮。1 m 高的砖墙需砌筑 15.5 皮砖,1 m³ 墙体需 512 块砖砌筑。而对于黏土空心砖墙体,墙体的高度应为 90+10=100 mm 的整倍数,1 m 高的墙体只需砌筑 10 皮砖。

3. 砖墙组砌方式

砖墙组砌要求砂浆饱满、砖缝横平竖直、错缝搭接、避免通缝、厚度均匀。

(1)黏土砖墙的组砌方式。黏土砖墙的组砌方式,如图 4-16 所示。

(2)石墙。在产石的山区,房屋建筑常利用天然石料砌筑墙体。所用石材应是质地坚硬、未经风化的天然石料,可以是加工的或未加工过的毛石、片石,用水泥砂浆、混合砂浆砌筑成为石墙。一般用于平房的围护墙或承重墙,也可用作窗台以下的墙体。石墙砌筑同样应满足错缝搭接、灰缝饱满等要求,以保证石墙的强度和稳定性。石墙的组砌方式见表 4-8。

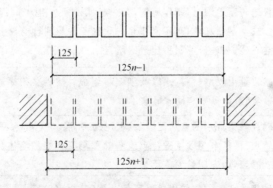

图 4-15　墙段长度和洞口宽度计算方法(单位:mm)

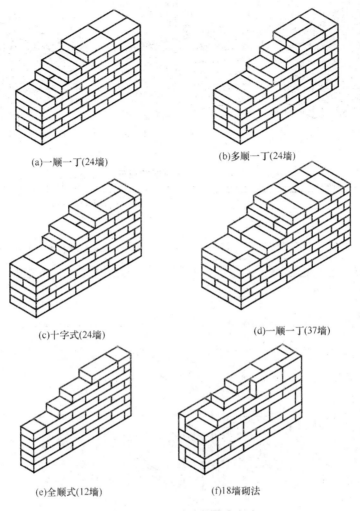

图 4-16 黏土砖墙的组砌方式

表 4-8 石墙的组砌方式

项　　目	内　　容
乱石墙	乱石墙是用大小不等、形状不一,未经琢凿的石块砌筑而成的,墙面凹凸不平。种类有片石墙、虎皮石墙、块石墙等,如图 4-17 所示。乱石长边尺寸不小于墙厚的 2/3,短边不小于墙厚的 1/3,厚度为 200～250 mm。石块有座面和照面之分
整石墙	整石墙也称料石墙,系经加工外形规则的石块砌筑,长边 600～1 200 mm,宽为 200～600 mm,高为 150～400 mm。墙厚为 250～400 mm,灰缝厚度为 3～6 mm。图 4-18(a)为采用大小相同的石块、灰缝有规则布置的整石墙;图 4-18(b)为采用大小不同的石块、灰缝不规则布置的整石墙

4. 砖墙细部构造

墙身细部构造包括墙脚(墙身防潮层、勒脚、散水)、墙身(过梁、窗台、圈梁)、檐口构造等,如图 4-19 所示。

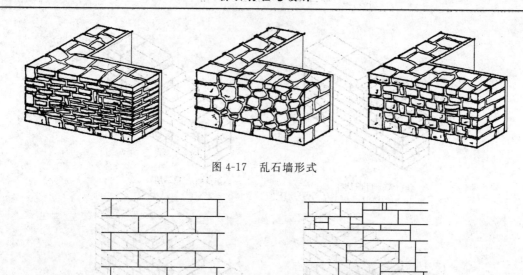

图 4-17　乱石墙形式

(a)　　　　　　　　　　　　　(b)

图 4-18　整石墙

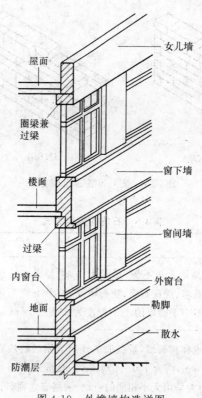

图 4-19　外檐墙构造详图

（1）墙身防潮层。墙身防潮层的作用是阻止土壤水分侵入墙体内部，如图 4-20 所示为墙体受到土壤潮气及地面雨水等的影响。水平防潮层的位置和地面垫层材料有关。当垫层采用非透水材料时，低于室内地坪 60 mm 处；当垫层采用透水材料时，高于室内地坪 60 mm 处；而当内墙两侧的室内地面有高差时,应在墙身上设置高低两道水平防潮层,并应在墙体接触土壤一侧设置垂直防潮层。如图 4-21 所示为防潮层位置,图 4-22 所示为防潮层常用构造做法。此外,地震设防区不宜采用油毡防潮;设有基础圈梁时,且基础圈梁设在防潮层位置处,墙体可不另做防潮处理。

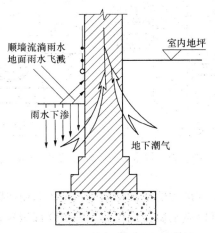

图 4-20　墙体受潮影响示意图

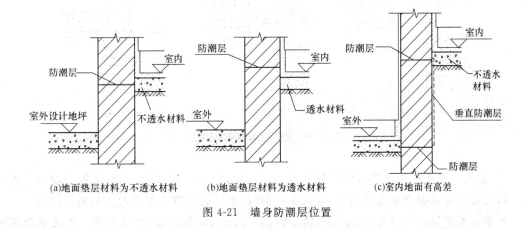

(a)地面垫层材料为不透水材料　　(b)地面垫层材料为透水材料　　(c)室内地面有高差

图 4-21　墙身防潮层位置

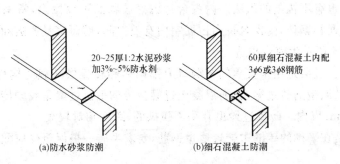

(a)防水砂浆防潮　　　　　　　　(b)细石混凝土防潮

图 4-22　墙身防潮层做法(单位:mm)

　　(2)散水。为了防止雨水对墙基的侵蚀,常在外墙四周将地面做成向外倾斜的坡面。为迅速排除雨水而设的构造就称之为散水。散水宽度一般为 600～1 000 mm,并要求比无组织排水挑檐宽 200 mm。散水做法常采用混凝土散水,如图 4-23 所示为散水和明沟构造。

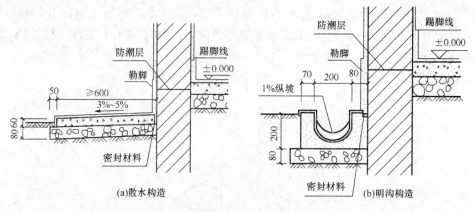

图 4-23　散水和明沟构造(单位：mm)

(3)勒脚。外墙与室外地坪接触的部分称勒脚。勒脚高度应距室外地坪 500 mm 以上,同时还应兼顾建筑立面效果,可以做至窗台或更高。外墙全部做抹灰或贴面,就不必对勒脚再行加固处理。如图 4-24 所示为勒脚构造与常用做法。

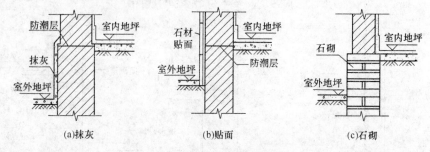

图 4-24　勒脚构造与常用做法

(4)窗台。窗台的作用是将顺窗流下的雨水排除,防止污染墙面、影响建筑美观和正常使用。窗台长度可根据立面设计而定,可做单一窗台,也可若干窗的联合窗台或通长窗台。

外窗台构造做法一般有三点要求:挑出墙面 60 mm,向外倾斜,抹滴水线。外墙面全部做饰面装修,外窗台也有不挑出的做法。内窗台考虑摆放物品可以挑出,常采用水磨石窗台板。在走廊、楼梯等交通频繁处,内窗台挑出占据室内有效空间,妨碍家具搬运和人流通行,此时可不挑出。如图 4-25 所示为窗台构造。

(5)门窗过梁。过梁是用来支承门窗洞口上部砌体和楼板层荷载的构件。常用的做法有三种:砖砌平拱过梁、钢筋砖过梁、钢筋混凝土过梁。砖砌平拱过梁是我国传统的过梁做法,洞口跨度在 1 200 mm 以内。砖拱过梁也有采用弧拱的,跨度相对较大。

钢筋砖过梁是在平砌的砖缝中配置适量钢筋,要求半砖一根但至少应配置两根钢筋,如图 4-26 所示。

钢筋混凝土过梁坚固耐久,一般采用预制装配,也可现浇使用。预制钢筋混凝土过梁能加快施工进度,工程中应用极为广泛。在砖砌体中,过梁的高度、宽度应和砖模一致,高度为 60 mm 的整倍数,尺寸分别为 60 mm,120 mm,180 mm,240 mm 等;若为黏土空心砖,高度为 100 mm 或其整倍数。宽度可等同墙厚或小于墙厚。过梁长度为洞口尺寸加上 480 mm。对

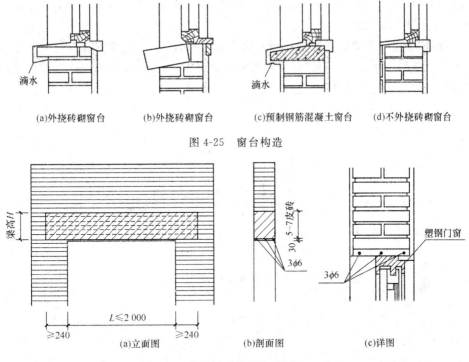

(a)外挑砖砌窗台 (b)外挑砖砌窗台 (c)预制钢筋混凝土窗台 (d)不外挑砖砌窗台

图 4-25 窗台构造

(a)立面图 (b)剖面图 (c)详图

图 4-26 钢筋砖过梁构造(单位：mm)

尺寸较大的过梁可使用组合过梁，分为若干块，便于现场进行组装。如图 4-27 所示为钢筋混凝土过梁构造。

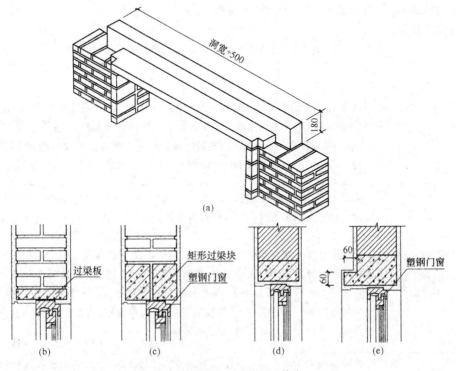

图 4-27 钢筋混凝土过梁构造(单位：mm)

　　在围护结构中,钢筋混凝土梁、柱的导热系数大,应对过梁进行保温处理,避免热桥造成热损失,以符合建筑节能要求。

　　(6)门垛和壁柱。在墙体上开设门洞一般应设门垛,特别是在墙体转折处或丁字墙处,用以保证墙身稳定和门框安装。当墙体受到集中荷载或墙体过长,如240 mm厚墙体,墙长超过6 m时应增设壁柱,使之和墙体共同承担荷载,稳定墙身,如图4-28所示。

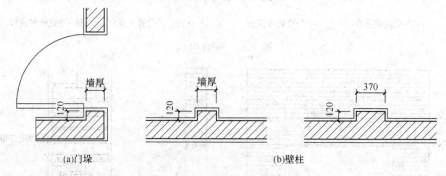

图4-28　门垛和壁柱(单位:mm)

四、隔　墙

1. 隔墙的概述

　　隔墙是用来分隔建筑物室内空间的非承重构件,它不承受任何外来荷载,其本身的重量由楼板或小梁承担,设计时应使其自重轻、厚度薄、易拆装,并具有一定的隔声、防水、防潮能力,常见的隔墙有块材砌筑隔墙、轻骨架隔墙和板材隔墙。

2. 块材砌筑隔墙

　　块材砌筑隔墙是用普通砖、空心砖、加气混凝土等块材砌筑而成,有砖隔墙和砌块隔墙两类,其内容见表4-9。

表4-9　砖隔墙和砌块隔墙的主要内容

项　目		内　容
砖隔墙	结构	砖隔墙一般采用半砖隔墙,其构造如图4-29所示。半砖隔墙用普通砖顺砌,常采用M2.5级以上砂浆砌筑。当墙体高度超过5 m时应进行加固,一般沿墙高500 mm设2根φ6拉结钢筋。隔墙顶部与楼板交接处可采用斜砖挤砌或木楔塞紧,以填塞墙与楼板间的空隙。半砖隔墙也可采用黏土空心砖砌筑,构造做法基本相同
	特点	承重墙、自承重墙在砌筑时均应在设置隔墙处留槎,以保证两者连接牢固。半砖隔墙坚固耐久,有一定的隔声能力,但自重大,现场湿作业多,施工较为繁琐
砌块隔墙	结构	砌块隔墙常采用粉煤灰硅酸盐砌块、加气混凝土块或水泥炉渣空心砌块等进行砌筑。隔墙厚度由砌块尺寸规格而定,一般为90～120 mm,如图4-30所示。砌块性能大多具有质轻、孔隙率大、隔热性能较好等优点,但强度相对较低、吸水性强。砌筑时在隔墙下部首先砌3～5皮砖;砌块隔墙厚度较薄,稳定性较差,应沿墙体高度和水平方向配以拉结钢筋,方法同砖隔墙
	特点	砌块隔墙构造要点主要是注意隔墙顶部和楼板的交接;隔墙底部与楼(地)板层的交接及增强墙体稳定性的拉结措施

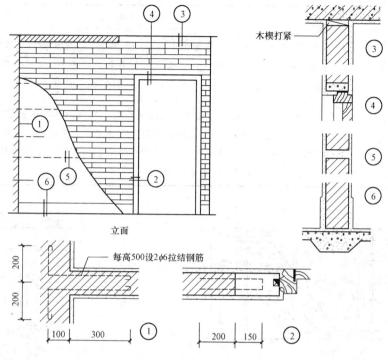

图 4-29　半砖隔墙(单位：mm)

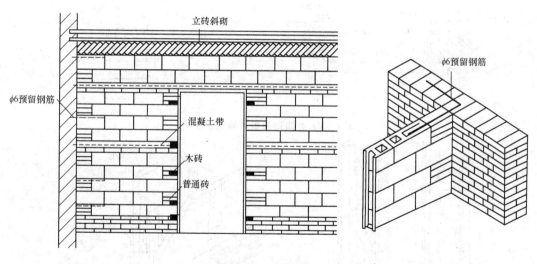

图 4-30　砌块隔墙

3. 轻骨架隔墙

轻骨架隔墙有木筋骨架隔墙和轻钢骨架隔墙两类,其内容见表 4-10。

表 4-10　木筋骨架隔墙和轻钢骨架隔墙的主要内容

项　　目	内　　容
木筋骨架隔墙	常见的有灰板条隔墙、装饰板隔墙等。木筋骨架隔墙自重轻、构造简单,构造包

项　目	内　容
木筋骨架隔墙	括骨架和饰面两部分。木骨架由上槛、下槛、墙筋、斜撑和横挡等构成,墙筋依靠上、下槛固定。隔墙饰面系在木骨架上铺饰各种饰面材料,包括灰板条抹灰、装饰吸声板、钙塑板、纸面石膏板、水泥石膏板等,如图 4-31 所示
轻钢骨架隔墙	轻钢骨架隔墙是在金属骨架上铺钉面板而成。骨架由各种形式的薄壁型钢加工而成,骨架同样包括上槛、下槛、墙筋和横挡。面板多为胶合板、纤维板、石膏板和石棉水泥板等难燃或不燃材料,面板靠镀锌螺钉、自攻螺钉、膨胀螺栓、膨胀铆钉或金属夹子固牢在骨架上,如图 4-32 所示

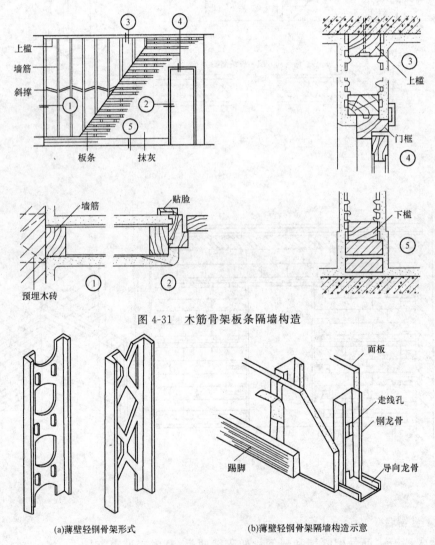

图 4-31　木筋骨架板条隔墙构造

图 4-32　薄壁轻钢骨架

(a)薄壁轻钢骨架形式　　　(b)薄壁轻钢骨架隔墙构造示意

4. 板材隔墙

板材隔墙是指单板高度相当于房间净高,板面积相对较大,且并不依赖于骨架直接装配而成。板材一般采用各种轻质材料制成预制薄型板材。

　　常见的板材有加气混凝土条板、增强石膏空心条板、碳化石灰板、石膏珍珠岩板以及各种复合板等。板材厚度依各种条板采用材料的不同，有所差异。比如，条板一般长 2 700～3 000 mm，宽 500～800 mm，而厚度则从 90～120 mm 不等。

　　板材主要靠各种黏结砂浆或胶黏剂进行黏结，待安装完毕，再在其表面进行装饰。如图4-33所示为碳化石灰板隔墙构造，如图 4-34 所示为增强石膏空心条板隔墙构造。

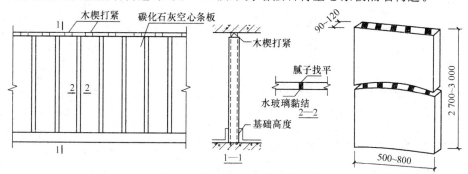

图 4-33　碳化石灰板隔墙构造（单位：mm）

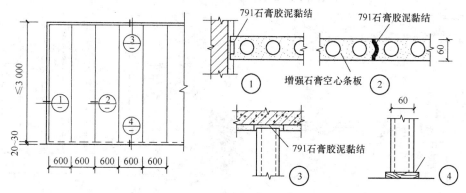

图 4-34　增强石膏空心条板隔墙构造（单位：mm）

五、隔　　断

　　隔断是指分隔室内空间的装饰构件，常见的有屏风式隔断、漏空式隔断、玻璃隔断等，其内容见表 4-11。

表 4-11　隔断的分类及内容

项　目	内　容
屏风式隔断	屏风式隔断与顶棚保持一段距离，使空间的通透性较强，起到分隔空间和遮挡视线的作用。常用于办公室、餐厅、展览馆以及门诊部等公共建筑中，厕所、淋浴之间分隔时也可采用这种形式。隔断高一般为 1 200～1 800 mm，如图 4-35 所示。屏风式隔断又有固定式和活动式两种
镂空式隔断	镂空式隔断是公共建筑门厅、大厅等场所分隔建筑空间常用的一种形式，材料可选用竹、木、钢或混凝土等，如图 4-36 所示
玻璃隔断	玻璃隔断一般做玻璃砖隔断，采用玻璃砖砌筑而成，既分隔空间，又透射光线，常用于公共建筑的接待室、会议室等处

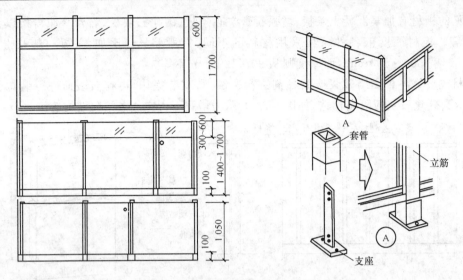

图 4-35　屏风式隔断(单位：mm)

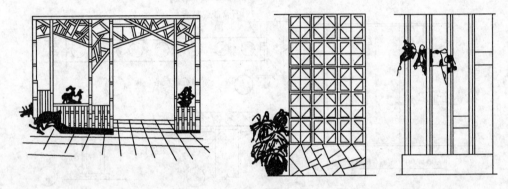

图 4-36　镂空式隔断

六、墙面装修

墙面装修属于装饰分部工程中的主要内容,包括外墙面装修和内墙面装修两种类型。

外墙面装修的作用主要是保护墙体,弥补、改善墙体在功能方面的不足;提高墙体防潮、防风化、保温、隔热以及耐大气污染的能力,延长建筑物的使用寿命;同时饰面材料的色彩、质感、装饰线条等能增强建筑物的艺术感染力。

内墙面装修的主要作用在于保护墙体,改善室内卫生条件,增加室内空间的美观,同时还应考虑防潮、防水、防尘、防腐蚀等方面的要求。

由于材料和施工方式的不同,常见的墙面装修可分为抹灰类、贴面类、涂料类、裱糊类和铺钉类五种(表 4-12)。

表 4-12　墙面装修分类

类　　别	外墙面装修	内墙面装修
抹灰类	水泥砂浆、混合砂浆、聚合物水泥砂浆、拉毛、水刷石、干粘石、拉假石、斩假石、假面砖、喷涂、滚涂等	纸筋灰、麻刀灰粉面、石膏粉面、膨胀珍珠岩灰浆、混合砂浆、拉毛、拉条等

续上表

类　　别	外墙面装修	内墙面装修
贴面类	外墙面砖、陶瓷锦砖（马赛克）、玻璃锦砖、水磨石板、天然石板等	釉面转、人造石板、天然石板等
涂料类	石灰浆、水泥浆、溶剂型涂料、乳液涂料、彩色胶砂涂料、彩色弹涂料等	大白浆、石灰浆、油漆、乳胶漆、水溶性涂料、彩色弹涂等
裱糊类	—	塑料墙纸、金属面墙纸、木纹壁纸、花纹玻璃纤维布、纺织面墙纸及锦锻等
铺钉类	各种金属饰面板、石棉水泥板、玻璃	各种木夹板、木纤维板、石膏板及各种装饰面板等

1. 抹灰类墙面装修

抹灰又称粉刷，是水泥、石灰膏等胶结材料加入砂或石渣，再加水拌成砂浆或石渣浆抹到墙面上的施工工艺，分一般抹灰和装饰抹灰。抹灰类墙面装修属湿作业范畴，是较为传统的墙面装修做法之一。

墙面抹灰有一定的厚度，外墙一般为 20～25 mm，内墙一般为 15～20 mm。为保证抹灰质量，避免脱落、开裂，施工时应分层操作，每层不宜抹得太厚。常见的外墙抹灰分为三层，即底层（又叫刮糙）、中层和面层（又叫罩面）。如图 4-37 所示为外墙抹灰分层示意图。

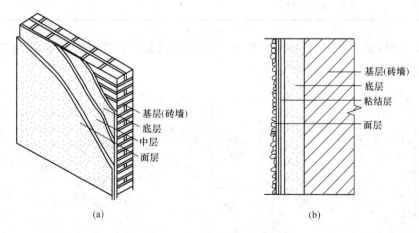

图 4-37　外墙抹灰分层示意图

底层主要起粘结和初步找平作用；中层主要起进一步找平并弥补底层开裂；面层的主要作用是使表面光洁、美观，以求得良好的装饰效果。

抹灰按质量要求有三种标准，即：

（1）普通抹灰。一层底灰，一层面灰；

（2）中级抹灰。一层底灰，一层中灰，一层面灰；

（3）高级抹灰。一层底灰，数层中灰，一层面灰。

一般抹灰常用的有石灰砂浆、水泥砂浆、混合砂浆、纸筋石灰浆、麻刀石灰浆等抹灰构造。

装饰抹灰常见的有水刷石、水磨石、干黏石、斩假石等类型。常见的抹灰装修构造,包括分层厚度、用料比例以及适用范围等见表 4-13。

表 4-13　常用抹灰做法举例

抹灰名称	构造及材料配合比	适用范围
纸筋灰或麻刀灰	12～17 厚 1：2～1：2.5 石灰砂浆(加草筋)打底,2～3 厚纸筋(麻刀)灰粉面	普通内墙抹灰
混合砂浆	12～15 厚 1：1：6(水泥：石灰膏：砂)混合砂浆打底,5～10 厚 1：1：6(水泥：石灰膏：砂)混合砂浆粉面	外墙、内墙均可能
水泥砂浆	15 厚 1：3 水泥砂浆打底,10 厚 1：2～1：2.5 水泥砂浆粉面	多用于外墙或内墙受潮侵蚀部位
水刷石	15 厚 1：3 水泥砂浆打底,10 厚 1：1.2～1：1.4 水泥砂浆粉面	用于外墙
干黏石	10～12 厚 1：3 水泥砂浆打底,7～8 厚 1：0.5：2,外加 5％107 胶的混合砂浆黏结层	用于外墙
斩假石	15 厚 1：3 水泥砂浆打底;刷素水泥浆一道;8～10 厚水泥石渣粉面;用剁斧斩去表面水泥浆或石尖部分,使其显出产凿纹	用于外墙或局部内墙
水磨石	15 厚 1：3 水泥砂浆打底,10 厚 1：1：1.5 水泥石渣粉面、磨光、打蜡	多用于室内潮湿部位

外墙面抹灰饰面中,考虑立面比例划分、施工接茬以及日后维修更新等因素,按设计要求在饰面前对墙面进行分格,构造如图 4-38 所示。

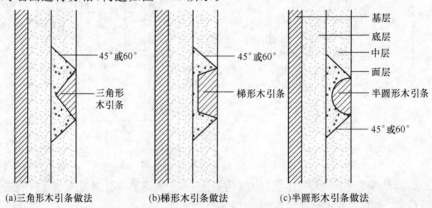

(a)三角形木引条做法　　　(b)梯形木引条做法　　　(c)半圆形木引条做法

图 4-38　木引条构造做法

清水砖墙,是在墙体外表面不做任何饰面装修的墙体上,为防止灰缝不饱满而可能引起的空气渗透和雨水渗入,对砖缝进行勾缝处理,可用 1：1 水泥砂浆勾缝或用砌筑砂浆勾缝。

2. 贴面类墙面装修

贴面类装修是指采用各种人造板材和天然石板粘贴于墙面的一种饰面装修做法。贴面材料常用的有陶瓷砖、陶瓷锦砖及玻璃锦砖制品、花岗岩、大理石板等天然石板以及预制水磨石板。质感细腻的瓷砖、大理石板常用作室内装修,而外墙面砖、花岗岩常用于室外装修。

瓷砖是一种表面挂釉的饰面材料,俗称瓷片,有白色和其他多种颜色,并有各种花纹图案,多用于内墙面装修。

面砖有釉面砖、无釉面砖两种。釉面砖色彩艳丽、装饰性强,有白色、彩色及各种装饰釉面砖,主要用于高级建筑内外墙面以及厨房、卫生间的墙裙贴面;无釉面砖也称外墙面砖,强度高、质地坚硬,主要用作外墙面装修。瓷砖和面砖贴面的构造,如图4-39所示。

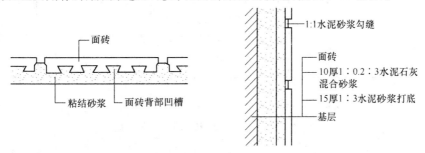

图 4-39 瓷砖和面砖贴面构造(单位:mm)

3. 涂料类墙面装修

涂料系指涂敷于木基层或抹灰饰面的表面(底灰、中灰或面灰)后能与基层很好粘结,并能在墙体表面形成完整、牢固的保护膜涂层物质,起到很好的保护和装饰作用。

建筑涂料分类的种类很多,按成膜物质分为无机涂料和有机涂料两大类;也可按分散介质将涂料分为溶剂型涂料、水溶性涂料、水乳型涂料等。

无机涂料包括石灰涂料、大白浆涂料(又称胶白),以及高分子无机涂料:有 JH80—1 型、JH80—2 型无机高分子涂料以及 JHN84—1 型、F832 型、LH82 型、HT—1 型等建筑涂料。

有机涂料分为溶剂型涂料(外墙涂料)、水溶性涂料(106 内墙涂料),乳胶涂料(氯—偏乳胶涂料)三种类型。

墙面涂料装修多以抹灰为基层,基层质量直接影响到涂料饰面的质量。涂料涂饰可分为粉刷和喷涂两类,涂料饰面工程施工简单,省工省料,工期短、效率高,维修更新又极为方便,在饰面工程中得到广泛应用。

4. 裱糊类墙面装修

裱糊类墙面装修主要用于内墙,是将各种卷材类的软质装饰材料裱糊在墙面上的一种装修饰面做法。饰面材料有墙纸、墙布、织锦、皮革、薄木等,后三种材料常用于室内高级装修。这里只简要介绍墙纸与墙布的内容见表4-14。

表 4-14 墙纸与墙布的内容

项 目	内 容
墙纸	墙纸是墙面装饰常用的饰面材料,也可用于顶棚饰面。墙纸具有色彩丰富、图案装饰效果好、表面容易擦洗、价格低廉且更换方便等优点。常用塑料墙纸可分为普通纸基墙纸、发泡墙纸、特种墙纸三大类,从价格、材料性能、装饰效果看,发泡墙纸是目前最常用的一类墙纸。墙纸一般由面层和衬底层组成,面层和底层可以剥离
墙布	常用的墙布有玻璃纤维墙布和无纺墙布。 玻璃纤维墙布是以玻璃纤维为基材,在其表面涂布树脂,经染色、印花等工艺成形的饰面材料。玻璃纤维墙布色泽鲜艳、花样繁多,室内使用具有不褪色、不老化、

项　　目	内　　容
墙布	防火及防潮的优良性能,但其遮盖能力较差,基层色差的深浅会直接影响到饰面质量的好坏。 　　无纺墙布是采用天然纤维或合成纤维经过无纺成型、上树脂、染色、印花等工艺形成的新型较高级饰面材料。无纺墙布具弹性,不易折断,表面光洁、不易褪色,并有一定的透气性,易于擦洗且施工方便。 　　墙纸的裱糊主要是在抹灰基层上进行,要求基底平整、致密。墙纸、墙布裱糊前应先浸水或润水处理,产生膨胀变形,一般采用涂刷胶黏剂粘贴

第三节　楼板层与地面

一、楼板的类型、作用和设计要求

　　楼板层是楼层建筑的重要组成部分,它和基础、墙体等并为砖混结构的主体工程。在砖混结构中,楼板造价占建筑总造价的 20%～30%,所以楼板的作用、类型和设计是楼层建筑质量的重点。楼板的作用、类型和设计要求的内容见表 4-15。

表 4-15　楼板的作用、类型和设计要求的内容

项　　目	内　　容
楼板的作用	楼板是楼层建筑中的水平承重构件,承受自重、家具设备和人的荷载,并将荷载通过墙或梁、柱传给基础;同时楼板又是水平分隔构件,分隔建筑为上下楼层空间,应具有一定的隔声、防水、防潮、防火、保温等作用;楼板与竖向构件相互依赖,互为支撑,提高房屋的整体性和稳定性
楼板的类型	目前,就楼板所用材料的不同,可分为钢筋混凝土楼板、压延钢板组合楼板等类型。钢筋混凝土楼板强度高、刚度好、防火和耐久性能好。钢筋混凝土具有可塑性,可浇注房间形状不规整的楼板,经济合理,是目前广泛使用的楼板类型,如图 4-40 所示
楼板层的组成	楼板层主要由三部分组成:面层、结构层、顶棚层。依据房屋使用要求可增设防水、保温、管道敷设层等附加层,如图 4-41 所示。 　　(1)面层。又可称为楼面或地面,是直接与人和设备接触的构造层次。面层起着保护楼板、承受并传递荷载的作用,并对室内装饰、房屋整洁产生重要的影响。 　　(2)结构层。由梁、板构件组成,承受楼板层上的动、静荷载,将荷载传递给竖向承重构件,并和竖向承重构件构成房屋的主体结构,起水平支撑和增强房屋整体刚度作用。 　　(3)顶棚层。又称平顶或天花,在结构层下部,起装饰作用。按其构造做法分直接式顶棚和吊顶棚两种
楼板的设计要求	楼板应具有足够的强度和刚度,以保证结构的安全;作为水平分隔构件应满足热工、防潮、防水、防火、隔声等方面的要求;满足建筑经济要求,还应合理安排楼板下的各种设备管线走向

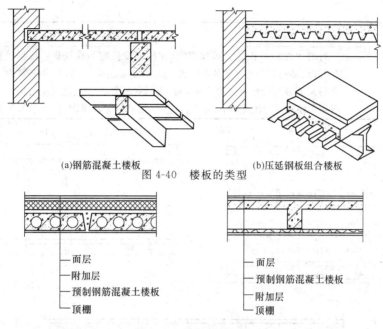

(a)钢筋混凝土楼板　　　　　　(b)压延钢板组合楼板

图 4-40　楼板的类型

—面层
—附加层
—预制钢筋混凝土楼板
—顶棚

—面层
—预制钢筋混凝土楼板
—附加层
—顶棚

图 4-41　楼板层的组成

二、钢筋混凝土楼板

1. 现浇整体式钢筋混凝土楼板

钢筋混凝土楼板是目前民用建筑中采用最多的一种楼板形式。现浇整体式钢筋混凝土楼板在施工现场经过支模、绑钢筋、浇筑混凝土、振捣、养护、拆模等施工过程制作而成。优点是整体性好,可适应各种建筑平面形式,管道穿越楼板时留洞方便。缺点是湿作业多、施工进度慢、受施工季节影响较大。现浇整体式钢筋混凝土楼板可分为板式楼板、梁板式楼板、井字梁楼板和无梁楼板,具体内容见表 4-16。

表 4-16　板式楼板、梁板式楼板、井字梁楼板和无梁楼板

项　　目	内　　容
板式楼板	板直接搁在墙上的称为板式楼板,板所承受荷载直接传给墙体
梁板式楼板	房间跨度较大,为使楼板的受力和传力更加合理,在板下设梁,使板所承受的荷载先传给梁,由梁再传给墙或柱,这种楼板即为梁板式楼板,也叫肋梁式楼板。梁板式楼板有单梁式和复梁式楼板之分。复梁式楼板由主梁、次梁、板构成,如图 4-42 所示。 根据楼板的受力特点和支撑情况,楼板又可分为单向板和双向板。楼板的长边 L_2 和短边 L_1 的比值大小决定了板的受力情况。当 $L_2 : L_1 > 2$ 时,楼板基本上只在 L_1 方向产生变形,这表明楼板所承受的荷载沿短跨方向传递,这就是单向受力,这种受力形式的楼板就称为单向板,如图 4-43(a)所示。当 $L_2 : L_1 \leqslant 2$ 时,楼板在两个方向都产生变形,这就说明了板在两个方向都受力,故称为双向板,如图 4-43(b)所示
井字梁楼板	井字梁楼板是梁板式楼板的一种特殊布置形式,将主、次梁变换为等截面、等间距的井字式的梁,跨度可达 30~40 m,梁的间距一般为 3 m 左右,如图 4-44 所示,宜用在方形或近似方形的平面形状,常见于公共建筑的门厅、大厅或会议室中
无梁楼板	楼板下不设梁,板直接支撑在柱上的楼板称为无梁楼板。无梁楼板采用的柱网通常为正方形或接近正方形,柱网尺寸为 6 m 左右,板厚在 170~190 mm。

项　目	内　容
无梁楼板	为增大柱对楼板的支承面积,须在柱顶设柱帽和柱托板。依据柱截面形式,柱帽有方形、多边形、圆形等多种形式。无梁楼板顶棚平整,有利于室内采光通风,最重要的是能减少楼板所占的空间高度,提高室内净高,不足之处是楼板较厚。无梁楼板常用在荷载较大的建筑物中,如商店、仓库、展览馆等,如图4-45所示是无梁楼板的布置

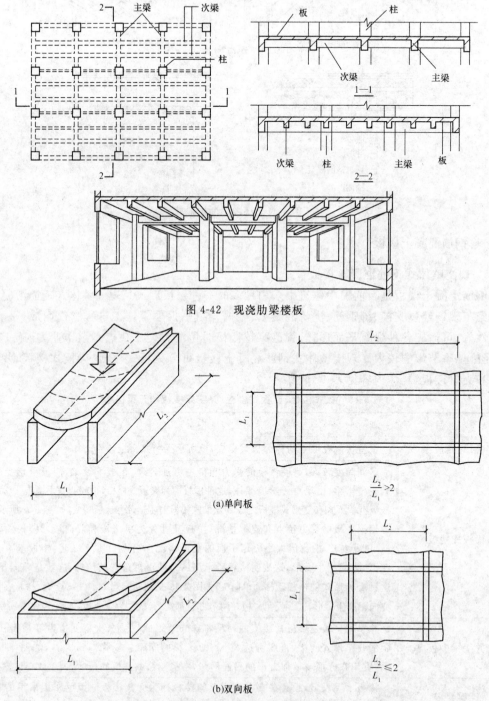

图 4-42　现浇肋梁楼板

(a)单向板

$\dfrac{L_2}{L_1} > 2$

(b)双向板

$\dfrac{L_2}{L_1} \leqslant 2$

图 4-43　单向板和双向板

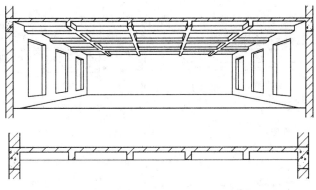

图 4-44　井字梁楼板

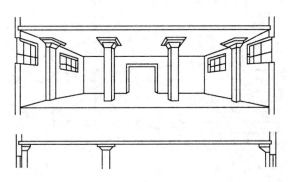

图 4-45　无梁楼板的布置

2. 装配式钢筋混凝土楼板

装配式钢筋混凝土楼板是把楼板分成若干构件,按一定规格在预制厂或现场预先制作,然后在现场进行安装。这种楼板节约模板,能改善施工条件,加快施工进度,但其整体性要比现浇钢筋混凝土楼板差,从房屋抗震等考虑应慎重选用。

凡建筑设计平面形状较为规整,均可按楼板的模数采用。楼板的模数是指楼板的长度、宽度、厚度应模数化,板长、板宽一般为扩大模数 300 mm 的倍数,必要时,板宽有符合基本模数 100 mm 的嵌板;板厚为 120 mm,180 mm,240 mm 等。

(1)装配式钢筋混凝土构件。预制钢筋混凝土楼板大多采用预应力构件,有实心平板、空心板、槽形板等类型,空心板两面平整、自重轻,受力合理且节约材料,在民用建筑应用最为广泛。空心板的两端应以混凝土堵头填塞,避免灌缝时混凝土或砂浆进入孔内并能保证楼板支座处不致被上部墙体压坏,如图 4-46 所示。

(2)预制板的布置。根据房间尺寸,板的支撑有板式和梁板式,和现浇板一样,板尽量沿房屋短跨方向布置,保证楼板结构经济、合理,如图 4-47 所示。

(3)钢筋混凝土梁的截面形式。钢筋混凝土梁的截面有矩形、T 形、十字形及花篮形等形式。矩形梁外形简单,制作方便,十字形及花篮形梁可减少楼板结构所占高度,增加室内净空高度,如图 4-48 所示。

(4)预制楼板的搁置与锚固。预制板直接搁置在墙上或梁上时,应铺以 10~20 mm 厚坐浆(M5 水泥砂浆),并应保证足够的搁置长度。在墙上的搁置长度不小于 100 mm,在梁上的搁置长度不小于 80 mm。

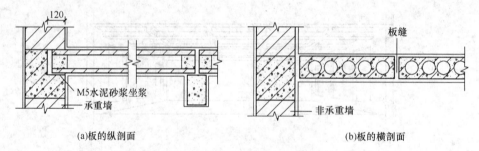

(a)板的纵剖面   (b)板的横剖面

图 4-46　预制空心板(单位：mm)

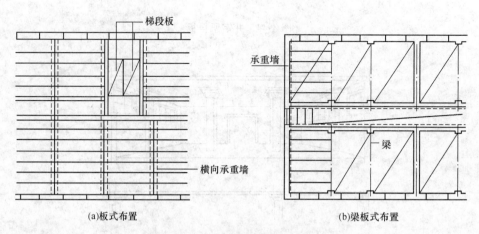

(a)板式布置   (b)梁板式布置

图 4-47　预制钢筋混凝土楼板布置

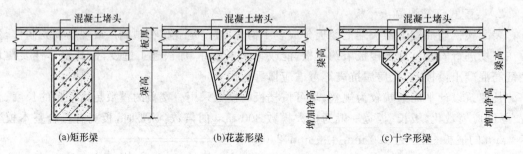

(a)矩形梁   (b)花蕊形梁   (c)十字形梁

图 4-48　钢筋混凝土楼板在梁上的搁置

(5)隔墙与楼板的关系。在装配式钢筋混凝土楼板设置隔墙时,尽量采用轻质隔墙,如采用砖墙作为隔墙时,可采用如下方式设置,如图 4-49 所示。

3. 装配整体式钢筋混凝土楼板

装配整体式钢筋混凝土楼板是现浇和预制相结合的钢筋混凝土楼板类型,和现浇钢筋混凝土楼板比较,既节省模板,楼板的整体性又较好。

装配整体式钢筋混凝土楼板目前常采用叠和式楼板,做法是在预应力钢筋混凝土薄板上浇 30~50 mm 厚钢筋混凝土现浇层,也叫叠和层。预应力钢筋混凝土薄板既是永久性模板,承受施工荷载,同时也是整个楼板结构的组成部分。为保证薄板与叠和层有很好的连接,板面需进行处理,常在薄板上刻凹槽或预留三角形结合钢筋,如图 4-50 所示。

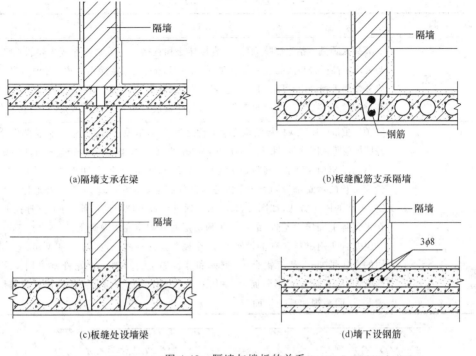

(a)隔墙支承在梁　　　　　　　　(b)板缝配筋支承隔墙

(c)板缝处设墙梁　　　　　　　　(d)墙下设钢筋

图 4-49　隔墙与楼板的关系

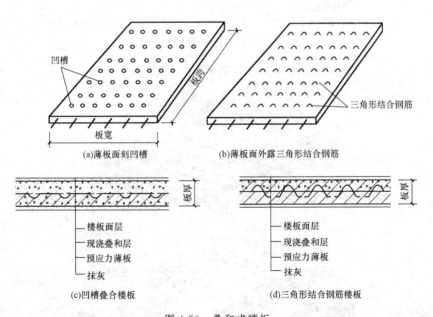

(a)薄板面刻凹槽　　　　　　　　(b)薄板面外露三角形结合钢筋

(c)凹槽叠合楼板　　　　　　　　(d)三角形结合钢筋楼板

图 4-50　叠和式楼板

三、顶　　棚

顶棚又称平顶或天花,是建筑物室内装修的重要部位,顶棚类型有直接式顶棚和吊顶两种。顶棚表面应光洁、美观,且能反射光线、改善室内亮度,有特殊要求的房间还应具有隔声、保温等要求。顶棚主要讲述直接式顶棚和吊顶构造见表 4-17。

表 4-17　直接式顶棚和吊顶构造

项　目	内　容
直接式顶棚	直接式顶棚包括直接喷刷涂料、直接抹灰和直接贴面顶棚三种做法如图 4-51 所示。当要求不高或楼板底面较为平整时,可直接喷刷石灰浆或涂料两道。板底不平整或室内装修要求稍高时,可采用水泥砂浆抹灰、纸筋灰、混合砂浆抹灰等直接抹灰顶棚。装修标准较高或有保温、吸声等要求,可在板底直接粘贴装饰吸声板、石膏板等
吊顶	顶棚重量由屋顶或楼板结构支撑的称之为吊顶,吊顶一般由骨架和面层两部分组成。按照吊顶所采用的面层材料,吊顶可分为抹灰吊顶、矿物板层吊顶、轻金属板材吊顶等。 　　吊顶骨架由主龙骨(搁栅)、次龙骨(搁栅)和间距龙骨(也叫横撑龙骨)组成,主龙骨为吊顶的承重部分,次龙骨则是吊顶的基层,如图 4-52 所示。主龙骨靠吊筋固定,吊筋的固定方法,如图 4-53 所示。通过楼板下伸出的吊筋,与主龙骨扎牢,然后在主龙骨上固定次龙骨,最后将吊顶面层材料固定在次龙骨上。 　　由龙骨所用材料又有木骨架吊顶、金属骨架吊顶之分,如图 4-54 所示。目前常采用的金属骨架,一般有铝合金、型钢和轻钢等金属材料。主龙骨常采用 U 形和 T 形断面,次龙骨为 T 形断面,均采用专用吊挂件固定。为铺钉各种板材还需增设横撑龙骨,间距视面板规格而定

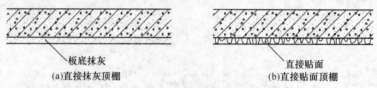

（a）直接抹灰顶棚　　　　　　　（b）直接贴面顶棚

图 4-51　直接式顶棚

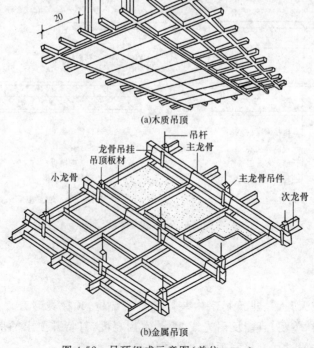

（a）木质吊顶

（b）金属吊顶

图 4-52　吊顶组成示意图（单位：mm）

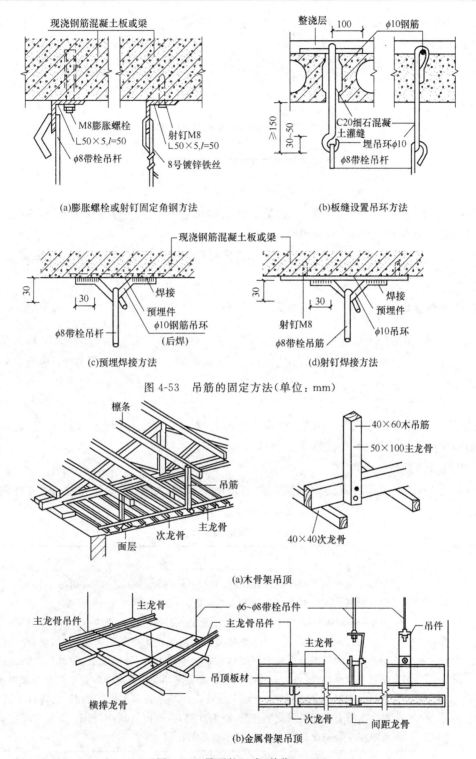

(a)膨胀螺栓或射钉固定角钢方法　　　　(b)板缝设置吊环方法

(c)预埋焊接方法　　　　　　　　　(d)射钉焊接方法

图 4-53　吊筋的固定方法(单位：mm)

(a)木骨架吊顶

(b)金属骨架吊顶

图 4-54　吊顶的组成(单位：mm)

四、地坪层的构造

地坪层即是首层地面,是建筑物底层的地坪。和楼板层一样,它承受地面上的所有荷载,并均匀传给地基。地坪层由面层、垫层、基层组成,还可依据房屋使用要求附加保温层、防水层等构造层次,如图 4-55 所示。

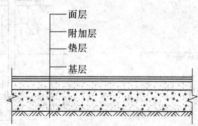

面层
附加层
垫层
基层

图 4-55　地坪的组成

基层承受垫层传下的地面荷载,一般是指夯实的房心土。垫层是承受并传递荷载的结构层,常采用 C10 素混凝土,厚度一般为 80~100 mm。

面层是人们日常生活、工作、生产、活动直接接触的表面,和楼板面层一样应坚固耐磨、易清洁、不起尘。

五、楼地面装修

楼地面装修指楼板层和地坪层的面层。这里所说的面层一般包括面层、面层和结构层之间的找平层构造。楼地面名称就是以面层所用材料命名的,如面层为水泥砂浆,地面名称就称为水泥地面。

1. 楼地面对应工程

按建筑工程质量验收规范,此部分对应于地面与楼面分部工程,包括基层工程、整体楼地面工程、板块楼地面工程、木质楼地面工程等分项工程。

2. 楼地面的类型及内容

按面层所用材料和施工方式不同楼地面可分为以下四大类型,即整体地面、块材粘贴地面、塑料地面和木地面(表 4-18)。

表 4-18　楼地面的类型及内容

项　目	内　容
整体地面	整体地面有水泥砂浆地面、细石混凝土地面、水磨石地面等,如图 4-56 所示,是将面层材料直接铺在垫层上抹平磨光而成。 水泥地面构造简单,坚固耐久,能防潮、防水且价格低廉,但表面易起灰不易清洁。 水磨石是采用水泥石子浆整体浇注在混凝土垫层或结构层上,用磨石机磨光上蜡而成。为避免地面变形开裂以及施工维修方便,可用嵌条(一般用铜条)将地面分成若干小块,还可对分块形状进行图案设计。将普通硅酸盐水泥更换成白水泥,并掺入不同色彩的颜料,可将普通地面升级为美术水磨石地面,装饰效果更为良好。水磨石地面坚固耐磨、防水防火性能好,地面美观,不起尘,且清洁程度高,广泛应用于公共建筑和有防潮、防水要求的场所
块材粘贴地面	用各种人造或天然的块材、板材借助胶结材料镶铺在垫层上的地面构造。有预制水磨石、通体(地)砖、大理石、花岗岩等,如图 4-57 所示。 地砖色调均匀,表面平整、抗腐耐磨,施工方便且块大缝少,室内装饰效果好。特别是抛光和防滑地砖的使用,使地砖越来越广泛用于办公、商店等多种类型的民用建筑之中

项 目	内 容
塑料地面	塑料地面是以有机物质为主所制成的地面覆盖材料铺贴的地面,有橡胶地毡、涂料地面、涂布无缝地面等。 塑料地面装饰效果好,具有色泽艳丽、施工简单、维修保养方便等优点,地面富一定弹性,行走舒适,使用时的噪声小,但塑料材质不耐老化,受压易产生凹陷,不耐高温
木地面	木地面是指用硬木条板铺钉或胶合而成,有搁栅式和粘贴式。目前多见钢筋混凝土板找平后铺贴,是较高标准的地面做法,如图 4-58 所示

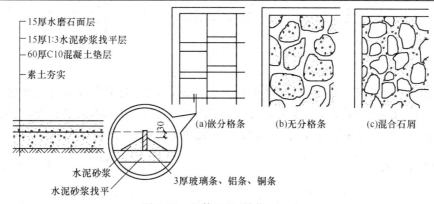

图 4-56 整体地面(单位:mm)

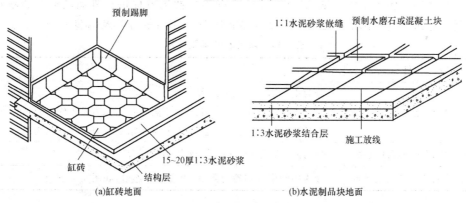

图 4-57 块材粘贴地面(单位:mm)

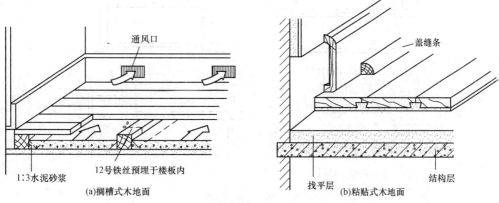

图 4-58 木地面

3. 踢脚与墙裙

（1）踢脚。踢脚是室内地面与墙面相交处的构造处理,起遮盖地面与墙面的接缝、保护墙身、防止清洗地面时污渍墙身的作用。踢脚材料一般与地面材料相同,高度一般为 100～200 mm。踢脚常用水泥砂浆、水磨石、釉面砖、木板做成。构造做法有与墙平齐、突出、凹陷三种做法,如图 4-59 所示。

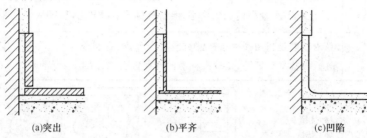

(a)突出　　　(b)平齐　　　(c)凹陷

图 4-59　踢脚板构造

（2）墙裙。墙裙是踢脚的延伸,高度应在 1 200 mm 以上,墙裙也可依房间使用要求做到上层楼板底部。使用空间设置墙裙主要是出于室内美观考虑,常做木质墙裙等;卫生间、厨房设墙裙主要起防水和清洗作用,常采用水泥砂浆、瓷砖等材料,可做到板底。

六、阳台和雨棚

1. 阳台

阳台是楼层建筑中不可或缺的室内外过渡空间,为使用者提供户外活动的必备场所。阳台的设置对建筑物的外部形象也起着至关重要的作用。阳台的分类及内容见表 4-19。

表 4-19　阳台的分类及内容

项　目	内　容
按功能分	分为生活阳台与服务阳台。 (1)生活阳台与居室相连,设在向阳面或主立面,主要供人们休息、活动之用。 (2)服务阳台与厨房相连,供人们从事家庭劳务与存放杂物之用
按阳台与建筑物外墙的关系	分为挑(凸)阳台、凹阳台、半挑半凹阳台
按阳台在外墙所处位置的不同	分为中间阳台和转角阳台,阳台还可连通,如图 4-60 所示

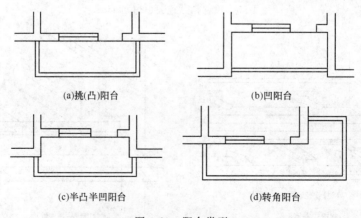

(a)挑(凸)阳台　　　　　(b)凹阳台

(c)半凸半凹阳台　　　　　(d)转角阳台

图 4-60　阳台类型

由于阳台外露,为防止雨水从阳台泛入室内,要求将阳台地面低于室内地面 20～50 mm,并下设排水孔,如图 4-61 所示。如阳台完全封闭,阳台地面可与室内地面平齐。

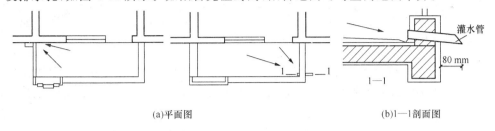

(a)平面图　　　　　　　　　　　　　　　(b)1—1剖面图

图 4-61　阳台排水

阳台设计应满足安全适用、坚固耐久、排水畅通及立面美观等要求。阳台挑出宽度一般在 1.2～1.8 m 之间,常用 1.5 m 左右。多层住宅阳台的栏杆(板)净高不得低于 1.05 m,高层住宅阳台的栏杆(板)净高不得低于 1.1 m。

阳台承重结构通常是楼板的延伸,阳台和楼板结构应统一考虑,一般采用钢筋混凝土阳台板。阳台和楼板一样,钢筋混凝土阳台也有现浇、装配及现浇装配结合的方式。凹阳台可直接由两侧墙体承受,挑阳台一般有悬挑阳台板和挑梁承载阳台板等结构布置,如图 4-62 所示。

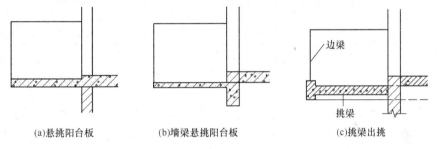

(a)悬挑阳台板　　　　　　(b)墙梁悬挑阳台板　　　　　　(c)挑梁出挑

图 4-62　现浇钢筋混凝土阳台结构布置

2. 雨棚

雨棚是建筑物出入口处,位于外门上部,用以遮挡雨水、保护外门免受雨水侵害的水平悬挑构件,同时起丰富建筑立面的作用。

雨棚有板式和梁板式两种,雨棚下也可设柱。多采用钢筋混凝土悬臂板。雨棚尺度大时,也有采用墙或设柱承受荷载的雨棚形式。图 4-63 所示为钢筋混凝土雨棚构造,其顶面可采用无组织或有组织排水,板面需做防水,并应在靠墙处做泛水。

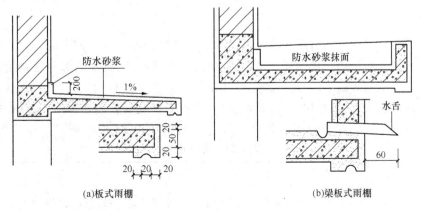

(a)板式雨棚　　　　　　　　　　　　　(b)梁板式雨棚

图 4-63　钢筋混凝土雨棚构造(单位:mm)

第四节　楼梯与台阶

一、楼梯的组成

建筑空间的竖向组合依靠楼梯、电梯、自动扶梯以及坡道等交通设施联系。其中楼梯作为竖向交通联系和安全防火疏散的主要交通设施,使用最为广泛。楼梯是由楼梯段、平台及栏杆扶手三部分组成的,具体内容见表 4-20。

表 4-20　楼梯段、平台及栏杆扶手

项　目	内　容
楼梯段	楼梯段是联系两个不同标高平台的倾斜构件。梯段由踏步组成,为安全和舒适起见,一般每个梯段的最少步数不应少于 3 步,最大步数不应超过 18 步
平台	平台是连接两个楼梯段的水平构件,有中间平台和楼层平台之分。一般情况下,平台由平台板和平台梁组成。中间平台的作用是改变行进方向、调节体力;楼层平台还可用来分配到达各楼层的人流
栏杆、扶手	栏杆、扶手是设在梯段与平台边缘的安全防护配件,供人们上下行走依扶之用

二、楼梯的类型

楼梯作为连接建筑空间上下的通道具有非常重要的作用,在不同的建筑中所用的楼梯也有所不同。目前,民用建筑大多采用钢筋混凝土楼梯。楼梯的类型见表 4-21。

表 4-21　楼梯的类型

项　目	内　容
按楼梯所处位置分	可分为室内楼梯和室外楼梯
按使用性质分	可分为主要楼梯和辅助楼梯
按材料分	可分为木楼梯、钢楼梯、钢筋混凝土楼梯

三、楼梯形式

楼梯形式是以房屋层高所需的梯段数量和上下楼层的方式进行划分的,一个梯段称为一跑。楼梯形式的选择依赖于楼梯所处位置、楼梯间的平面形状、楼层高低与建筑层数、使用人数的多少与人流缓急等因素,在进行楼梯设计时必须综合考虑这些因素。楼梯形式很多,主要有直行单跑楼梯、直行多跑楼梯、平行双跑(折)、平行双分及双合楼梯、折行多跑楼梯等,楼梯形式的内容见表 4-22。图 4-64 是常用楼梯形式示意图。

表 4-22　楼梯形式

项　目	内　容
直行单跑楼梯	只有一个梯段,无中间平台的楼梯形式。按一梯段最大步数不得超过 18 步要求,此种楼梯只能用于层高较低的建筑,如住宅、公寓等,如图 4-64(a)所示

续上表

项　　目	内　　容
直行多跑楼梯	直行多跑楼梯是直行单跑楼梯的变化,增设有中间平台,可有多个梯段的楼梯形式。此种楼梯上下直接,导向明确,常用于层高较大、人流较多的公共建筑大厅之中,如图 4-64(b)所示
平行双折(跑)楼梯	是两梯段平行并列的楼梯形式,在中间平台需转向 180°,即楼梯起步的位置总是处于不同高度的同一位置。此种楼梯节约面积且缩短上下行走距离,是最常用的一种楼梯形式。图 4-64(c)为平行双折楼梯示意图
平行双分双合楼梯	在平行双折楼梯基础上并列组合而成的楼梯形式,较宽梯段的宽度为单梯段宽度的两倍。平行双分、双合楼梯又可称为一上两下、一下两上楼梯,如图 4-64(d)、(e)所示
折行多跑楼梯	梯段之间转向较自由,可 90°也可大于或小于 90°转向。常见有曲尺式楼梯、三折(跑)楼梯、四折(跑)楼梯等形式,常用于层高较高大的公共建筑中。三折楼梯形成的梯井过大,使用中应考虑防护措施也可结合电梯进行布置。图 4-64(f)为曲尺式楼梯示意图,图 4-64(g)、(h)为三折(跑)楼梯示意图
剪刀楼梯	剪刀楼梯也称为交叉跑楼梯,为直行单跑或直行两跑楼梯交叉并列形成的楼梯形式。直行单跑剪刀梯适合层高较小的建筑物;而直行多跑剪刀梯所设中间平台可变换行走方向,适合层高较大、人流方向选择性较强的商业性等公共建筑。图 4-64(i)为直行单跑剪刀梯示意图
其他楼梯	使用中还有桥式楼梯,螺旋形、弧形楼梯和多边形楼梯等形式

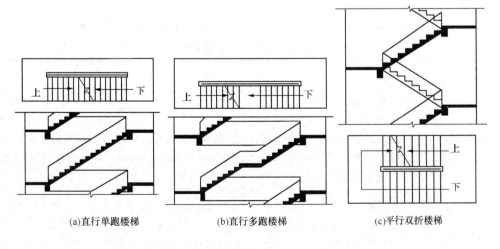

(a)直行单跑楼梯　　　　　　(b)直行多跑楼梯　　　　　　(c)平行双折楼梯

图　4-64

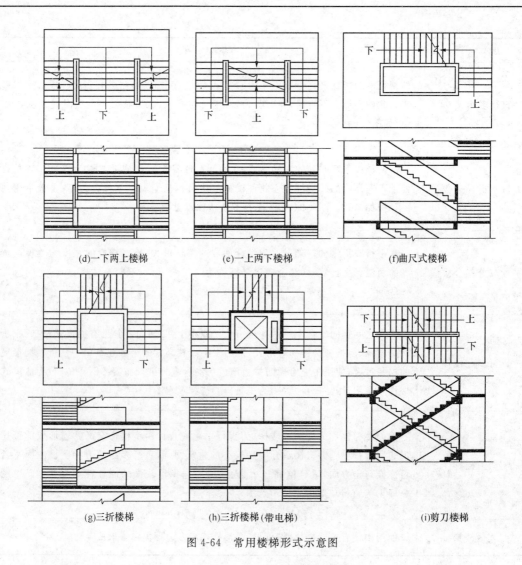

(d)一下两上楼梯　　　　(e)一上两下楼梯　　　　(f)曲尺式楼梯

(g)三折楼梯　　　　(h)三折楼梯(带电梯)　　　　(i)剪刀楼梯

图 4-64　常用楼梯形式示意图

四、楼梯尺度

楼梯尺度是按楼梯组成各部分的尺寸进行描述。各种不同楼梯尺度的内容见表 4-23。

表 4-23　各种不同楼梯尺度

项　目	内　容
楼梯坡度	楼梯坡度即指梯段的坡度,有两种方法表示:一是用梯段与水平面的夹角表示,一是用踏步的高宽比表示。楼梯坡度一般为 20°~45°,宜选用 26°~35°为宜。公共建筑人流相对集中,坡度应缓一些,踏步高宽比可取 1:2;居住建筑使用人员较少,坡度可陡一些,可采用 1:1.5 左右。村镇低层住宅,每户均设楼梯,使用人数很少,坡度可适当再陡一些,但不应超过 45°,如图 4-65 所示
踏步尺寸	踏步尺寸决定楼梯坡度的大小,反之根据建筑使用要求选定合适的楼梯坡度后,踏步的高宽就被限定在特定关系之中了。踏步是人们上下行走脚踩的部位。踏步的水平面叫踏面即踏步宽,踏步的垂直面叫踢面即踏步高。踏步高不宜超过 200 mm,踏步宽也不宜小于 250 mm

续上表

项 目		内 容
梯段尺度	梯段宽度	梯段宽度是指楼梯间墙面到栏杆边的净尺寸,如图4-66所示。梯段宽度应根据紧急疏散时要求通过的人流股数多少来确定。每股人流按500~600 mm宽度考虑,设计时单股人流通行宽度应不小于950 mm,双股人流通行宽度为1 100~1 200 mm,三股人流通行时为1 500~1 650 mm
	梯段长度	梯段长度是指一梯段的水平投影长度,取决于梯段的踏步数n和踏步宽b(图4-70)。由于梯段与平台有一步高差,梯段长度应为梯段踏步数减一步后与踏步宽的乘积,即$b(n-1)$
平台宽度	中间平台宽度	为便于行走和搬运家具设备转向,平行或双折楼梯的中间平台宽度应不小于梯段宽度,如图4-67所示。直行多跑式楼梯,中间平台宽度宜等于梯段宽或不得小于1 000 mm
	楼层平台宽度	楼层平台宽度还应宽于中间平台宽度,以利人流停留和分配
梯井宽度		梯井宽度是指两梯段之间形成的从底层到顶层贯通的空隙。在平行双折式楼梯中可不设梯井。公共建筑从安全考虑,梯井应小一些,以60~200 mm为宜,三跑式楼梯的梯井应考虑防护措施
栏杆、扶手高度		栏杆、扶手高度应从踏步边缘量至扶手顶面。其高度值是根据人体重心高度和楼梯坡度大小等因素确定,一般为900~1 000 mm。供儿童使用的楼梯应在500~600 mm的高度处增设扶手,长度超过500 mm的水平栏杆及室外楼梯栏杆扶手高度,宜取1 000~1 100 mm
楼梯净空高度		楼梯净空高度是指平台下、梯段下的净尺寸,一般要求楼梯平台部位的净高不应小于2 000 mm,梯段部位的净高不应小于2 200 mm,如图4-68所示。 底层平台下设为通道或入口时,为满足休息平台下的净空高度可采取增加第一跑梯段的步数,以抬高平台高度,如图4-69(a)所示;或将一部分室外台阶移到室内,以降低休息平台下地面的标高,如图4-69(b)所示;也可同时采用上述两种办法,如图4-69(c)所示;使用中还有从室外直接上二层的单跑楼梯的形式,如图4-69(d)所示

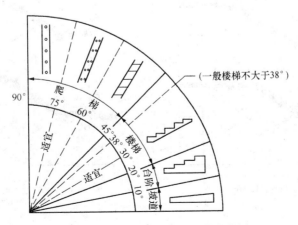

图4-65 坡道、楼梯专用梯的坡度范围

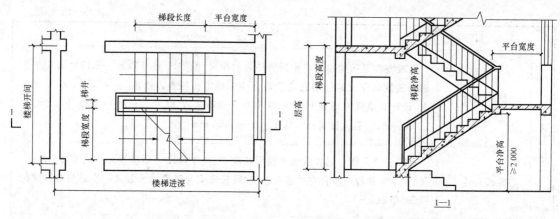

图 4-66　楼梯间尺度(单位：mm)

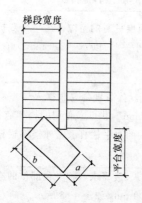

图 4-67　中间平台宽度
(a、b 为家具尺寸)

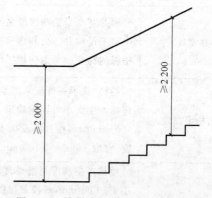

图 4-68　楼梯净空高度(单位：mm)

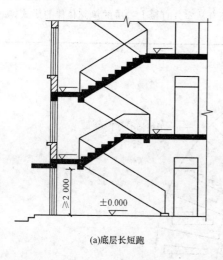

(a)底层长短跑

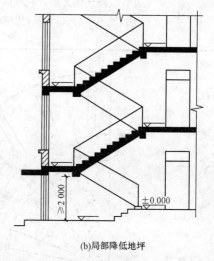

(b)局部降低地坪

图　4-69

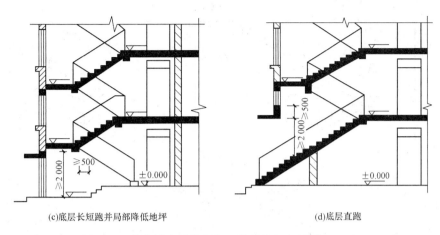

(c)底层长短跑并局部降低地坪　　　　　　　　　(d)底层直跑

图 4-69　休息平台下作为入口处理的方法(单位：mm)

五、现浇钢筋混凝土楼梯

钢筋混凝土楼梯应按照钢筋混凝土工程进行质量评定。现浇钢筋混凝土楼梯有梁承式、梁悬臂式和扭板式。现浇钢筋混凝土梁承式楼梯是指平台梁与梯段浇注成一整体的楼梯形式，梁承式楼梯刚度好，能适应各种楼梯间平面和楼梯形式。按梯段板的结构布置有板式梯段和梁板式梯段之分见表 4-24。

表 4-24　现浇钢筋混凝土楼梯

项　　目		内　　容
板式梯段		板式楼梯是指两平台梁之间的梯段为倾斜的板式结构，板跨是指两平台梁之间的水平距离，宜在 3 000 mm 以内，板厚为板跨的 1/30～1/40。图 4-70 所示为板式梯段布置
梁板式梯段		当两平台梁的间距较大即梯段的水平投影较大时，宜采用梁板式梯段，如图 4-71 所示。梁板式梯段是由梯段板、斜梁(也称梯梁)、平台板、平台梁组成。梯梁是支撑在两平台梁之间顺着梯段方向倾斜的梁，故又称斜梁，梯段板的荷载由梯梁承担。梯梁可置于梯段板下，称明步处理；梯梁也可上翻，做暗步处理
楼梯的细部构造	踏步面层	踏步面层应平整、耐磨、防滑并便于清扫，依装修等级可采用水泥面层、水磨石面层、缸砖面层、大理石面层等。为防行人滑倒，宜在踏步前缘设防滑条，其长度一般比梯段宽度小 200～300 mm。图 4-72 所示为踏步面层和防滑构造
	栏杆扶手	栏杆扶手是梯段、平台临空一侧设置的安全防护设施，应具有足够的刚度和可靠的连接。扶手应光滑、手感舒适，栏杆扶手对建筑的装饰性较强。 　栏杆的形式有空花式、栏板式、混合式，如图 4-73 所示。空花栏杆一般采用钢铁料，有扁钢、圆钢、方钢等，采用焊接或螺栓连接。实心栏板可以采用透明的钢化玻璃或有机玻璃，一般用于室内，也可采用钢筋混凝土板及钢丝网水泥板制作。 　扶手有硬木、钢管、塑料、水磨石及不锈钢管等材料

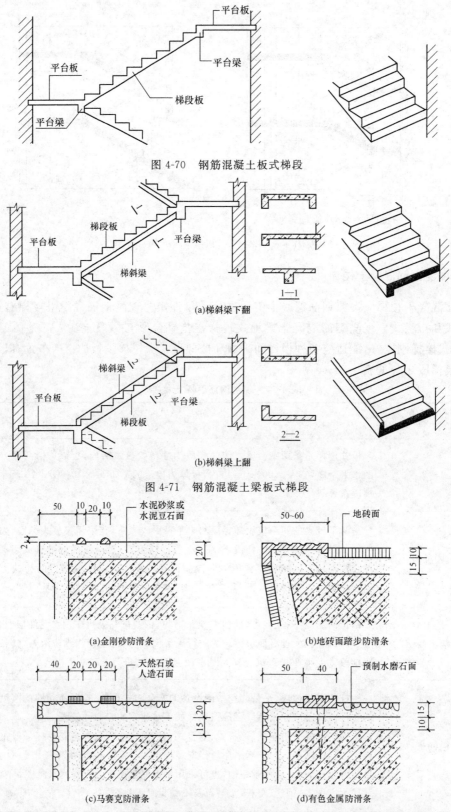

图 4-70　钢筋混凝土板式梯段

(a)梯斜梁下翻

(b)梯斜梁上翻

图 4-71　钢筋混凝土梁板式梯段

(a)金刚砂防滑条

(b)地砖面踏步防滑条

(c)马赛克防滑条

(d)有色金属防滑条

图 4-72　踏步面层和防滑构造(单位：mm)

图 4-73　空花栏杆形式

六、台阶与坡道

1. 台阶

由于建筑物室外地坪和室内地面间设有高差,在建筑物入口处常设置台阶或坡道,而在建筑物内部楼地面有高差时也可用台阶连接。

室外台阶一般由踏步和平台组成,如图 4-74 所示为常用的室外台阶和坡道形式。平台表面

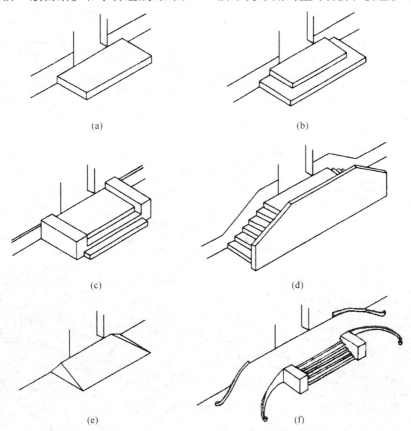

(a)　　　　　　　　　　　　　　(b)

(c)　　　　　　　　　　　　　　(d)

(e)　　　　　　　　　　　　　　(f)

图 4-74　常用的室外台阶和坡道形式

应比室内地面标高略低也可与室内地面平齐,但平台上必须设适当的排水坡度或坡向台阶,以防雨水流入室内。台阶的坡度应较楼梯坡度小,踏步宽宜为 300～400 mm,高宜为 100～150 mm。室外台阶一般不需要特别的基础,台阶构造一般有普通式和架空式两种。架空式适用于寒冷地区的大型台阶,而普通式台阶的垫层下铺设砂或炉渣等地方性材料,可以防止冻涨,如图 4-75 所示。

　2. 坡道

　　室内外相邻地面的高差较小或为了便于车辆行驶,应设置坡道,如医院、疗养院等建筑。坡道和台阶可结合布置,其形式可结合建筑立面设计统一考虑,如图 4-74(e)、图 4-74(f)所示。

　　室外坡道坡度不宜大于 1∶10,室内坡道不宜大于 1∶8。坡度较大时,坡道表面应做防滑处理,以保证行人和车辆的安全。坡道的构造,如图 4-76 所示。

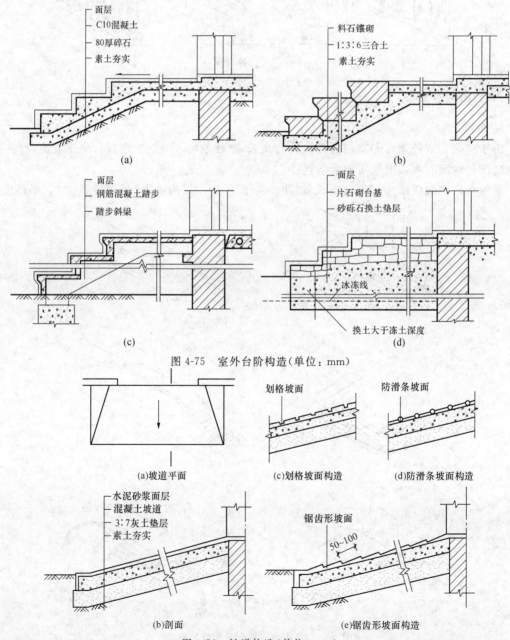

图 4-75　室外台阶构造(单位:mm)

图 4-76　坡道构造(单位:mm)

第五节 屋 顶

一、屋顶的组成和作用

屋顶是房屋的重要组成部分,其主要功能是防水和保温隔热。屋顶是房屋上部起覆盖作用的外部围护构件,应能防御自然界的太阳辐射、风霜雨雪、气温变化等的影响,借以营造良好的室内使用环境。屋顶的形式还是体现建筑风格的重要手段之一,也有将屋顶赋予"第五立面"之说。

建筑材料性能的单一,决定了屋顶构造的多层次做法。屋顶一般由四部分组成:屋面、保温(隔热)层、结构层和顶棚。屋顶的组成和作用见表4-25。

表 4-25　屋顶的组成和作用

项　目	内　容
屋面	屋面是屋顶的面层,直接受自然界风霜、雨雪及空气中有害介质的侵蚀和人为的冲击。因此,屋面做法应具有一定的抗渗性能和承载能力
保温	保温层是寒冷地区冬季防止室内热量散失而设置的构造层,隔热层是炎热地区夏季防止太阳辐射热进入室内而设置的构造层。保温层、隔热层应采用导热系数低的材料,其位置由于屋顶形式不同,设置的部位也各不相同
结构层	结构层是承受屋面上传来的荷载、本身自重及屋面保温(隔热)层等构造重量的层次。承重结构的选择是根据屋面防水材料的性能、房屋空间尺度、结构材料的性能以及整体造型的需要而定。房屋的支撑结构有平面结构和空间结构之分。由以上各种因素的影响,便形成平屋顶、坡屋顶、曲面屋顶等多种形式(图4-77)。建筑的结构形式不同,其屋顶可采用木材、钢筋混凝土、钢材等作为屋顶的承重结构
顶棚	顶棚是屋顶的底面,其形式和材料可根据房间的保温、隔声、造型及造价要求来选择

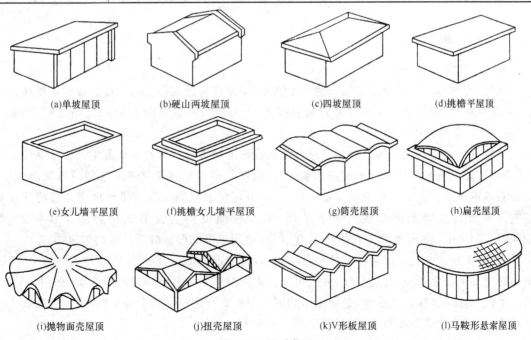

(a)单坡屋顶　　(b)硬山两坡屋顶　　(c)四坡屋顶　　(d)挑檐平屋顶

(e)女儿墙平屋顶　　(f)挑檐女儿墙平屋顶　　(g)筒壳屋顶　　(h)扁壳屋顶

(i)抛物面壳屋顶　　(j)扭壳屋顶　　(k)V形板屋顶　　(l)马鞍形悬索屋顶

图 4-77　屋顶类型

屋顶设计应考虑功能、结构和建筑造型三方面的要求。屋面防水是功能的最基本要求,我国现行的《屋面工程质量验收规范》(GB 50207—2012),依据建筑物重要程度、使用功能和防水耐久年限,将屋面防水划分为四个等级,对各等级都提出了明确的设防要求见表 4-26。

表 4-26　屋面防水等级和设防要求

项　目	屋面防水等级			
	Ⅰ	Ⅱ	Ⅲ	Ⅳ
建筑物类别	特别重要的民用建筑和对防水有特殊要求的建筑	重要的建筑和高层建筑	一般的建筑	非永久性的建筑
防水层合理使用年限(年)	25	15	10	5
防水层选用材料	宜选用合成高分子卷材、高聚物改性沥青防水卷材、金属板材、合成高分子防水涂料、细石混凝土等材料	宜选用高聚物改性沥青防水卷材、合成高分子卷材、金属板材、合成高分子防水涂料、高聚物改性沥青防水涂料、细石混凝土、平瓦、油毡瓦等材料	宜选用三毡四油沥青防水卷材、高聚物改性沥青防水卷材、高聚物改性沥青防水涂料、合成高分子防水涂料、沥青基防水涂料、刚性防水层、平瓦、油毡瓦等材料	可选用二毡三油沥青防水卷材、高聚物改性沥青防水涂料等材料
设防要求	三道或三道以上防水设防	两道防水设防	一道防水设防	一道防水设防

二、平屋顶

1. 平屋顶的排水做法

(1)屋面坡度。为了保证平屋顶的排水需要,平屋顶要做成一定的坡度。根据承重结构布置、屋面材料、使用功能以及经济等方面的因素,上人屋面一般采用 1‰～2‰ 的坡度,不上人屋面一般采用 2‰～3‰ 的坡度。

平屋顶的坡度形成一般有材料找坡和结构找坡两种方式。材料找坡通常是在水平屋面板上,利用找坡材料的薄厚不同形成排水坡度,材料多用炉渣等轻质材料加水泥或石灰形成,一般设在承重屋面板之上。须设保温层的地区,也可用保温材料来形成排水坡度。结构找坡是把支撑屋面板的墙或梁做成一定的坡度,屋面板铺设其上就形成相应的排水坡度,如图 4-78(b)所示。结构找坡省工省料,较为经济,适用于平面形状较为简单的建筑物。

(2)屋面排水方式。平屋顶的排水坡度较小,为了迅速排除雨水,需选择合理的排水方式,组织好屋顶的排水系统。屋顶排水方式可分为无组织排水和有组织排水两大类,如图 4-79 所示。无组织排水又称自由落水,是使屋面的雨水经檐口自由掉落到室外地面,这种构造做法简单经济,但落水会溅湿勒脚,一般只用于低层和雨水较少地区。

有组织排水是按不同的坡向将屋面划分成若干个排水分区,把屋面雨水有组织地排到檐

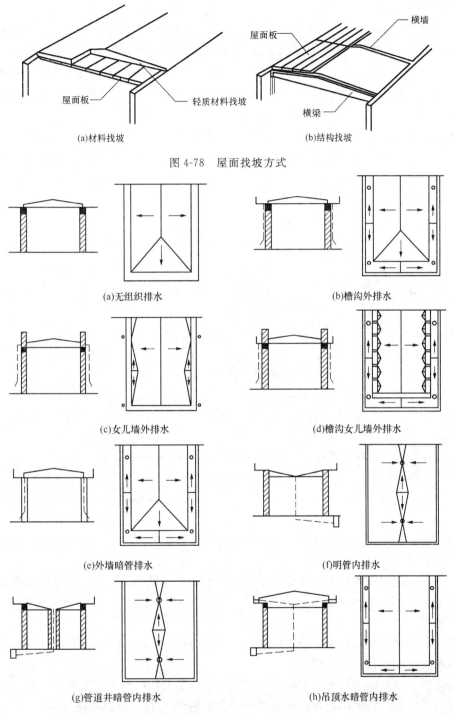

图 4-78 屋面找坡方式

图 4-79 屋面排水方式

沟、雨水口处,通过雨水管迅速排离房屋四周的排水方式。

有组织排水又可分为外排水和内排水两种。一般民用建筑多采用外排水,根据檐口做法可分为檐沟外排水、女儿墙外排水及檐沟女儿墙外排水等。屋面排水口设置的最大间距,檐沟外排水为 24 m,女儿墙外排水为 18 m,雨水管直径常用 100 mm 的方形、圆形 UPVC 或镀锌铁皮等材料制作。一般情况下,每根雨水管负担 150~200 m² 屋面水平投影面积。

2. 卷材防水屋面

卷材防水是将柔性的防水卷材用胶结材料粘贴在屋面上,形成整体封闭的防水覆盖层。这种防水层具有一定的延伸性,能适应温度、振动及不均匀沉陷等因素对屋面和结构产生的变形,故也可称之为柔性防水屋面。常用的防水卷材有三大类:沥青基防水卷材、高聚物改性沥青防水卷材及合成高分子防水卷材。高聚物改性沥青防水卷材是目前首选的防水卷材,防水效果良好。

(1)平屋顶构造层次。卷材防水屋面依材料因素具有多层次构造特点,其构造组成可分为基本层次和附加层次。卷材防水屋面的基本构造层次按其作用有结构层、防水层、保温、顶棚层。辅助层次有找平、找坡层、隔汽层、保护层等。以保温屋顶构造层次图为例进行讲述,如图 4-80 所示。

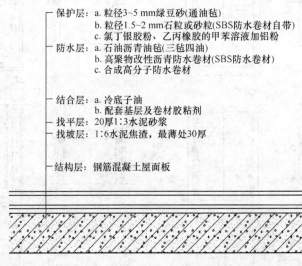

图 4-80 平屋顶构造层次(单位:mm)

1)找坡层。形成屋面排水坡度,常用 1:6 水泥焦渣或保温材料等,要求控制找坡层最薄处的厚度。

2)保温层。为保证冬季室内采暖温度而设置的构造层次。一般用途的建筑在保温层下可不设隔汽层。

3)找平层。卷材防水层要求铺贴在坚固而平整的基层之上,防止卷材的凹陷或断裂。故而在松散的保温层上或当屋面板不平整时,应设找平层。找平层一般采用 20 厚 1:2.5 或 1:3 水泥砂浆。

4)结合层。使卷材与基层粘结牢固的胶质薄膜,石油沥青油毡可采用冷底子油,高分子卷材则多用配套胶黏剂作为结合层。

5)防水层。以所采用的防水卷材自粘或用配套胶黏剂粘结在屋面找平层之上。非永久性简易建筑屋面防水层可采用沥青胶粘贴石油沥青油毡,有二毡三油五层做法等。

6)保护层。保护防水层不因外界因素产生开裂、流淌、老化等破坏现象,延长防水层的使用时限而设置的构造层次。石油沥青油毡防水层一般以绿豆砂做保护层,其他可采用涂刷浅色着色剂或铺贴铝铂等作为保护层。

(2)平屋顶细部构造。仅做好大面积的屋面防水还不能保证屋面的防水效果,在有孔洞、雨水口、檐沟及变形缝处如细部构造处理不当,很容易出现渗漏现象。

1)泛水。是指高出屋面的所有垂直面处的防水处理,如屋面与女儿墙、高低屋面间的立墙、出屋面烟道或通风道及屋面变形缝处均应做泛水处理,如图 4-81 所示。

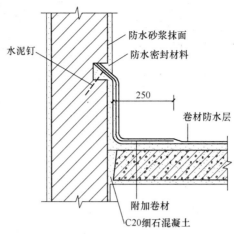

图 4-81　泛水构造(单位:mm)

2)檐口。卷材防水屋面的檐口,包括自由落水檐口、挑檐沟檐口、女儿墙檐口等。无组织外排水的檐口构造,如图 4-82 所示,有组织外排水的檐沟的构造,如图 4-83 所示。

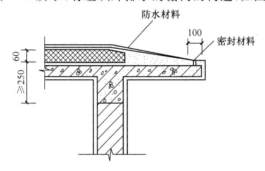

图 4-82　无组织外排水檐口构造(单位:mm)

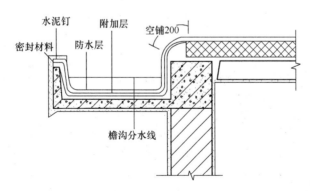

图 4-83　有组织外排水檐口构造(单位:mm)

3.刚性防水屋面

刚性防水屋面是指用细实混凝土整体浇注的屋面,因混凝土属于刚性材料,抗拉强度低,故而称为刚性防水屋面,如图 4-84 所示。刚性防水屋面的优点是施工方便、节约材料、造价较低;缺点是易开裂、对气温变化和结构变形适应能力差,故而刚性防水层只适用于温度变化幅度较小的地区。

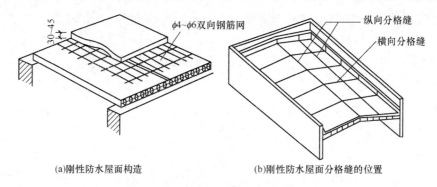

(a)刚性防水屋面构造　　　　　(b)刚性防水屋面分格缝的位置

图 4-84　刚性防水屋面(单位:mm)

刚性防水屋面构造层次一般有防水层、隔离层、找平层、结构层等。

细石混凝土防水层,一般是在钢筋混凝土板上浇筑 30～45 mm 厚的 C20 细石混凝土,并在其中设置 4～6 mm 间距 100～200 mm 的双向钢筋网片,其构造如图 4-84(a)所示。为防混凝土变形开裂和渗透,可在细石混凝土中掺入适量的外加剂,如膨胀剂、减水剂、防水剂等。

隔离层位于防水层与结构层之间,目的是减少因结构变形对防水层产生的不利影响。隔离层可采用铺设纸筋灰、低标号砂浆或薄砂层上干铺一层油毡的构造做法。

4. 平屋顶的保温与隔热

平屋顶的保温与隔热措施见表 4-27。

表 4-27　平屋顶的保温与隔热措施

项　　目	内　　容
保温层	寒冷地区,为阻止冬季室内热量通过屋顶向外散失,须对屋顶采取保温措施。保温层所用材料,多选用密度小的多孔松散材料和轻质板块状材料,如膨胀珍珠岩、膨胀蛭石、矿棉等。 　保温层的位置一般有以下几种处理方式:一种是保温层放在防水层之下,结构层之上,形成封闭式的保温层;另一种是放置在防水层之上,形成敞露的保温层;在利用建筑物作为通道时,为保证楼面做法的一致性,可在结构层和顶棚层之间设置保温层
隔汽层	在采暖地区用水量较大的房间中,冬季室内的湿度比室外高,室内水蒸气将向室外渗透,使保温层的含水率增加,从而使保温层逐渐丧失保温作用。因此,要在保温层下先做隔汽层,以防止室内水蒸气进入保温层内。 　隔汽层的一般做法是在结构层上先做找平层(1∶3 水泥砂浆厚 20 mm),在找平层上做结合层(冷底子油一道),最后涂刷热沥青两道或一布二涂的隔汽层
隔热层	在夏季太阳辐射和室外气温的综合作用下,处于水平面的屋顶要比墙体吸收的热量多,对室内温度变化影响要大得多。多层建筑的顶层房间占有较大的比例,而多层建筑的数量也比较大,南方地区建筑的隔热问题就显得尤为重要。减少直接作用于屋顶的太阳辐射热量是屋顶隔热的根本,通常采用的构造做法有通风降温屋顶、蓄水屋面和反射降温屋面等。

续上表

项　　目	内　　容
隔热层	通风降温屋顶可在屋顶之上或利用顶棚与屋顶空间设置通风隔热间层,可使上层遮挡太阳辐射,利用间层中空气流动带走热量,从而达到降低室内温度的目的。 　　蓄水屋面是在刚性防水屋面上蓄积水层,利用水层蒸发使热量散失到大气中,减少屋顶吸收的热量,从而起到隔热之功效。水层的另一作用是养护防水层,避免开裂,延长防水材料的使用寿命。 　　反射降温屋面是利用屋面材料表面的颜色和光滑程度对辐射热产生反射作用,进而降低屋顶底面的温度。常见浅色砾石铺面或屋面上涂刷浅色着色剂等做法

三、坡 屋 顶

坡屋顶是由两个或两个以上坡度较大的斜屋面交错组成,斜面相交的阳角称为脊,相交的阴角称为斜沟,如图 4-85 所示。坡屋顶是我国传统的屋顶形式,常见的坡屋顶有单坡、双坡坡等。

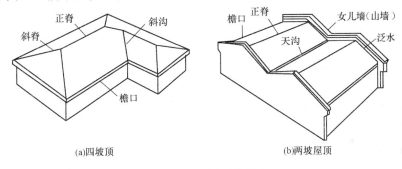

(a)四坡顶　　　　　　　　　　　(b)两坡屋顶

图 4-85　坡屋顶的形式

1. 坡屋顶的组成

坡屋顶主要由承重结构和屋面两部分组成,根据不同的使用要求还可以增加保温层、隔热层、顶棚等,如图 4-86 所示。

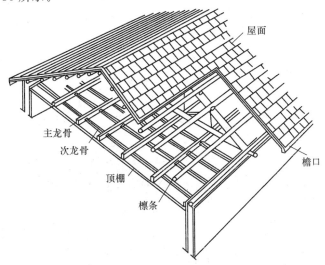

图 4-86　坡屋顶的组成

（1）承重结构是承受屋面荷载并把它传递到墙或柱上，一般由屋架、檩条、椽子等组成。

（2）屋面是屋顶的上覆盖层，直接承受风雨、冰冻、太阳辐射等大自然气候的作用，包括屋面盖料和基层，如挂瓦条、屋面板等。

（3）顶棚是屋顶下部的遮盖部分，可使室内顶部平整，反射光线，并起到保温、隔热和装饰作用。

（4）保温或隔热层可设在屋面或顶棚层，视地区气候及房屋使用需要而定。

2. 坡屋顶的承重结构

坡屋顶的承重结构有山墙承重和屋架承重见表4-28。

表 4-28　山墙承重和屋架承重

项　目	内　容
山墙承重	横墙砌成山尖形状，直接在墙上放置檩条以承受屋顶荷载，这种结构布置称山墙承重或叫硬山架檩（图4-87）。山墙承重做法简单，适合于相同开间并列的房屋，如宿舍、办公室等
屋架承重	当房屋的开间较大时，可设置屋架支承檩条，屋架间距一般为3～4 m（用木檩条时）。大跨度建筑常采用预应力钢筋混凝土檩条或型钢檩条，屋架间距可达6 m，如图4-88所示

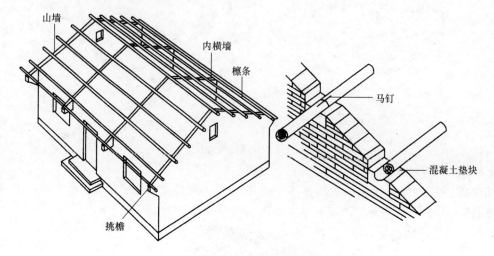

图 4-87　山墙承重

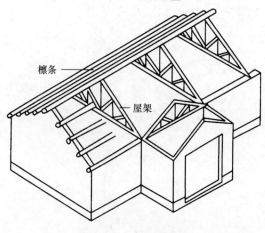

图 4-88　屋架承重

3. 坡屋顶的屋面构造

坡屋顶的屋面防水材料,主要是各种瓦材和不同材料的板材。平瓦有水泥瓦与黏土瓦两种,其外形是按排水要求设计的,尺寸为 400 mm×230 mm,铺设搭接后的有效长度应该为 330 mm×200 mm,每平方米约需 15 块,土垫块平瓦屋顶的坡度通常不宜小于 1：2,常用的平瓦屋面构造见表 4-29。

表 4-29　常用的平瓦屋面构造

项　目	内　容
冷摊瓦屋面	冷摊瓦屋面是在屋架上弦或椽条上直接钉挂瓦条,在挂瓦条上挂瓦,其构造如图 4-89 所示。这种做法,缺点是瓦缝容易渗漏、保温效果差,常用于建筑标准不高的房屋建筑
平瓦屋面	平瓦屋面是在檩条或椽条上钉屋面板(即木望板),屋面板上覆盖油毡再钉顺水条和挂瓦条然后挂瓦的屋面,构造如图 4-90 所示
钢筋混凝土挂瓦板平瓦屋面	钢筋混凝土挂瓦板为预应力构件或非预应力构件,板肋根部预留有泄水孔,可以排除从缝渗下的雨水。挂瓦板的断面形式有 T 形和 F 形等,瓦是挂在板肋上,板肋中距 330 mm,板缝用 1：3 水泥砂浆填塞,构造如图 4-91 所示。 挂瓦板兼有檩条、望板、挂瓦条三者的作用,可节省材料,但应对挂瓦板构件的几何尺寸严格控制,以保证与瓦材尺寸协调

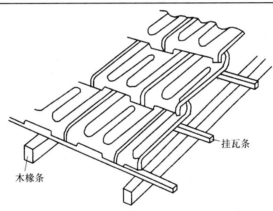

图 4-89　冷摊瓦屋面构造

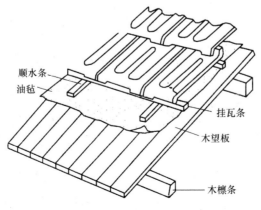

图 4-90　平瓦屋面构造

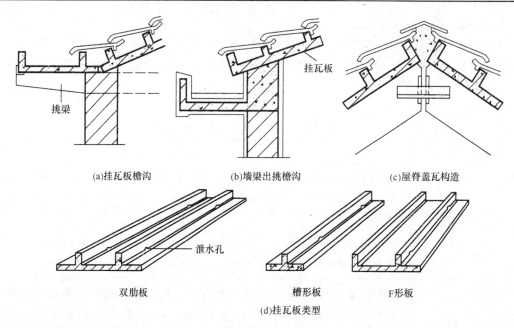

(a)挂瓦板檐沟　　　　　(b)墙梁出挑檐沟　　　　　(c)屋脊盖瓦构造

双肋板　　　　　　　　　　槽形板　　　　　F形板

(d)挂瓦板类型

图 4-91　钢筋混凝土挂瓦板平瓦屋面

四、坡屋面的檐口构造

平瓦屋面的檐口分纵墙檐口和山墙檐口,下面将分别介绍其内容。

1. 纵墙檐口

纵墙檐口的分类见表 4-30。

表 4-30　纵墙檐口的分类

项　　目	内　　容
砖挑檐	砖挑檐适用于出檐较小的檐口。用砖叠砌出挑长度,一般为墙厚的 1/2,并不大于 240 mm,如图 4-92(a)所示
屋面板挑檐	屋面板出挑檐口,出挑长度不宜大于 300 mm,如图 4-92(b)所示
挑檐木挑檐	在横墙承重时,从横墙内伸出挑檐木支承屋檐,挑檐木伸入墙内的长度不应少于挑出长度的 2 倍,如图 4-92(c)所示
椽木挑檐	有椽子的屋面可以用椽子出挑,檐口处可将椽子外露,并在椽子端部钉封檐板。这种做法的出檐长度一般为 300～500 mm,如图 4-92(d)所示
挑檩檐口	在檐墙外面加一檩条,利用屋架下弦的托木或横墙砌入的挑檐木作为檐檩的支托,如图 4-92(e)所示
女儿墙檐沟	有的坡屋顶将檐墙砌出屋面形成女儿墙,屋面与女儿墙之间要做檐沟。女儿墙檐沟的构造复杂,容易漏水,应尽量少用。女儿墙檐沟构造,如图 4-92(f)所示

2. 山墙檐口

山墙檐口按屋顶形式分硬山与悬山两种做法,如图 4-93 所示。硬山檐口是将山墙升起高出屋面,包住檐口并在山墙和屋面交接处做好泛水处理的檐口构造;悬山檐口是利用檩条出挑使屋面宽出墙身,木板封檐的檐口构造。

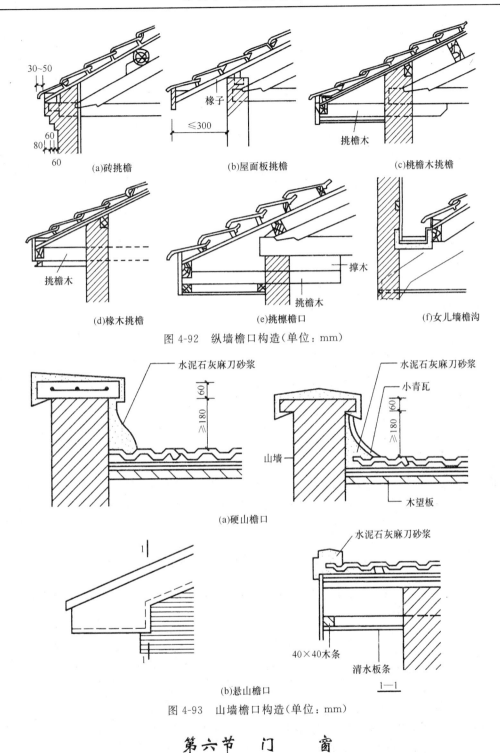

图 4-92　纵墙檐口构造(单位：mm)

(a)砖挑檐　　　(b)屋面板挑檐　　　(c)桃檐木挑檐

(d)椽木挑檐　　　(e)挑檩檐口　　　(f)女儿墙檐沟

(a)硬山檐口

(b)悬山檐口

图 4-93　山墙檐口构造(单位：mm)

第六节　门　窗

一、窗的形式与尺度

1. 门和窗的概述

门和窗是房屋建筑的重要组成部分。窗的主要功能是采光、通风及眺望；门的主要功能是交通联系、分隔空间,必要时将门窗开启可兼起采光、通风作用。此外,门、窗对建筑物的外观造型及室内装修影响也很大,设计要求门窗应坚固耐用、美观大方、开启方便、关闭紧密、便于清洁维修。

门窗按其制作材料可分为木门窗、钢门窗、铝合金门窗、塑钢门窗等。其中木门窗制作方便,价格较低,密封和保温性能好,但不防火、耐久性较差,尤其耗用木材多,更兼木窗的窗料断面尺寸较大,遮挡光线较多,故提倡以其他材料代替。其他材料的门窗也各有优缺点,应根据不同使用部位进行选择使用。铝合金窗强度高、透光面积大,但推拉门窗密闭性能较差,而平开门窗构造比推拉门窗复杂。塑钢窗密闭性能高于铝合金,但容易老化。目前,铝合金门窗和塑钢门窗在民用建筑中得到了广泛的应用。

2. 窗的形式

窗的形式一般是按窗的开启方式进行分类。一般来说,窗的形式主要取决于窗扇的五金位置及转动方式(表 4-31)。

表 4-31　窗的形式

项　目	内　容
固定窗	不设窗扇,将玻璃直接镶在窗框上,如图 4-94(a)所示。一般用在门窗亮子、走廊间接采光和不需开窗通风换气的部位
平开窗	是民用建筑中最常用的一种开启方式,如图 4-94(b)所示。窗扇一侧用铰链或合页与窗框相连,开启关闭十分方便。平开窗又分单层内开和外开、双层内外开、双层全内开等几种方式。一般建筑多用外开窗,外开窗有利于防止雨水流入,开启不占室内空间,但擦拭和更换玻璃不方便
悬窗	根据铰链和转轴位置,又可分为上悬窗、下悬窗和中悬窗,如图 4-94(c)、(d)、(e)所示。上悬窗和下悬窗构造同平开窗,只是铰链位置从窗扇侧面换到了窗扇的上部和下部,而中悬窗构造较为复杂。为防止雨水飘入室内,处于外墙上的上悬窗必须外开,下悬窗必须内开,而中悬窗构造只能是上半部内开、下半部外开。上悬窗和中悬窗多用于高大房间的上部外窗,下悬窗多用于内门上的亮子等
立转窗	窗扇绕垂直轴转动的窗,也称旋窗,如图 4-94(f)所示。可按通风需要调整开启角度,适用于生产用房的下部和门亮子
推拉窗	窗扇沿导轨或滑槽进行推拉,可左右推拉或上下推拉,如图 4-94(g)、(h)所示。推拉窗开启后双层窗扇重叠放置,不占用室内使用空间

3. 窗的尺度

窗的尺度主要取决于房间的采光、通风、材料、构造做法和建筑造型等要求。一般平开木窗的窗扇宽度为 400～600 mm,高度为 800～1 200 mm,亮子高度为 300～600 mm,固定窗和推拉窗尺寸可大一些。上下悬窗的窗扇高度宜为 300～600 mm,中悬窗窗扇的高宽不宜大于 1 200 mm×1 000 mm。

一般民用建筑用窗,各地均有通用标准图集,设计时可根据窗洞口尺寸按标准图予以选用即可,窗洞口的尺寸均为 300 mm 的扩大模数。

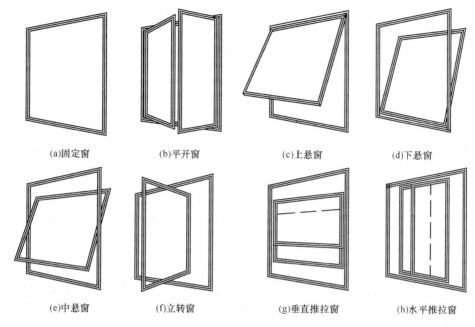

(a)固定窗　　　(b)平开窗　　　(c)上悬窗　　　(d)下悬窗

(e)中悬窗　　　(f)立转窗　　　(g)垂直推拉窗　　　(h)水平推拉窗

图 4-94　窗的形式

二、木窗的构造

1. 窗的组成

窗主要由窗框、窗扇、五金零件和附件四部分组成,如图 4-95 所示。窗框由上下框(或称为槛)、边框组成,窗尺寸较大时增加中横框、中竖框等;窗扇由边梃、上下冒头、窗芯、玻璃等组成;五金零件有铰链、风钩、插销、拉手等;附件有贴脸、窗台板、筒子板、木压条等。

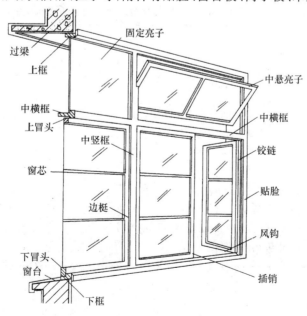

图 4-95　窗的组成

2. 窗框的位置、安装及断面的形状与尺寸

窗框的位置、安装及断面的形状与尺寸见表 4-32。

表 4-32　窗框的位置、安装及断面的形状与尺寸

项　目	内　容
窗框的位置	窗框在墙上的位置,一般有窗框居中、窗框内平、窗框外平等形式。窗框居中设置,内外两侧均应可设窗台,如图 4-96 所示
窗框的安装	窗框的安装有两种方法:后塞口和先立口安装。施工中常采用塞口安装,窗框的外包尺寸应比洞口尺寸小
窗框的断面形状与尺寸	窗框构造上应有裁口与背槽处理,并依单层窗、双层窗有单裁口和双裁口之分。窗框的断面尺寸应考虑榫接牢固,一般单层窗的窗框断面(净尺寸)厚为 40～60 mm,宽为 70～90 mm;双层窗窗框的断面宽度应比单层窗宽出 20～30 mm

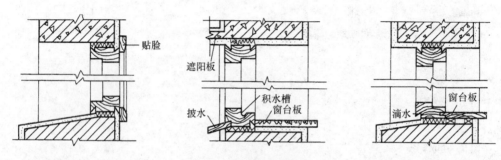

图 4-96　窗框的位置

　　3. 窗扇的组成、断面的形状与尺寸和玻璃的选用与安装窗扇的组成、断面的形状与尺寸和玻璃的选用与安装见表 4-33。

表 4-33　窗扇的组成、断面的形状与尺寸和玻璃的选用与安装

项　目	内　容
窗扇的组成	常见的窗扇有玻璃扇和纱扇之分,玻璃窗的窗扇是由上冒头、下冒头、边梃及窗芯(窗棂)组成,图 4-97 为窗扇构造
窗扇断面形状与尺寸	窗扇的上下冒头、边梃及窗芯均有裁口,以便于安装玻璃和窗纱。下冒头由于承受窗扇重量,尺寸可适当加大。为减少木料的挡光和出于美观要求,一般均做出线脚
玻璃的选用和安装	一般情况下选用普通平板玻璃,常用 3 mm 厚玻璃,当窗玻璃面积较大时可采用 5 mm 厚玻璃。出于遮挡视线需要,可选用磨砂玻璃、压花玻璃等。中空玻璃、吸热玻璃、反射玻璃、钢化玻璃等则用于特殊要求的房屋建筑中。玻璃一般采用油灰嵌固,也可用木压条进行固定

三、门的形式与尺寸

1. 门的形式

门按其开启方式分类有平开门、弹簧门、推拉门、折叠门、转门等类型见表 4-34。

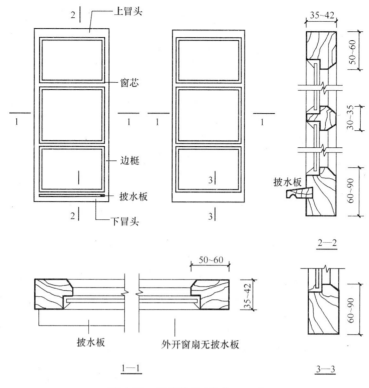

图 4-97　窗扇构造(单位：mm)

表 4-34　门的形式

项　　目	内　　容
平开门	门的一侧用合页铰链与门框连接,有单扇、双扇及内开、外开几种,如图 4-98(a)所示。平开门制作安装方便,开启灵活,构造简单,在建筑中广泛使用
弹簧门	从开启方式和安装形式上看和平开门应属一类,由弹簧铰链代替普通铰链,使门能够自动关闭,使用方便,如图 4-98(b)所示。多用于人流出入频繁的公共建筑主门或有自动关闭要求的场所
推拉门	门扇沿着导轨左右水平滑动,通常有单扇推拉和双扇推拉,也可制作双轨多扇推拉门等,如图 4-98(c)所示。依据轨道位置和门扇尺寸,可采用上挂、下滑及上挂下滑方式推拉
折叠门	一般分为侧挂式和推拉式折叠门。是多扇门之间相互用合页或铰链连接成一组,开启后几扇门可以折叠在一起,如图 4-98(d)所示。折叠门多用于仓库、商场等门洞较大的建筑物或公共建筑灵活分隔之用
转门	转门造型较为美观,是由两固定的弧形门套和垂直门扇组合在一竖直中轴上,门扇可水平旋转,如图 4-98(e)所示。使用转门可以减少室内外的热量对流,但转门构造复杂,常用于公共建筑中的主要出入口

2. 门的尺度

　门的尺度通常是指门洞的高宽尺寸,门作为交通疏散通道,其尺度在满足疏散功能要求的同时,应同时符合《建筑模数协调统一标准》(GBJ 2—1986)的规范要求。一般民用建筑用门,

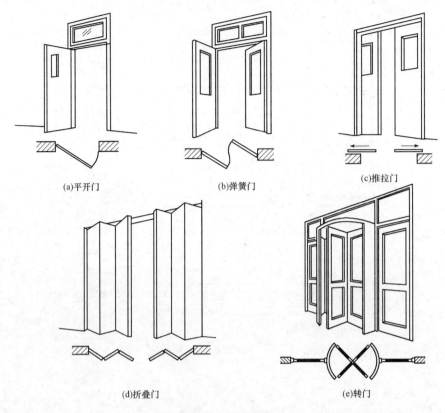

(a)平开门　　　　　　(b)弹簧门　　　　　　(c)推拉门

(d)折叠门　　　　　　　　　(e)转门

图 4-98　门的形式

高度为 2 000~2 400 mm,公共建筑用门高度可视建筑立面尺度适当提高。单扇门的宽度为 800~1 000 mm,双扇门为 1 200~1 800 mm. 亮子高度一般为 300~600 mm。

四、门的构造

一般建筑物内门宜用木门,木门制作灵活并可以做出各种造型,封闭性较好、重量轻,但其消耗大量木材,所以应尽量以其他材料代替。

1. 平开木门的组成

平开木门一般由门框、门扇、亮子、五金件或其他附件构成,如图 4-99 所示。门框由边框、上框(槛)、中横框(横挡)和中竖框组成,门扇由上、中、下冒头,边梃,门芯板和玻璃等组成。亮子起辅助采光、通风及调整门尺寸的作用,可以是固定和开启的亮子。五金件一般有铰链、插销、门锁、拉手。

2. 平开木门的构造

(1)门框。门框的断面形状基本上与窗框相同,但门经常开启,易受外力碰撞,且负荷较大,故断面尺寸较大。门框安装同窗安装一样,也有先立口、后塞口安装方式,常采用后塞口安装,位置居中较多。

(2)门扇。门扇按门芯板的类型分为夹板门、镶板门、玻璃门等。

1)镶板门是广泛使用的一种门扇形式,由边梃、上冒头、中冒头、下冒头组成骨架,内镶门芯板(胶合板、木板、硬质纤维板、玻璃等)。

2)夹板门是中间为轻型骨架、双面贴薄板的门,夹板门省料、自重轻、外形简洁,广泛用于建筑物的内门. 夹板门的面板一般用胶合板、硬纤维板,用胶结材料双面胶结。

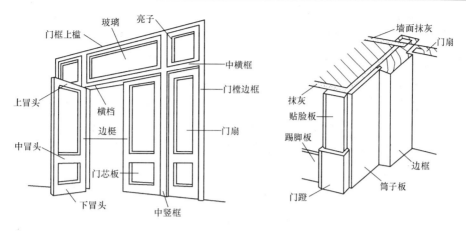

图 4-99　平开木门的组成

五、金属门窗

随着建筑技术和建筑材料的不断发展及建筑功能的新要求,木门窗已远远不能适应现代建筑的需要,因此出现了不同材料的门窗。金属门窗以其轻质高强、节约木材、密闭性能好、透光系数大、造型美观等优点,广泛应用于民用建筑中。目前,常用的金属门窗有钢门窗、铝合金门窗、镀锌彩板门窗及塑钢门窗等多种类型。

1. 钢门窗

钢门窗在我国应用已较为普遍,有实腹和空腹钢门窗之分,由于其抗锈蚀、密闭性较差,故多用于工业厂房和仓库等建筑中。

钢门窗安装均采用后塞口方式,一般采用铆、焊两种形式固定,可在墙上预留洞口或在钢筋混凝土柱上预埋铁件进行安装。大面积钢门窗可用基本门窗单元利用拼料进行组合使用。

2. 铝合金门窗

铝合金门窗质轻、高强、抗锈蚀、密封性好,造型美观,在民用建筑中应用日益广泛。铝合金门窗框,外侧用螺钉固定钢固件,安装时与墙、柱中的预埋件焊接或铆固。

第七节　变　形　缝

一、变形缝概述

由于温度变化、地基不均匀沉降以及地震等因素的影响,在建筑物结构内部会产生附加应力与应变,处理不当会造成建筑物出现裂缝或破坏,影响建筑物的安全使用。解决办法有两种,一种是通过加强建筑物的整体性,使之具有足够的强度和整体刚度克服这些应力破坏,不致造成建筑物损坏;另一种是预先在这些变形敏感部位预留缝隙,将结构断开,保证建筑物各部分在这些缝隙中有足够的变形宽度而不会造成建筑物的破损。这种将建筑物垂直分割开来的预留缝隙就称之为变形缝。

变形缝有三种:伸缩缝、沉降缝和防震缝。变形缝的设置对建筑造型和立面处理影响较大,变形缝位置应力求隐蔽。

变形缝的盖缝材料及构造应根据变形缝的类型、所处部位和使用需要的不同,有针对性地采取防火、防水、保温等安全防护措施,并使其在产生位移和变形时不至于被破坏。

二、伸缩缝

1. 伸缩缝的设置

建筑物因受温度变化影响产生热胀冷缩，在结构内部就会产生温度应力，并会导致建筑物出现裂缝。为预防这种情况的发生，常沿建筑物长度方向每隔一定距离或在结构变化较大处预留缝隙，将建筑物断开。这种按温度变化而设置的缝隙就称之为伸缩缝，也叫温度缝。

伸缩缝要求把建筑物的墙体、楼板、屋顶等地面以上部分全部断开，基础由于埋在地面以下，受温度变化较小，故而基础不必断开。

伸缩缝的最大间距，应根据不同建筑物的结构形式而定，具体应参阅现行结构设计规范的规定，如砖石墙体伸缩缝最大一般为 50～70 m。为保证缝两侧的构件能在水平方向自由伸缩，伸缩缝的缝宽一般为 20～30 mm。

2. 伸缩缝构造

伸缩缝构造要求主要是遮盖缝隙和满足房屋使用，盖缝材料的选择应保证缝两侧构件能在水平方向自由伸缩。

（1）墙体伸缩缝构造。墙体因缝的设置而成为各自相对独立的部分，依据墙体厚度的关系，可做成平缝、错口缝或企口缝，如图 4-100 所示。外墙常用沥青麻丝填嵌缝隙，出于建筑立面美观和使用方面考虑，可采用铝合金条板或其他金属材料。内墙上的伸缩缝应考虑房屋使用和室内空间要求，着重表面处理。

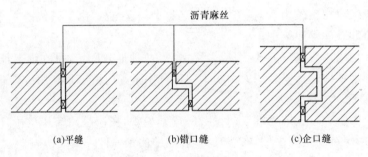

图 4-100　伸缩缝形式

（2）楼地层伸缩缝构造。按伸缩缝设置要求，楼板层伸缩缝的位置、大小应与墙体、屋面伸缩缝一致。楼板的面层、顶棚和结构层均应在缝隙处全部分离，面层和顶棚均应采用盖缝材料遮盖，缝内常用可压缩材料填缝处理。地坪层只需做面层处理，在其基层中填充有弹性的松软材料即可，构造如图 4-101 所示。

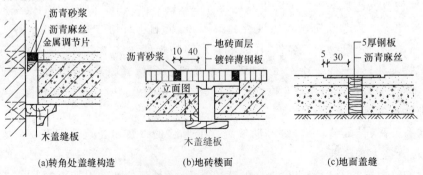

图 4-101　楼地层伸缩缝构造（单位：mm）

（3）屋面伸缩缝构造。屋面伸缩缝常见位置一般在同层等高屋面和高低屋面交接处,处理原则是在不影响屋面变形的同时,防止雨水从缝隙处渗入室内。等高屋面一般在缝两侧加砌矮墙,按屋面防水要求做好盖缝板的防水和矮墙的泛水构造。高低屋面应在低侧屋面板上砌筑矮墙,并将盖缝板固定在较高一侧的墙上,泛水高应大于 250 mm。

三、沉降缝

1. 沉降缝设置

为了防止建筑物各部分由于地基不均匀沉降引起房屋破坏而设置的垂直缝隙就称之为沉降缝。

当建筑物建造在土层性质差别较大的地基上,或因建筑物相邻部分的高度、荷载和结构形式差别较大时,建筑物体型复杂其连接部位又比较薄弱时以及新建建筑与原有建筑毗连时均应考虑设置沉降缝,如图 4-102 所示。沉降缝是将建筑物划分成可以自由沉降的独立单元,以保证各独立部分均匀沉降。

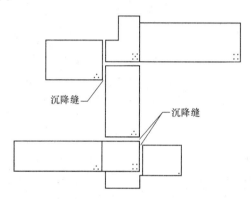

图 4-102　沉降缝设置的位置和形式

沉降缝构造复杂,设计时应从选址、地基处理、体形优化、结构选型等多方面考虑,从而达到不设或尽量少设的目的。沉降缝与伸缩缝的不同之处在于沉降缝是从建筑物的基础、墙体、楼板、屋顶等全部断开。由此看出,沉降缝可代替伸缩缝,而伸缩缝则不能代替沉降缝。沉降缝的缝宽随地基情况和建筑物高度的不同而不同,一般为 50～70 mm。

2. 沉降缝构造

沉降缝一般兼起伸缩缝作用,填塞材料与伸缩缝基本相同,但盖缝材料、构造必须考虑缝两侧部分在垂直方向自由变形,具体处理时应考虑构件的变形方向。而屋面沉降缝还应考虑不均匀沉降对屋面泛水产生的影响,最好采用金属调节片以利于沉降变形。墙体沉降缝构造,如图 4-103 所示。

沉降缝基础断开,基础可采用双墙方案和悬挑方案处理。双墙方案是在缝两侧均设有承重墙,使承重横墙和各自的纵墙都有很好的连接,以保证两侧沉降单元的整体刚度,但基础为偏心受力。悬挑方案能使缝隙两侧的基础距离加大,各自沉降而相互影响却较小。当沉降缝两侧基础埋深较大或新建建筑与原有基础毗连时,宜采用悬挑方案,而挑梁上的墙体应尽量采用轻质材料。基础沉降缝构造,如图 4-104 所示。

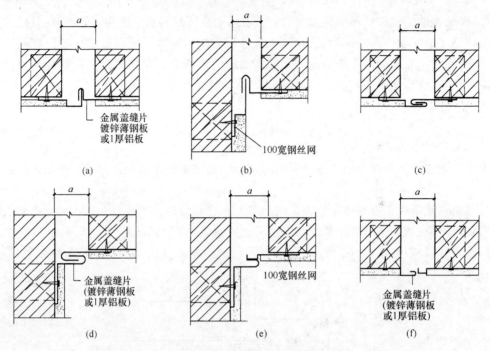

金属盖缝片
镀锌薄钢板
或1厚铝板

(a)

100宽钢丝网

(b)

(c)

金属盖缝片
(镀锌薄钢板
或1厚铝板)

(d)

100宽钢丝网

(e)

金属盖缝片
(镀锌薄钢板
或1厚铝板)

(f)

图 4-103　兼具伸缩作用的外墙沉降缝构造(单位：mm)

注：图中 a 代表缝宽

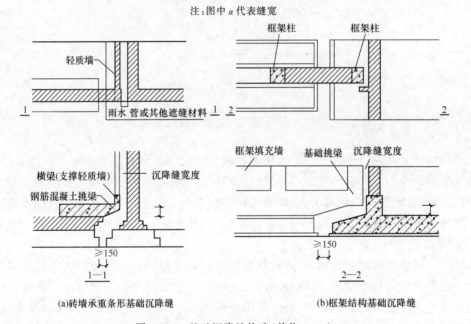

轻质墙

框架柱　框架柱

雨水 管或其他遮缝材料

横梁(支撑轻质墙)

沉降缝宽度

钢筋混凝土挑梁

≥150

1—1

框架填充墙　基础挑梁　沉降缝宽度

≥150

2—2

(a)砖墙承重条形基础沉降缝　　　　(b)框架结构基础沉降缝

图 4-104　基础沉降缝构造(单位：mm)

四、防震缝

1. 防震缝设置

在地震设防区，当建筑物体型复杂、有错层且楼板高差较大，或建筑物各部分的结构刚度、重量相差悬殊时，应设置防震缝，一般仅在基础以上设置。

防震缝应同伸缩缝、沉降缝协调布置，做到一缝多用。当防震缝与沉降缝结合时，基础也应断开。防震缝缝宽应沿建筑全高设置，缝两侧应布置双墙或双柱，以保证各部分有较好刚度。一般防震缝缝宽可取 50～100 mm。

2. 防震缝构造

防震缝在墙身、楼地层及屋顶各部分的构造基本上和伸缩缝、沉降缝相同,只是防震缝较宽,盖缝处的防护措施更应处理好,构造如图 4-105 所示。

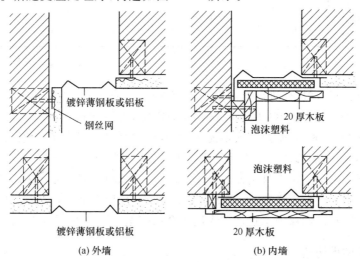

图 4-105　防震缝构造(单位:mm)

第八节　建筑抗震及防火构造

一、民用建筑抗震

1. 地震、震级和烈度

地震、震级和烈度的内容见表 4-35。

表 4-35　地震、震级和烈度

项　目	内　容
地震	地震是地球在运动和发展过程中的能量作用,能量蓄积到足以使岩层剧烈振动,并以波的形式向地表传播就产生了地震。在地球内部,断层产生剧烈相对运动的地方称为震源。震源正上方的位置称为震中
震级	震级表示地震的强烈程度,震级的大小是由一次地震释放能量的多少决定的。一次地震只有一个震级,震级每差一级,能量相差 32 倍。震级是衡量某次地震大小的指标
地震烈度	地震烈度是指某地区地面及房屋建筑遭受一次地震影响的强烈程度。对应一次地震,震级只有一个,由于各地距震中远近不同,地震烈度不同。一般来说,震中区烈度最大,离震中愈远烈度愈小。 地震烈度又分基本烈度和设防烈度。基本烈度是指该地区今后一定时期在一般场地条件下,可能遭遇的最大地震烈度。设防烈度是指设计中所采用的地震烈度,是根据建筑物的重要性,在基本烈度的基础上调整确定的

2. 震级和震中烈度的关系

震级与震中烈度的关系见表 4-36。

表 4-36　震级与震中烈度的关系

震级	1～2	3	4	5	6	7	8	8 以上
震中烈度	1～2 度	3 度	4～5 度	6～7 度	7～8 度	9～10 度	11 度	12 度

3. 抗震设计原则

房屋的抗震设防是对房屋进行抗震设计,并在构造上采取抗震措施,以达到房屋抗震的目的。现行《建筑抗震设计规范》(GB 50011—2010)规定,房屋建筑经抗震设防后,当遭受低于本地区设防烈度的地震时,不受损坏或不需修理仍可继续使用;当遭受本地区设防烈度的地震影响时,可能损坏,经一般修理或不需修理仍可继续使用;当遭受高于本地区设防烈度的预计地震时,不致倒塌或发生危及人身生命的严重破坏。即在设计中贯彻"小震不坏,中震可修,大震不倒"的设计原则。规范还规定,地震烈度在 6 度及 6 度以上地区,房屋必须进行抗震设计,对房屋进行抗震设防,以确保国家财产和人民生命的安全。

二、村镇建筑防火构造

村镇建筑目前已呈现出体量大且功能复杂的趋势,按现行《建筑设计防火规范》(GB 50016—2006)和《农村防火规范》(GB 50039—2010),建筑设计应按规范要求进行设计。村镇建筑防火构造见表 4-37。

表 4-37　村镇建筑防火构造

项　目		内　容
防火墙	原因	建筑物的面积大,室内容纳人数相应也较多,发生火灾后为保证人身安全、降低火灾损失,应按建筑物的耐火等级,限制其最大允许长度,在一定部位设置防火墙并划分防火分区
	分类	根据防火墙在建筑物中的位置和构造形式,有横向防火墙、纵向防火墙、内墙防火墙、外墙防火墙和独立防火墙等
	构造	防火墙的构造如下: (1)防火墙应由非燃烧材料构成; (2)防火墙应直接砌筑在基础上或框架结构的框架上; (3)防火墙应截断燃烧体或难以燃烧体的屋顶结构,且应高出非燃烧体屋面(如黏土瓦、石棉瓦等)不小于 400 mm;高出燃烧体或难燃烧体屋面(如木板、油毡等)不小于 500 mm; (4)防火墙内部不应设置排气道,必须设置时,其两侧墙身截面的厚度不应小于 120 mm; (5)防火墙不应开设门窗洞口,如必须开设时,应采用耐火极限不低于 2 h 的非燃烧体或难燃烧体的防火门窗

项　　目		内　　容
防火门	分级	根据需要在防火墙或疏散楼梯等开设的防火门分为甲、乙、丙三级,其耐火极限分别为 1.2 h、0.9 h 和 0.6 h。防火门宜为平开门,疏散楼梯或主要通道的防火门应采用单向弹簧门,并应向疏散方向开启。钢筋混凝土的防护密闭门或密闭门可代替防火门
	构造	(1)防火门应能关闭严密,不会窜出烟火。 (2)当防火门采用难燃烧体材料时,防火门上应设泄气孔。 (3)为保证防火门能及时关闭,应设自动关闭装置,以阻挡火势蔓延

第五章　新农村住宅设计

第一节　新农村住宅平面设计

一、新农村住宅户内组成及其设计要点

1. 新农村住宅平面设计的原则

(1)应满足用户的居住生活和生产的要求,并为今后发展变化创造条件。

(2)结合气候特点、民情风俗、用户生活习惯和生产要求,合理布置各功能空间。

(3)平面形状力求简洁、整齐。

(4)尽可能减少交通辅助面积,室内空间应"化零为整"、变无用为有用。

(5)重视节能。

2. 新农村住宅户内组成及其设计要点

对于一幢住宅,住宅户内设计是最基本的单位,分析户内组成是村镇住宅设计的基础。村镇住宅一般由起居厅、客厅(堂屋)、卧室、厨房、仓库、卫生间、畜舍、走道、楼梯及园圃等各个单体组成。如图 5-1 所示为农村住宅平面图。

(1)起居厅与客厅(堂屋)。起居厅的功能与客厅(堂屋)的功能、尺寸及平面布置见表 5-1。

表 5-1　起居厅的功能与客厅(堂屋)的功能、尺寸及平面布置

项　　目	内　　容
起居厅与客厅(堂屋)各自的功能	起居厅与客厅(堂屋)各自的功能是不同的。客厅(堂屋)对外,起居厅对内。凡邻里社交、来访宾客、婚寿庆典、供神敬祖等活动均应纳入客厅的使用功能,而起居厅仅供家人团聚休息、交谈和看电视之用。在村镇单元式住宅中,起居厅与客厅一般是合而为一的,还起着连接多个卧室、厨房的交通枢纽作用,也是从事家庭农副业等活动的地方
客厅的尺寸	由于客厅具有生活、生产、贮存等多功能性质,使用时间长、使用人数多,因而客厅一般要求宽敞、明亮,有足够的面积和家具布置空间,方便集中活动。可相对分为会客区、娱乐区、祭祀区等。 村镇客厅常见的尺寸,开间一般为 3 300～3 900 mm,进深一般为 4 200～5 400 mm。近年来,新建的农村住宅客厅的平面尺寸有扩大的趋势,这主要是由于客厅功能的变化及受城市住宅的影响,生活方式向城市化转变而带来的
客厅的平面布置	由于村镇居民有在家宴请亲朋的习惯,故客厅最好与餐厅毗连,隔而不断,厅内家具可移动,可与餐厅一起连成大空间。由于家人起居、团聚一般不与会客同时进行,所以可以不设家人团聚起居区,利用会客区即可。如图 5-2 所示为门厅、客厅、餐厅布局。 村镇住宅中的客厅经常兼作通向各室的交通枢纽,设计时要尽可能减少门的数量,增加使用面积,结合家具设备和布置,合理布置门窗的位置,如图 5-3 所示

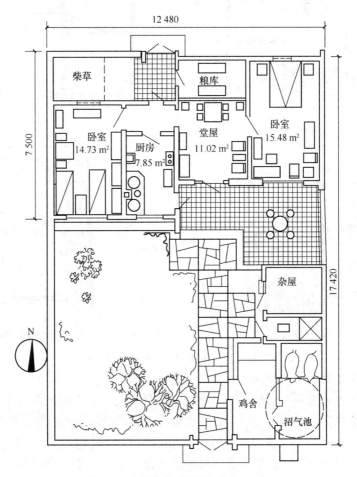

图 5-1 农村住宅平面图(单位:mm)

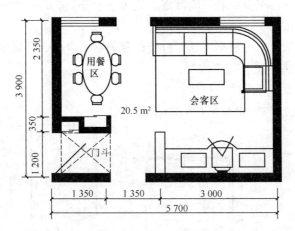

图 5-2 门厅、客厅、餐厅布局(单位:mm)

(a)堂屋兼寝室　　　　　　　　　　(b)堂屋设火坑和寝室

(c)堂屋设织布机　　　　　　　　　(d)堂屋趋向城市化布置

图 5-3　客厅(堂屋)平面布置(单位:mm)

(2)卧室。卧室的大小必须满足家具需要,并保证必要的室内活动空间,农村住宅的卧室一般可分为主、次卧室两种,主卧室供长辈或夫妻居住,设置双人床或两张单人床。开间一般为 3.3 m,3.6 m,进深一般为 4.8 m 左右。次卧室供孩子们居住或兼作客房,设置单人床。开间为 3.0~3.6 m,进深为 2.4~3.0 m。

家庭养老、多代同堂是村镇家庭的一大特点,因此,在三代、四代同堂的住户中必须设置老人卧室。老人卧室最好在一层、朝南、阳光充足的地方,还应邻近出入口使之出入方便。二代四口之家,有一子一女时,至少应有三间卧室。既要住得下,又要分得开,以求分配灵活,减少干扰。

卧室的数量和面积大小可根据家庭人口结构及分室要求来合理确定。卧室的面积在12~18 m² 较为合适,应有专用壁柜贮存衣物。

一般常见卧室平面布置示例与尺寸:

1)单人卧室示例与尺寸,如图 5-4 所示;

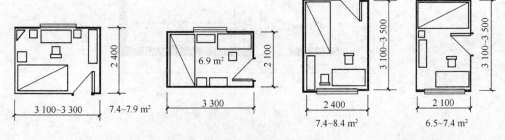

图 5-4　单人卧室布置(单位:mm)

2）双人卧室示例与尺寸，如图 5-5 所示；

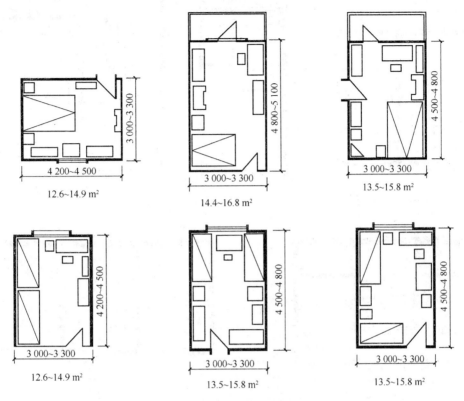

图 5-5　双人卧室布置（单位：mm）

3）三人卧室示例与尺寸，如图 5-6 所示。

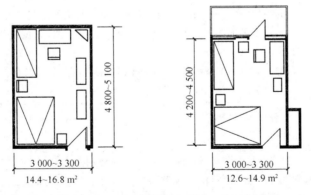

图 5-6　三人卧室布置（单位：mm）

4）设有火炕的卧室示例，如图 5-7 所示。

5）传统的"二把火"火炕卧室，如图 5-8 所示。

（3）厨房。厨房的主要功能是炊事，有的厨房还同时兼有进餐或洗涤的功能。当住宅内不设置供洗漱用的卫生间时，厨房还兼有洗漱、洗涤甚至沐浴的功能，厨房的主要内容见表 5-2。

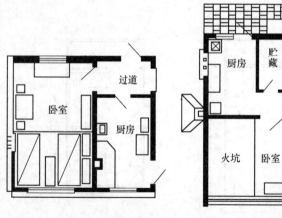

(a)设有火坑、书桌、桌椅的卧室布置　　(b)设有火坑、书桌卧室布置　　(c)设有火坑、床、沙发、梳妆台等的卧室布置

图 5-7　火炕卧室布置

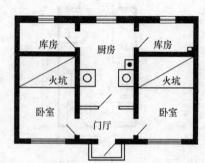
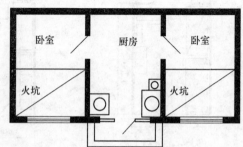

图 5-8　传统的"二把火"火炕卧室

表 5-2　厨房的主要内容

项　目		内　容
厨房的设计要求		(1)要有适当的面积,以满足设备布置和操作活动的要求,其空间尺寸要便于合理布置设备和方便操作,并能充分利用空间解决好贮藏问题。 (2)设备的布置及尺度要符合人体工程学的要求,流线简洁,有利于减少体力消耗。 (3)要有良好的室内环境,有利于迅速排除有害气体及保持清洁卫生。 (4)要有利于住宅内设备管线的合理布置
厨房的类型	独立式厨房	这种厨房是经交通空间进入的独立房间,可防止油烟气进入其他居室,如图 5-9(a)所示
	穿过式厨房	厨房有炊事和交通两种功能,可以充分利用面积,使平面布置紧凑,在传统的北方农村住宅中应用较多,如图 5-9(b)所示。但炊事和交通两种功能互相干扰往往会造成使用不便。穿过式厨房按交通面积和炊事面积分配的不同分为角穿、横穿、竖穿、斜穿、复合穿几种情况,如图 5-10 所示。其中以交通面积占得少又便于布置设备的角穿和横穿对厨房的使用影响较小
	套间式厨房	这种厨房是独立的房间,但门直接开向卧室。这种厨房直接与卧室相通,油烟及余热容易影响卧室的卫生,一般不宜采用。在北方寒冷地区使用火墙、火炕采暖的住宅中,考虑"做饭、取暖"一把火,常将厨房紧靠卧室做成套间式厨房,这种情况要处理好厨房的通风排气问题,如图 5-9(c)所示

项 目		内 容
厨房的类型	户外式厨房	经户外交通进入的独立厨房,从住宅的独门独户要求来说,这种做法是不可取的,但在使用高硫煤或木柴作燃料的地区,为解决通风要求,采用户外式厨房是有利的,如图5-9(d)所示
厨房的设备及空间尺寸		厨房的炊事操作一般包括主副食的贮藏、清洗、加工、烹饪四道工序,而炊事的全过程还有备餐及清洗餐具。为了适应这些环节,村镇住宅的厨房设备一般有:炉灶、洗池、贮柜、案桌、排油烟机、电器设备等,兼作餐室的还需要布置餐桌、坐凳等。由于各地生活习惯、气候条件及能源供应不同,其厨房布置及面积大小都有不同要求,一般为 $10 \sim 15 \ m^2$
厨房的平面布局		厨房的布置原则:①按照贮、洗、切、烧的工艺流程进行设施布置;②按现代化生活要求及不同燃料、不同习俗等具体条件配置厨房设施;③考虑各地村镇的传统、不同年龄段生活习惯的不同以及燃料互补等因素,在一户内可设多厨房、多灶台。 在洗切、烹调等主要操作空间之外,厨房宜设有附属贮藏间,包括粮食、蔬菜及燃料的贮藏等。其功能布局可视具体情况采取多种形式,如双排平面布置(图5-11)、单排平面布置(图5-12)和双灶台厨房布置(图5-13)

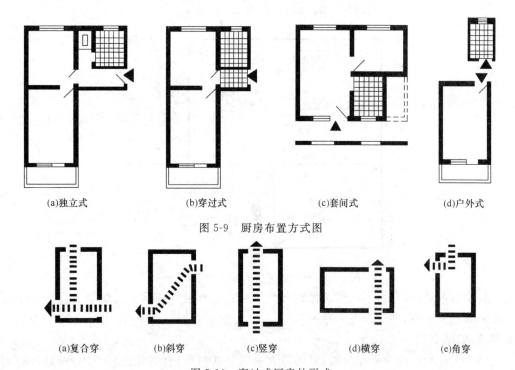

(a)独立式　　　(b)穿过式　　　(c)套间式　　　(d)户外式

图 5-9 厨房布置方式图

(a)复合穿　　(b)斜穿　　(c)竖穿　　(d)横穿　　(e)角穿

图 5-10 穿过式厨房的形式

(4)厕所与卫生间。卫生间的设计按照适用、卫生、舒适的现代文明生活准则和功能齐全、标准适当、布局合理、方便使用的原则设计。

经济发达地区,新建村镇住宅卫生间宜与城镇住宅的形式一样,即采用水厕。卫生间内设大便器(可为蹲式或坐式)、洗脸台,还可以设置淋浴或浴缸以及可放洗衣机。洗面、梳妆、洗

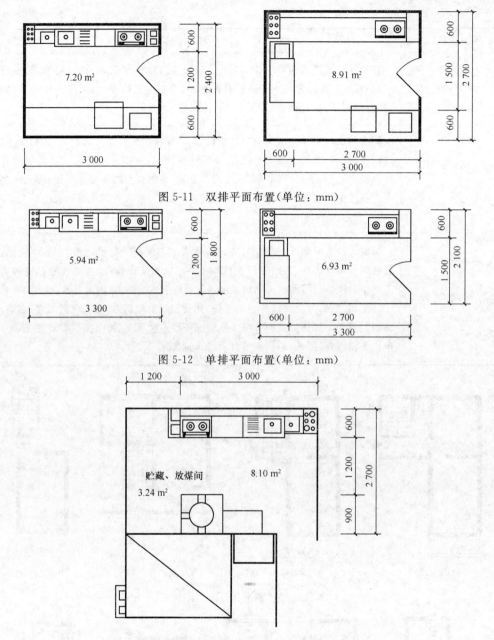

图 5-11　双排平面布置（单位：mm）

图 5-12　单排平面布置（单位：mm）

图 5-13　双灶台厨房示意图（单位：mm）

浴、便溺、洗衣等功能，根据不同情况做到可分可合。垂直独立式住宅每层至少设置一个卫生间。如果有老人卧室，则应设老人专用卫生间，并配置相应的安全保障措施。卫生间布局组合方案举例，如图 5-14 所示。

　　经济欠发达地区经常采用旱厕，有的地方采用公共厕所，有的地方每户均设厕所，有利于积肥，但应注意改进卫生条件。厕所要有屋顶，以防雨淋日晒，茅坑应不渗不漏，以防止污染水源。

　　（5）贮藏空间。贮藏物品种类多、贮藏空间数量多、贮藏面积大是村镇住宅的一大特点，这是由村镇居民的生产和生活方式决定的。村镇住宅，特别是村镇小康住宅的贮藏间设计，无论是新建还是改建，均要避免随意堆放，贮藏室与其他功能空间没有明确划分；贮藏间内没有合

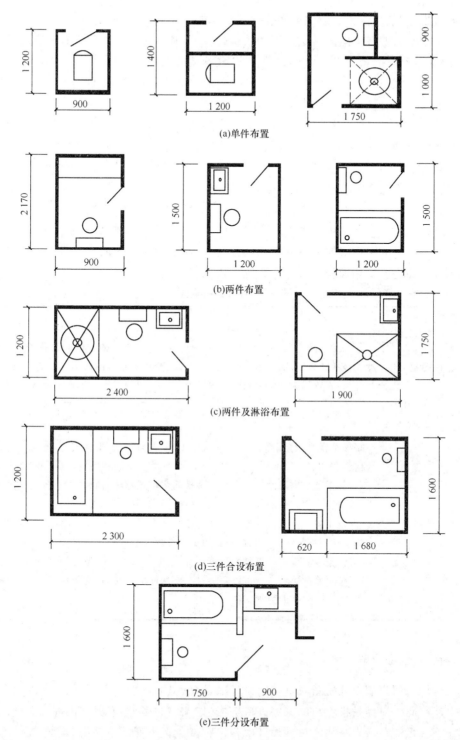

(a)单件布置

(b)两件布置

(c)两件及淋浴布置

(d)三件合设布置

(e)三件分设布置

图 5-14　卫生间布局组合方案及净尺寸(单位：mm)

理安排,建筑空间没有得到充分利用;贮藏间不够时临时就地搭建平房,从而导致脏乱差,环境
质量下降等问题。

村镇住宅贮藏间的设计应遵循以下原则:

1)相对独立,使用方便。贮藏空间要和其他功能空间加以区分,应就近分离设置;

2)分类贮藏。贮藏空间应满足类别和数量的要求,基本功能的空间要有相应的贮藏空间。可以采用建筑墙体、隔板等设置,或配置用以贮藏物品的家具;

3)隐蔽。贮藏空间位置要隐蔽,不宜外露,避免空间凌乱,影响美观;

4)不准破坏原有规划设计的布局,不得随意在室外临时搭建贮藏间。

(6)门厅。村镇住宅一般不设计门厅,进门直接就是堂屋、起居厅,没有空间的过渡。按照合理的文明的居住行为,应设置门厅或门斗,作为户内外的过渡空间,在此换鞋、更衣、脱帽以及存放雨具、大衣等,同时还起到屏障及缓冲的作用。门厅的面积以 3~5 m² 较为合适。其地面做法应以容易打扫、清洗及耐磨为原则。门厅最好单独设置,或是大空间中的相对独立的一部分。

(7)楼梯、走道。当住宅为二层及二层以上的楼房时,楼梯的布置方式与住宅平面设计密切相关。楼梯可分为室内楼梯和室外楼梯两种,在设计中楼梯及走道的空间应尽可能紧凑,以扩大整幢楼房住宅的使用面积。楼梯的布置方式见表5-3。

表 5-3　楼梯的布置方式

项　目	内　容
走道、楼梯的宽度	住宅走道净宽尺寸不小于 1 000~1 100 mm,以方便户内联系各房间和水平交通。楼梯的宽度,既考虑行人上下方便,又要考虑家具的搬运。目前常采用的净宽尺寸为:直跑梯为 1 000 mm,双跑梯为 2 000~2 300 mm,坡度通常取 35°~40°
楼梯的形式	常见平面布置形式有横式双跑、直式单跑、直式双跑、三跑式、曲尺式等
楼梯的位置	楼梯位置要明显,便于使用,布置紧凑,节省面积,上下楼安全,方便,具有较好的导向性和一定的装饰性。 (1)位于前后室之间。特点是以楼梯间为交通枢纽,前后、左右各室的关系较好,平面紧凑,上下路线顺畅,适用于大进深的住宅。 (2)位于左右室之间。楼梯设于左右室之间有横向布置双跑或直跑的形式。特点是楼梯坡度平缓、使用方便,适用于小进深住宅。 (3)位于堂屋中。特点是面积较经济,但上下楼须穿越房间,使用上有一定干扰。 (4)位于室外。特点是可以避免对底层房间的干扰,但在风雨天使用不便。适用于南方少雨地区,北方地区很少采用

二、新农村住宅户型设计

新农村住宅的户型设计是新农村住宅设计的基础,其目的是为不同农户提供适宜的居住生活和生产空间。户型是指农户的家庭人口构成(如人口的多少、家庭结构等)、家庭的生活和生产模式等。目前在新农村住宅户型设计中普遍存在的问题是:功能不全且与农户的特定要求不相适应,面积大而不当,使用不得法以及生搬硬套城市住宅或外地住宅模式等。因此,必须认真分析深入研究影响农村住宅户型设计的因素,才能做好新农村住宅设计。

1. 家庭人口构成

家庭的人口构成通常包括家庭的人口规模、代际数、家庭人口结构三个方面的内容见表5-4。

表 5-4　家庭的人口构成

项　　目	内　　容
人口规模	人口规模是指农户家庭成员的数量,如一人户、二人户、三人户等,农户的人口数量决定着住宅户型的建筑面积的确定和布局。从我国人口调查的情况看,农村户均人口为 4~6 人。随着家庭的小型化,家庭人口呈逐渐减少的趋势
代际数	代际数是指农户家庭常住人口的代际数量,如一代户、二代户、三代户等,代际关系不同,反映在年龄、生活经历、所受教育程度上,对居住空间的需求和理解上的差异。设计中应充分考虑到确保各自空间既相对独立,又相互联系、相互照顾。随着社会的发展进步,两代户代际型农村住宅设计中应引起足够的重视
家庭人口结构	家庭人口结构是指家庭人口的构成情况,如性别、辈分等,它影响着户型内平面与空间的组合方式,在设计中进行适当的平面和空间的组合

2. 家庭的生活模式和生产方式

家庭生活模式和生产方式直接影响着新农村住宅的平面组合设计。对于新农村住宅来说,家庭生活模式是由家庭的生活方式包括职业特征、文化修养、收入水平、生活习惯等所决定的。而生产方式即涉及产业特征、生产方式和生产关系。

新农村农民不同的生产、生活行为模式,决定着不同的住宅类型及其功能构成。

(1)新农村农民的生产、生活行为模式。新农村住宅的设计与新农村农民的生产、生活行为模式密切相关,根据生产、生活行为模式的特点,大致可分为三种类型见表 5-5。

表 5-5　新农村农民的生产、生活行为模式

项　　目	内　　容
自生产及生活活动	自生产及生活活动是指为繁衍后代、延承历史文明所进行的活动,其包括自生产活动、生活活动和影响该活动的主要因素。在这些活动中,主要是实现自身劳动力的再生产过程,恢复精力及体力,用于其他生产活动
农业生产活动	当前,农业生产活动对于我国的大部分农村来说,依然是村域农民生产、生活的重要内容。随着农村经济体制改革的深化和发展,自 20 世纪 80 年代以来,在传统农业中的播、耕、牧、管等生产活动逐步为农业机械化所代替,使农村的生产活动逐渐向"副业化"、"兼业化"演变,出现各种"专业户"。农村大多也变为"亦工亦农"
其他活动	其他活动包括除从事农、副业等以外的工业、手工业、商业、服务业等活动,诸如各种手工业、运输业、采掘业、加工业、建筑业等等。随着社会经济的发展,其越来越成为农村经济的主要增长点

(2)生活、生产方式的多样化导致了户型的多样化。户规模、户结构、户类型是决定住宅户型的三要素。

户规模的大小和户结构的繁简是决定住宅功能空间数量和尺度的主要依据。由于道德观念、传统习俗和经济条件等多方面原因,家庭养老仍然是我国农户的一种主要养老形式。因此,农户的家庭结构主要有二代户、三代户和四代户,人口规模大多为 4~6 人。在住宅户型设

计中要考虑到家庭人口构成状况随着社会的形态、家庭关系和人口结构等因素变化而变化。

农户的家庭生活、生产行为模式是影响住宅户型平面空间组织和实际的另一主要因素。而家庭生产、生活行为模式则由家庭生活、生产方式所决定。家庭主要成员的生活、生产方式除了社会文化模式所赋予的共性外，具有明显的个性特征。它涉及家庭主要成员的职业经历、受教育程度、文化修养、社会交往范围、收入水平以及年龄、性格、生活习惯、兴趣爱好等诸方面因素，形成了多元化、千差万别的家庭生活、生产行为模式。在户型设计中，除考虑每个农户必备的基本生活空间外，各种不同的户类型（不同职业），还要求不同的特定附加功能空间。根据分析，其规律可见表 5-6。

表 5-6　户类型及其特定功能空间

户类型	主要特征	特定功能空间	对户型设计的要求
农业户	种植粮食、蔬菜、果木，饲养家禽、家畜等	小农具储藏、粮仓、微型禽舍、猪圈等	少量家禽饲养要严加管理，确保环境卫生
专（商）业户	竹藤类编制、刺绣、服装、百货等	小型作坊、工作室、商店、业务会客室、小库房等	工作区域与生活区域应互相联系，又能相对独立，减少干扰
综合户	以从事专（商）业为主，兼种自家的口粮田或自留地	兼有一、二类功能空间，但规模稍小、数量较少	经济发达地区，此类户型所占比重较大
职工户	在机关、学校或企事业单位上班，以工资收入为主	以基本家居功能空间为主，较高经济收入户可增设客厅、书房、阳光室、客卧、家务室、健身房、娱乐活动室等	重视专用空间的使用与设计

（3）户型的多样化和住宅类型。按照不同的户型、不同户结构和不同户规模及新农村住宅的不同层次，对应设置具有不同的类型、不同数量、不同标准的基本功能空间和辅助功能空间的户型系列。

同时，为了达到既满足住户使用要求，又节约用地的目的，还应恰当地选择住宅类型，以便更好的处理建筑物的上下左右关系，随即妥善处理住宅的水平或垂直分户，并联、联排和层数等问题见表 5-7。

表 5-7　不同户类型、不同套类型系列的住栋类型选择

住栋类型选择建议 户类型	垂直分户	水平分户
农业户、综合户	中心村庄居住密度小、建筑层数低，用地规定许可时，可采用垂直分户	在确保楼层户在地面层有存放农具和粮食专用空间的前提下，可采用水平分户（上楼），但层数最多不宜超过 4 层，必要时，楼层户可采用内楼梯跃层式以增加居住面积

续上表

选择建议　住栋类型　户类型	垂直分户	水平分户
专（商）业户	此种类型的附加生产功能空间较大,几乎占据整个底层,生活空间安排在二层以上,故宜垂直分户	为保证附加生产功能空间使用上的方便并控制建筑物基底面积,不可能采用水平分户
职工户	基本上与城市多层单元式住宅相同,不宜采用垂直分户	为节约用地,职工户住宅一般均建楼房,少则3、4层,多达5、6层,宜采用水平分户

三、新农村住宅功能空间的组合设计

户型内空间组合就是把户内不同功能空间,通过综合考虑有机的连接在一起,以而满足不同的功能要求。户型内空间的大小、多少以及组合方式与家庭的人口构成、生活生产习惯、经济条件、气候条件紧密相关,户内的空间组合应考虑多方面的因素。

1. 功能分析

户内的基本功能需求包括:会客、娱乐、就餐、炊事、睡眠、学习、盥洗、便溺、储藏和工作等,不同的功能空间应有特定的位置和相应的大小,设计时必须把各空间有机的联系在一起,以满足农村家庭生活生产的基本需要。

2. 功能分区

功能分区就是将户内各空间按照使用对象、使用性质、使用时间等进行划分,然后按照一定的组合方式进行组合。把使用性质、使用要求相近的空间组合在一起,如厨房和卫生间都是用水房间,将其组合在一起可节约管道,利于防水设计等。在设计中应主要注意的要点见表5-8。

表 5-8　功能分区应主要注意的要点

项　　目	内　　容
内外分区	按照住宅使用的私密性要求将各空间划分为"内"、"外"两个层次。对于私密性要求较高的,如卧室应考虑在空间序列的底端;而对于私密性要求不高的,如厅堂、起居厅等安排在出入口附近
动静分区	从使用性质上看,厅堂、起居厅、餐厅、厨房是住宅中的动区,使用时间主要为白天,而卧室是静区,使用时间主要是晚上。设计时就应将动区和静区相对集中,统一安排
洁污（干湿）分区	就是将用水房间(如厨房、卫生间)和其他房间分开来考虑。厨房、卫生间会产生油烟、垃圾和有害气体,相对来说较脏,设计中常把它们组合在一起,有利于管网集中、节省造价

3. 合理分室

合理分室包括两个方面,一个是生理分室,一个是功能分室。合理分室的目的就是保证不同使用对象有适当的使用空间。生理分室就是将不同性别、年龄、辈分的家庭成员安排在不同的房间。功能分室则是按照不同的使用功能要求,将起居、用餐与睡眠分离,工作、学习分离,以满足不同功能空间的要求。

4. 功能空间组合的布局要求

功能空间布局问题是住宅设计的关键。目前,农村住宅功能布局中存在的问题有:生产活动功能混杂,家居功能未按生活规律分区,功能空间的专用性不确定以及功能空间布局不当等。因此,我们必须更新观念,以科学的农村家居功能模式为标准,优化住宅设计。

按照新农村住户一般家居功能规律及不同户空间类型的特定功能需求,可以推出一个新农村住宅家居功能空间的综合解析图式,如图 5-15 所示。

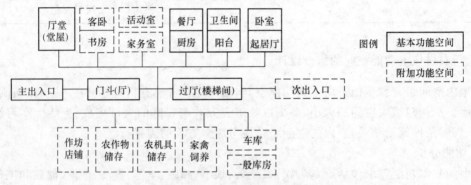

图 5-15　新农村住宅家居功能综合解析图式

这个图式表达了新农村住宅家居功能空间的有关内容、活动规律及其相互关系。其特点是:

(1)强调了厅堂、起居厅作为家庭对外和对内的活动中心的作用;

(2)强调了随着生活质量的提高,各功能空间专用水平有着逐渐增强的趋势,如将对内的起居厅与对外的厅堂分设;

(3)由于农民收入和生活水平的提高,家居功能中增设了书房(工作室)、健身活动室和车库等功能空间;

(4)由于农村产业结构的变化,必须为不同的住户配置相应的功能空间,如为专业户和商业户开辟加工间、店铺及其仓库等专用空间,为农业户配置农具及其杂物储藏室、粮食蔬菜储藏室以及微型封闭式禽舍等。

5. 功能空间的组合特点

根据新农村住宅各功能空间相互关系的特点,新农村住宅功能空间的布局应遵照如下原则。

(1)新农村住宅必须有齐全的功能空间。

(2)各功能空间要有适度的建筑面积和舒适合理的尺度。

根据我国目前一般农民的家庭构成和生活方式,并对今后一定时期进行预测,同时还参考了一些经济发达的国家和地区的资料,提出了新农村住宅基本功能空间建议性建筑面积的参考见表 5-9。

(3)新农村应有足够的附加功能空间。

(4)平面设计的多功能性和空间的灵活性。

(5)精心安排各功能空间的位置关系和交通动线。

表 5-9　新农村住宅各功能空间合宜尺度及建筑面积参考表

功能空间名称		厅堂	起居厅	餐厅	厨房	卧室			卫生间	储藏车库	活动厅	楼梯间
						主卧室	老年人卧室	一般卧室				
合宜尺度	宽(m)	≥3.9	≥3.9	≥2.7	≥1.8	≥3.3	≥3.3	≥2.7	≥1.8	≥2.7	≥3.9	≥2.1
	长(m)	—	—	—	—	—	—	—	—	≥5.1	—	—
建筑面积(m²)		20~30	20~25	12	8	20	14	9~12	5~7	16~24	20	10

1)按照功能空间的不同用途分为生活区、睡眠区和工作区三个区(表 5-10)。

表 5-10　按照功能空间的不同用途分类

项　　目	内　　容
生活区	工作后休闲及家人聚会的场所,包括厅堂、起居厅、活动厅及书房等
睡眠区	以往这里是纯供睡觉的地方,现在也是读书、做手艺及亲子交谈的场所
工作区	居民日间主要活动场所,如厨房、洗衣及家庭副业

2)按照功能空间的性质分为公共性空间、私密性空间和生理性空间(表 5-11)。

表 5-11　按照功能空间的性质分类

项　　目	内　　容
公共性空间	家庭成员进行交谊、聚集以及举办婚丧喜庆的场所,也是招待亲朋的地方,它是家庭中对外的空间,主要包括厅堂、餐厅以及起居厅、活动厅
私密性空间	它指的主要是卧室区。这一空间随着休闲时间的增加和教育的普及,越来越重要。它是为居住者提供学习、从事休闲活动以及做手工家务的地方
生理性空间	主要是指为居住者提供生理卫生便溺的空间,尤其是主卧室的卫生间等

3)按照功能空间的特点可分为开放空间、封闭空间和连接空间(表 5-12)。

表 5-12　按照功能空间的特点分类

项　　目	内　　容
开放空间	一般是指厅堂、起居厅和活动厅等供家庭成员谈话、游戏与举办婚丧喜庆、招待客人的场所。从这里可以通往室外,它是家庭中与户外环境关系最密切的地方
封闭空间	封闭空间能使居住者身在其中而产生宁静与安全的感觉。在这里无论休息或工作均可不受人干扰或影响别人,是完全属于使用人自己的天地,这些空间有卧室、客房、书房及卫生间等
连接空间	它是室内通往室外的联结部分,这一空间具有调节室内小气候的功能,同时也可调节人们在进出住宅时,生理上及心理上的需求。门廊(或雨棚下)及门厅都属于这一空间范围

通过以上的分析,区与区之间、各功能空间之间应根据其在家居生活中的作用及其互相间的关系进行合理组织,并尽可能使关系密切的功能空间之间有着最为直接的联系,以避免出现无用空间。在新农村低层楼房住宅中,把工作区和生活区连接布置在底层,提高了使用上的便捷性,而把睡眠区布置在二层以上,这样把家庭共同空间与私密性空间分为上、下两部分,可以做到动静分离和公私分离。

第二节 新农村住宅剖面设计

一、新农村住宅各部分高度的确定

1. 住宅层高

住宅的层高是指室内地面至楼面,或楼面至楼面,或楼面至檐口(屋架的下弦,平顶屋顶至檐口处)的高度。影响层高的因素很多,大致可分归纳为以下几点。

(1)层高与房间大小的关系。在房间面积不大的情况下,层高太高会显得空旷而缺乏亲切感;层高过低又会给人产生压抑感,同时,在冬季当人们紧闭窗门睡觉时,低矮的房间容积小,空气中二氧化碳浓度也相对提高,对人体健康不利。

(2)楼房的层高太高,楼梯的步数增多,占用面积太大,平面设计时梯段很难安排。

(3)层高加大会增加材料消耗,从而提高建筑造价。如何确定适当的层高,用什么标准来衡量,这里关系到人体尺度、室内空气的卫生标准、门窗尺寸等综合因素,当然也包括着经济与美学方面的因素。总之,要求具有舒适感和亲切感。

从经济角度看,层高过高,会使楼梯踏步增多,从而占地面积大,影响平面的安排,也使房屋用料增加,造价相应提高。当然,层高也不宜过低,过低给人压抑感。从卫生角度要求看,层高应能满足人们在冬季闭门睡眠时所需的空气容积,容积过小会增高空气中二氧化碳的浓度,不利于健康。一些设计资料表明,住宅层高不宜低于 2.7 m。但在采用坡屋顶的顶层部分,有一个坡顶结构空间,如不吊平顶,则层高可适当降低至 2.6 m。

2. 住宅室内外高差

为了保持室内干燥和防止室外地面水侵入,新农村住宅的室内外高差一般为 20~45 cm,即室内地面比室外高出 1~3 个踏步。也可根据地形条件,在设计中酌情确定。但应该注意室内外高差太大,将造成填土方量加大,增加工程量,提高建筑造价。如果底层地面采用木地板,除了考虑结构的高度以外尚应留出一定高度,便于作为通风防潮空间,并开设通风窗,为此室内外高差不应低于 45 cm。在低洼地区,为了防止雨水倒灌,室内地面更不宜做得太低。

3. 住宅窗户的高低位置

新农村住宅在剖面的设计中,窗户开设的位置与室内采光通风和向外眺望等功能要求相关。根据采光的要求,居室的窗户的大小可按下面的经验公式估算:

$$窗户透光面积/房间面积=1/8~1/10$$

当窗户在平面设计中位置确定后,可按其面积得出窗户的高度和宽度,并确定在剖面中的高低位置。居室窗台的高度,一般高于室内地面为 850~1 000 mm,窗台太高,会造成近窗处的照度不足,不便于布置书桌,同时会阻挡向外的视线。有些私密性要求较高的房间(如卫生间),即为了避免室外行人窥视和其他干扰,常常把窗台提高到室外视线以上。

在确定窗户的剖面时,还必须考虑到其平面设计的位置,以及与建筑立面造型设计三者间的关系,进行统一考虑。

二、新农村住宅层数和剖面形式

1. 住宅层数

住宅层数与城镇规划、当地经济发展状况、施工技术条件和用地紧张程度等密切相关。住宅《民用建筑设计通则》规定,住宅层数划分为低层(1~3层)、多层(4~6层)、中高层(7~9层)和高层(10~30层)。在住宅设计和建造中,适当增加住宅层数,可提高建筑容积率,减少建筑用地,丰富新农村形象。但随层数增加,由于住宅垂直交通设施、结构类型、建筑材料、抗震、防火疏散等方面出现了更高的要求,会带来一系列的社会、经济、环境等问题。如七层以上住宅需设置电梯,导致建筑造价和日常运行维护费用增加,层数太多还会给居住者带来心理方面的影响。根据我国新农村建设和经济的发展状况,新农村的住宅应以二、三层的低层住宅为主,在有条件的新农村可提倡建设多层住宅。

在建筑面积一定的情况下,住宅层数越多,单位面积上房屋基地所占面积就越少,即建筑密度越大,因而用地越经济。就住宅本身而言,低层住宅一般比多层住宅造价低,而高层的造价更高,但低层住宅占地大,如一层住宅与五层相比大3倍;对于多层住宅,提高层数能降低造价。从用地的角度看,住宅在3~5层时,每增加一层,每公顷用地上即可增加的建筑面积为1 000 m²,但6层以上时,则效果不明显。一般认为,长条形平面6层住宅无论从建筑造价还是节约用地来看都是比较经济的,因而在我国的新农村中应用很多。

2. 剖面形式

剖面可有两个方向,即横向和纵向。对于住宅楼横剖面来说,考虑到节约用地或限于地段长度,常将房屋剖面设计成台阶状(即在住宅的北侧退台)以减少房屋间距,这样剖面就形成了南高北低的体型,退后的平台还可作为顶层住户的露台,使用方便,对新农村低层住宅来说,在保证前后两排住宅的间距要求时,北面的退台收效不大,应该采用南面退台做法以为住户创造南向的露台,更有利于晾晒谷物衣被和消夏纳凉。

新农村的低层住宅楼层的退台布置可使立面造型和屋顶形式更富变化,使得住宅与农村优美的自然环境更好的融为一体。对于坡地上的住宅,可以利用地形设计成南北高度不同的剖面。对于纵剖面来说,可以结合地形设计成左右不等高的立面形式,也可以设计成错层或层数不等的形式。另外还可结合建筑面积、层数等建设跃层或复合式住宅。

三、新农村住宅空间的利用

在我国当前的经济条件下,对于新农村住宅,空间利用就显得尤为重要,这就要求在设计中应尽量创造条件争取较大的贮藏空间,以解决日常生活用品、季节性物品和各种农产品的存放问题。这对改善住宅的卫生状况,创造良好的家居环境具有重要意义。

1. 壁柜(橱)、吊柜、壁龛、阁楼等的空间利用

在新农村住宅的剖面设计中常见的储藏空间除专用房间外,主要有壁柜(橱)、吊柜、壁龛、阁楼等。壁柜是利用墙体做成的落地柜,它的容积大,可用来储藏较大物品,一般是利用平面上的死角、凹面或一侧墙面来设置。壁柜净深不应小于0.5 m。靠外墙、卫生间、厨房设置时应考虑防潮、防结露等问题。

吊柜是悬挂在空间上部的储藏柜,一般设在走道等小空间的顶部,由于存取不太方便,常用来存放季节性物品。吊柜的设置不应破坏室内空间的完整性,吊柜内净空高度不应小于

0.4 m,同时应保证其下部净空。

2. 坡屋顶的空间利用

对于坡屋顶的住宅,可将坡屋顶下的空间处理成阁楼的形式,作为居住和贮藏之用。当作为卧室使用时,在高度上应保证阁楼的一半面积的净高在 2.1 m 以上,最低处的净高不易小于 1.5 m,并应尽可能使阁楼有直接的通风和采光。联系用的楼梯可以陡一些,以减少交通面积,楼梯的坡度可大于 60°。对于面积较小的阁楼,还可采用爬梯的形式。

3. 楼梯上下空间的利用

在室内楼梯中,楼梯的下部和下部空间是利用的重点。在楼梯下部通常设置贮藏室或小面积的功能空间,如卫生间。上部的空间则作为小面积的阁楼或贮藏室等。

第三节　新农村住宅立面设计

一、新农村住宅立面设计

1. 立面设计

农村住宅设计,传统的民居多是独立式、双联式,少有联排式房屋,并以平房为主,具有浓厚的地方与民族特色。新建的农民住宅,除平房外,又日益多建低层楼房住宅,其体量小巧,有的外形不失地方传统特色。而集镇住宅多数为多层楼房,体量较大,外观造型与城市住宅相仿。在进行村镇住宅设计时,应注意这样几点:

(1)注意汲取当地传统居民的经验。传统民居是当地群众在长期实践中适应所在环境创造出来的。它的形象体现了乡土的环境特征、技术和物质材料、人们的审美情趣和一定的生活习俗。当然,我们要立足于当代的功能要求和物质手段。

(2)符合村镇住宅的"身份"。村镇的住宅建筑是大量建造的生活用房,不属于艺术性要求高的公共建筑物,其立面设计,没有必要采用高档建筑材料,也不需要虚假的装饰构件。它可借助一、二层组合的形体,利用墙体和阳台产生的立面凹凸和光影造成的虚实明暗对比,利用颜色、质感和线脚丰富立面,利用亲切怡人的窗户分割等,来取得既朴素又大方的外观效果。住宅立面的颜色宜采用淡雅、明快的色调,并应考虑地区气候特点、风俗习惯等做出不同的处理。如南方炎热地区宜采用浅色调以减少太阳辐射热;北方地区宜采用较淡雅的暖色调,创造温馨的住宅环境。住宅立面上的各部件可以有不同的色彩和质感,但要相互协调,统一考虑。

(3)要切实地体现住宅可识别性和私密性。以往村镇住宅的大量建造和技术信息的闭塞,往往重复使用设计图纸,为避免家家户户建筑外观的雷同,则需要在群体统一中寻求个体有所变化。一般做法是:如果住宅的平、立面基本不变,可以院墙人口大门的装修、花窗的砖瓦组合、阳台栏板的色彩和组合等局部处理的不同取得变化。所谓私密性体现在外观上,主要是对外出入口要少,其次卧室的窗户不宜开得过大。

2. 立面细部装饰

立面细部装饰是住宅立面设计中的一个重要环节,处理得当对住宅起到画龙点睛的作用。各地传统民居在立面的细部装饰方面积累了丰富的经验,如山花、墀头、脊饰、窗罩、门套、漏窗、栏杆、花格等,新建住宅仍广泛采用这些装饰方式。立面细部装饰应结合住宅功能,力求大方得体,避免生搬硬套和出现繁琐、臃肿现象。

(1)山花。坡屋面住宅山墙上部,可结合顶棚通风要求,做成各种镂空的图案。

（2）墀头。有些地方叫墙嘴。在瓦屋顶中，墀头作为承托檐檩（椽）的结构部位，常加以雕饰美化，在立面装饰中颇引人注目。

（3）脊饰。瓦屋顶住宅常对屋脊进行处理使住宅外观挺拔秀丽、丰富多姿。

（4）什锦门。一般为住宅庭院的院墙门，也可作住宅门洞。处理得当可使住宅优雅别致，别有一番风味。

（5）漏窗。又称花窗、什锦窗等，是我国园林和传统民居的建筑艺术形式之一，玲珑剔透，款式繁多。漏窗可以用砖、瓦、混凝土、金属、竹、木、陶瓷等材料制作，用于住宅的院墙、楼梯间、厨房、杂屋墙面部位，在立面上可起到很好的装饰点缀作用。同时，漏窗还能使主体建筑同庭院、院墙和院门等得以有机联系，建筑空间内外渗透，彼此呼应，形成统一的住宅群体。

二、影响新农村住宅立面造型的因素

影响新农村住宅立面造型的因素包括以下内容。

（1）合理的内部空间设计。造型设计的形成取决于内部空间功能的布局与设计，是最终反应在外形上的一种给人感受的结果。住宅内部有着同样的功能空间，但由于布局的变化以及门窗位置和大小的不同，因而在建筑外形上所反应的体量、高度及立面也不相同。所以造型设计不应先有外形设计，而应先设计住宅内部空间，然后再进行外部的造型设计。

（2）住宅组群及住区的整体景观。新农村住宅的设计应充分考虑住宅组群乃至住区的整体效果，而且仍然应以保持传统民居原有尺度的比例关系、屋顶形式和建筑体量为依据。

（3）与自然环境的和谐关系。在农村中可感受到的自然现象，如山、水、石、栽植、泥土及天空等，都比城市来得鲜明。对可见可闻的季节变化、自然界的循环，也更有直接的感受。因此为了使得新农村住宅能够融汇到自然与人造环境之中，新农村住宅所用的材料也应适应当地的环境景观、栽植及生活习惯。为了展现新农村独特的景象及自然的色彩，新农村住宅的立面造型应避免过度的装饰及过分的雕绘，以达到清新、自然、和谐的视觉景观。

（4）立面造型组成元素及细部装饰的设计。立面造型的组成元素很多，住宅的个性表现也就在这些地方，许多平面相同的住宅，由于多种不同的开窗方法，不同的大门设计，甚至小到不同的窗扇划分，均会影响到住宅的立面造型。所以要使住宅的立面造型具有独特的风格就必须在这方面多下工夫。

三、新农村住宅立面造型的组成元素

建筑造型给人的印象虽然具有很多的主观因素，但这些印象大多数受许多组成元素所影响，这些外观造型基本上是可以分析，并加以设计的。

（1）建筑体形。包括建筑功能、外形、比例等以及屋顶的形式。

（2）建筑立面。建筑立面的高度与宽度、比例关系、建筑外型特征的水平及垂直划分、轴线、开口部位、凸出物、细部设计、材料、色彩及材料质感等。

（3）屋顶。屋顶的形式及坡度，屋顶的开口如天窗、阁楼等，屋面材料、色彩及细部设计。

四、新农村住宅立面设计的风格取向

建筑风格的形成，是一个渐进演变的产物，而且不断在发展。

在同一时期的各国、各民族之间，在建筑形式与风格上也常有相互吸收与渗透的现象。所以，在概括各种形式、风格特征等方面也只能是相对的。人们对建筑形式和风格的取向，也是

经常在变化的，前些年人们对"中而新"的建筑形式颇感兴趣，但是盖多了，大家不愿雷同，因此，近年来欧美之风又开始盛行。

现代人们大多数对建筑形式的要求还是趋向于多元化、多样化和个性化，并喜欢不同风格之间的借鉴与渗透。因此，在新农村住宅的立面造型设计中，应该努力吸取当地传统民居的精华，加以提炼、改进，并与现代的技术条件和形态构成相结合，充分利用和发挥屋顶形式、底层、顶层、尽端转角、楼梯间、阳台露台、外廊和出入口以及门窗洞口等特殊部位的特点，吸取小别墅的立面设计手法，对建筑造型的组成元素，进行精心的设计，在经济、实用的原则下，丰富新农村住宅的立面造型，使其更富生活气息，并具地方特色。

五、新农村住宅立面造型的设计手法

在住宅设计中，立面设计的主要任务是通过对墙面进行划分，利用墙面的不同材料、色彩，结合门窗口和阳台的位置等布置，进行统一安排、调整，使外形简洁、明朗、朴素、大方，以取得较好的立面效果，并充分体现出住宅建筑的性格特征。

1. 利用阳台的凸凹变化及其阴影与墙面产生明暗对比

住宅阳台是建筑立面设计中最活跃的因素，因此，它的立面形式和排列组合方式对立面设计影响很大。阳台可以是实心栏板、空心栏杆，甚至是落地玻璃窗。从平面看可以是矩形，也可以是弧形等。阳台在立面上可以是单独设置，也可以将两个阳台组合在一起布置，还可以大小阳台交错布置或上下阳台交错布置，形成有规律的变化，产生较强的韵律感，丰富建筑立面。

2. 利用颜色、质感和线脚丰富立面

在新农村住宅外装饰中，利用不同颜色、不同质感的装饰材料，形成宽窄不一、面积大小不等的面积对比，亦可起到丰富立面的作用。

(1)墙面材料的选择。我国优秀的传统民居墙面材料多立足于就地取材，因材致用，大量应用竹木石等地方材料，这不仅经济方便，而且在建筑艺术上具有独特的地方特色和浓郁的乡土气息。新农村住宅仍应吸取传统民居的优秀处理手法，使其与传统民居、自然环境融为一体。一般可充分暴露墙体材料所独特的质地和色彩以取得很好的效果。在必须另加饰面时，应尽可能选用耐久性好的简单饰面做法。或者也可采用涂料饰面，应特别注意避免采用贴面砖、马赛克等与农村自然环境不相协调的装饰做法。

(2)墙面的线条划分。外墙面上的线条处理，是建筑立面设计的常用手法之一。它不仅可以避免过于大面积的粉刷抹灰出现开裂，同时还可以取得较好的立面效果。一般的做法是将窗台、窗楣、墙裙、阳台等线脚加以延伸凹凸，且加水平或垂直划分线等各种线条，也有按层设置水平分层线。

(3)墙面色彩的运用。传统的民居在立面色彩上都比较讲究朴素大方，突出墙体材料的原有颜色。南方常用的是粉墙黛瓦或白墙红瓦，北方常用灰墙青瓦。这种处理手法朴实素雅、色泽稳定、质感强、施工简单、经济耐用。这在新农村住宅设计中应加以弘扬。为了使新农村住宅的立面设计更为生动活泼，也可采用其他颜色的涂料进行涂刷，但要注意与环境的协调，而且颜色不宜过多，以避免混杂。一般可以用浅米黄色、奶油色、银灰色、浅橘色等比较浅颜色作为墙体的基本色调，再调以白色的线条和线脚，使其取得对比协调的效果，且可以获得活泼明快的立面效果。也可以采用同一色相而对比度较大的色彩作为墙面的颜色，也可以取得较好的装饰效果。

总之，建筑立面色彩运用是否得当，将直接影响到立面造型的艺术效果，应力求和谐统一，在同一的前提下,适当注意材料质感和色彩上的对比变化,切忌在一栋建筑物的立面上出现过于繁杂多样、杂乱无章的现象。

3. 局部的装饰构件

在住宅立面设计中为了使立面上有较多的层次变化,经常利用一些建筑构件、装饰构件等,以取得良好的装饰效果。如立面上的阳台栏杆、构架、空调隔板以及女儿墙、通风道等的凹凸变化丰富立面效果。

另外,在住宅立面设计中,还可以结合楼梯间、阁楼、檐角、腰线、勒脚以及出入口等创造出新颖的立面形式。住宅立面的颜色宜采用淡雅、明快的色调,并应考虑到地区气候特点、风俗习惯等做出不同的处理。总的来说,南方炎热地区宜采用浅色调以减少太阳辐射热。北方地区宜采用较淡雅的暖色调,创造温馨的家居环境。住宅立面上的各部位和建筑构件还可以有不同的色彩和质感,但应相互协调,统一考虑。

第四节　新农村住宅门窗设计

一、门窗的设计要求

在传统的民居中,十分重视大门的位置,风水学中称大门为"气口",因此大门一般布置在厅堂(或称堂屋)的南墙正中央。新农村住宅的设计也应该吸取这一优秀的传统处理手法,以利于组织自然通风。

门是联系和分隔房间的重要构件,其宽度应满足人的通行和家具搬运的需要。在住宅中,卧室、厅堂、起居厅内的家具体积较大,门也应比较宽大;而卫生间、厨房、阳台内的家具尺寸较小,门的宽度也就可以较窄。一般是入户门最大,厨、卫门最小。住宅各部位门洞口的最小尺寸见表5-13。

表 5-13　住宅各部位门洞口的最小尺寸

类别	门洞口宽度(m)	门洞口高度(m)	类别	门洞口宽度(m)	门洞口高度(m)
共用外门	1.20	2.00	厨房门	0.90	2.00
户门	0.90	2.00	卫生间门	0.70	1.80
起居室门	0.90	2.00	阳台门(单扇)	0.70	2.00
卧室门	0.90	2.00			

对于低层新农村住宅,在厅堂的上层一般都是起居厅,并在其南面设阳台,这阳台正好作为一层厅堂(堂屋)的门顶雨棚。不少新农村住宅为了便于家具陈设和家庭副业活动,常将其偏于一侧布置,这时可采用门边带窗的方法,以确保上下层立面窗户的对位,也可采用在不同的立面层次上布置不同宽度的门窗,以避免立面杂乱。

窗的作用是通风采光和远眺,窗的大小主要取决于房间的使用性质。一般是卧室、厅堂、起居厅采光要求较高,窗面积应大些;而门厅等房间采光要求则较低,窗面积就可小些。窗地比是衡量室内采光效果好坏的标准之一,它是指窗洞口面积与房间地面面积之比,一般为$1/8\sim1/7$,且大小应满足表5-13的规定。在满足采光要求的前提下,寒冷地区为减少房间的热损失,窗洞口往往较小;而炎热地区为了取得较好的通风效果,窗洞口面积可适当加大。另外,窗作为外围护构件时,还要考虑窗的保温、隔热要求。当外窗窗台距楼面的高度低于0.9 m且窗外没有阳台时,应有防护措施。与楼梯间、公共走廊、屋面相邻的外窗,底层外窗,阳台门以及分户门必须采取防盗措施。

二、通风的设计要求

在全球变暖的气候条件下,人们都渴求凉爽。现在人们大多通过空调和电风扇等来获得舒爽。不少专家学者都指出,长期在空调环境下生活和工作,极容易出现空调病。其实,如果能组织住宅的自然通风,不但可获得清新凉爽的空气,也还能节约能源。

拥挤使人烦躁,空旷使人凉爽。在新农村住宅设计中,各功能空间应在为室内布置安排家具的同时,留出较为宽绰的活动空间,给人以充满生机的恬淡情趣,也自然会使人们感到轻松愉快、心情舒畅。

以南向的厅堂为主,把其他家庭共同空间沿进深方向布置,一个一个开放地串在一起,便可以组织起穿堂风,给人带来凉爽。在南方,还可以吸取传统民居的布置手法,在大进深的住宅中利用天井来组织和加强自然通风。

热辐射是居室闷热的直接原因。应在向阳的门窗上设置各种遮阳措施,避免阳光直射和热空气直接吹进室内。屋顶和西山墙应做好隔热措施。把热辐射有效地挡在室外,室内自然也会清爽许多。

第五节　新农村坡地住宅设计

一、住宅与等高线平行布置

在新农村用地中,由于地形的变化,住宅的布置应当与地形相结合。地形的变化对住宅的布置影响很大,应在保证日照、通风要求的同时,努力做到因地制宜,随坡就势,处理好住宅位置与等高线的关系,减少土石方量,降低建筑造价。

当地形坡度较小或南北向斜坡时常采用住宅与等高线平行布置,其特点是节省土石方量和基础工程量,道路和各种管线布置简便。这种布置方式应用较多,如图 5-16 所示。

二、住宅与等高线垂直布置

当地形坡度较大或东西向斜坡时常采用住宅与等高线垂直布置,其特点是土石方量小,排水方便,但是不利于与道路和管线的结合,台阶较多。采用这种方式时,通常是将住宅分段落错层拼接,单元入口设在不同的标高上,如图 5-17 所示。

三、住宅与等高线斜交布置

住宅与等高线斜交布置方式常常是结合地形、朝向、通风等因素,综合确定,它兼有上述两种方式的优、缺点。

另外,在地形变化较多时,应结合具体的地形、地貌,设计住宅的平面和剖面,既要统筹兼顾,考虑地形、朝向,又要预计到经济和施工等方面的因素。

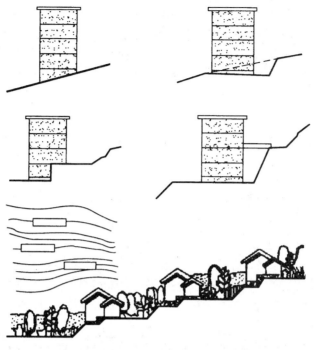

图 5-16　住宅与等高线平行布置

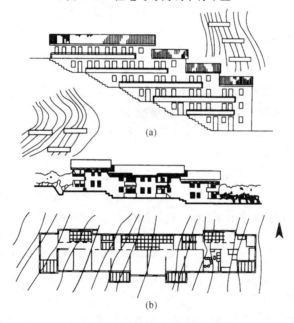

(a)

(b)

图 5-17　住宅与等高线垂直布置

第六节　新农村生态住宅设计

一、新农村生态住宅的基本概念

生态住宅是一种系统工程的综合概念。它要求运用生态学原理和遵循生态平衡即可持续发展的原则,设计、组织建筑内外空间中的各种物质因素,使物质、能源在建筑系统内有秩序地循环转换，获得一种高效、低耗、无废弃物、无污染、生态平衡的建筑环境。这里的环境不仅涉及住区的自然环境，也涉及人文环境、经济环境和社会环境。新农村生态住宅应立足于将节约能源和保护环境这两大课题结合起来。其中不仅包括节约不可再生的能源和利用可再生洁净能源，还涉及节约资源（建材、水）、减少废弃物污染（空气污染、水污染），以及材料的可降解和循环使用等。

新农村生态住宅要求自然、建筑和人三者之间的和谐统一，共处共生。在优秀传统建筑文化风水学的熏陶下，我国的传统村镇聚落，都尽可能地顺应自然，或者虽然改造自然却加以补偿，聚落的发生和发展，充分利用自然生态资源，非常注意节约资源，巧妙地综合利用这些资源，形成重视局部生态平衡的天人合一生态观。经长期实践，人们逐渐总结出适应自然、协调发展的经验，这些经验指导人们充分考虑当地资源、气候条件和环境容量，选取良好的地理环境构建聚落。在围合、半围合的自然环境中，利用被围合的平原、流动的河水、丰富的山林资源，既可以保证村民采薪取水等生活需要和农业生产需要，又为村民创造了一个符合理想的生态环境。

新农村生态住宅规划设计须结合当地生态、地理、人文环境特性，收集有关气候、水资源、土地使用、交通、基础设施、能源系统、人文环境等各方面的资料，使建筑与周围的生态、人文环境有机结合起来，增加村民的舒适和健康，最大限度提高能源和材料的使用效率，减少施工和使用过程中对环境的影响。

我国还是一个发展中的国家，资源有限，由于地域条件、气候条件、民族习惯、经济水平、技术力量的差异，在新农村生态住宅的建设中应积极运用适宜技术。

二、新农村生态住宅的设计原则

1. 因地制宜，与自然环境共生

（1）要保护环境，即保护生态系统。重视气候条件和土地资源并保护建筑周边环境生态系统的平衡。要开发并使用符合当地条件的环境技术。

由于我国耕地资源有限，在新农村住宅设计中，应充分重视节约用地，可适当增加建筑层数，加大建筑进深，合理降低层高，缩小面宽。在住宅室外使用透水性铺装，以保持地下水资源的平衡。同时，绿化布置与周边绿化体系应形成系统化、网络化关系。

（2）要利用环境，即充分利用太阳能、风能和水资源，利用植物绿化和其他无害自然资源。应使用外窗自然采光，住宅应留有适当的可开口位置，以充分利用自然通风。尽可能设置水循环利用系统，收集雨水并充分利用。要充分考虑绿化配置以软化人工建筑环境。

应充分利用太阳能和沼气能。太阳能是一种天然、无污染而又取之不尽的能源，应尽可能利用它。在新农村住宅中可使用被动式太阳房，采用集热蓄热墙体作为外墙，阳光充足而燃料匮乏的西北地区应推广采用。

（3）防御自然，即注重隔热、防寒和遮蔽直射阳光，进行建筑防灾规划。规划时应考虑合理的朝向与体型，改善住宅体形系数、窗地比，对受日晒过量的门窗设置有效的遮阳板，采用密闭性能良好的门窗等措施节约能源。特别提倡使用新型墙体材料，限制使用黏土砖。在寒冷地区应采用新型保温节能外围护结构，在炎热地区应做好墙体和屋盖的隔热措施。

总之，要因地制宜，就地取材，充分利用当地资源和现代新技术，创造可持续发展的新农村住宅。

2. 节约自然资源，防止环境污染

（1）降低能耗，即注重能源使用的高效节约化和能源的循环使用。注重对未使用能源的收集利用,排热回收,节水系统以及对二次能源的利用等。

(2)住宅的长寿命化。应使用耐久的建筑材料,在建筑面积、层高和荷载设计时留有发展余地,同时采用便于对住宅保养、修缮和更新的设计。

(3)使用环境友好型材料,即无环境污染、可循环利用以及再生材料的应用。对自然材料的使用强度应以不破坏其自然再生系统为前提,使用易于分别回收再利用的材料,应用地域性的自然建筑材料以及当地的建筑产品,提倡使用经无害化加工处理的再生材料。

3. 建立各种良性再生循环系统

(1)应注重住宅使用的经济性和无公害性。应采用易再生及长寿命的建筑消耗品,建筑废水、废气应无害处理后排出。农村规模偏小,居住密度也小。这给农村住宅从收集生活污水的管道设施、净化污水的污水处理设施,以及处理后的水资源和污泥的再利用设施等的建设带来很大困难。主要困难是建设和维护运行费用的解决。

因此,因地制宜地选择合理的处理方案,对新农村生活污染的治理极为重要。尤其是规模较小的村庄,必须考虑到住宅分散、污水负荷的时间变动大以及周围环境自净能力强的特点,用最经济合理的办法解决这些农村的生活污染问题,保持农村的生态环境。

(2)要注重住宅的更新和再利用。要充分发挥住宅的使用可能性,通过技术设备手段更新利用旧住宅,对旧住宅进行节能化改造。

(3)住宅废弃时注意无害化解体和解体材料的再利用。住宅的解体不应产生对环境的再次污染,对复合建筑材料应进行分解处理,对不同种类的建筑材料分别解体回收,形成再资源化系统。

4. 融入历史与地域的人文环境

要融入历史与地域的人文环境,就要注重对古村落的继承以及与乡土建筑的有机结合。应注重对古建筑的妥善保存,对传统历史景观的继承和发扬,对拥有历史风貌的古村落景观的保护,对传统民居的积极保护和再生,并运用现代技术使其保持与环境的协调适应,继承地方传统的施工技术和生产技术。要保护村民原有的出行、交往、生活和生产优良传统,保留村民对原有地域的认知特性,根据我国地域辽阔,各地的气候和地理条件、生活习惯等差别很大的特点,统一的标准和各地适用的方案是不存在的。

在新农村住宅设计中,既要反映时代精神,又要体观地方特色。即要把生活、生产的现代化与地方的乡土文脉相结合,创造出既有乡土文化底蕴,又具有时代精神的新型农村住宅。

三、新农村生态住宅设计的技术措施

新农村生态住宅建筑设计中常用节约资源技术措施分为以下几类。

1. 控制建筑形体

建筑物的形体与节能有很大关系,节能建筑的形体不仅要求体型系数小,即维护结构的总面积要小,而且需要冬季辐射得热多,另外,还需要对防避寒风有利。

(1)减少建筑面宽,加大建筑进深,将有利于减少热耗。

(2)增加建筑物层数,加大建筑体量,可降低耗热指标。

(3)建筑的平面形状也直接影响建筑节能效果,不同的建筑平面形状,其建筑热损耗值也不同。严寒地区节能型住宅的平面形式应力求平整、简洁,南方建筑体形也不宜变化过多。

2. 新农村生态住宅的建筑构造

在节能的前提下,发展高效保温节能的外保温墙体是节能技术的重要措施。复合墙体一般用砖或钢筋混凝土作承重墙,并与绝热材料复合,或者用钢或钢筋混凝土框架结构,用薄壁材料复合绝热材料作墙体。外保温墙体可采用各种混凝土空心砌块、非黏土砖,多孔黏土砖墙体以及现浇混凝土墙体等。绝热材料主要是岩棉、矿渣棉、玻璃棉、膨胀珍珠岩、膨胀蛭石以及加气混凝土等。其构造做法有:

(1)内保温复合外墙。将绝热材料复合在外墙内侧即形成内保温。施工简便易行,技术不复杂。在满足承重要求及节点处不结露的前提下,墙体可适当减薄。

(2)外保温复合外墙。将绝热材料复合在外墙外侧即形成外保温。外保温做法建筑热稳定性好,可较好地避免热桥,居住较舒适,外围护层对主体结构有保护作用,可延长结构寿命,节省保温材料用量,还可增加建筑使用面积。

(3)将绝热材料设置在外墙中间的保温材料夹芯复合外墙。

3. 屋面

屋面保温层不宜选用容重较大、导热系数较高的保温材料,以防屋面重量、厚度过大;不宜选用吸水率较大的保温材料,以防止屋面湿作业时,保温层大量吸水,降低保温效果。

屋面保温层有聚苯板保温屋面、再生聚苯板保温屋面、架空型岩棉板保温屋面、架空型玻璃棉保温屋面、保温拔坡型保温屋面、倒置型保温屋面等屋面,做法应用较多的仍是加气混凝土保温,保温层厚度为 50～100 mm。有的将加气混凝土块架空设置,有的用水泥珍珠岩、浮石砂、水泥聚苯板、袋装膨胀珍珠岩保温,保温效果较好。高效保温材料以采用聚苯板、上铺防水层的正铺法为多。倒铺法是将聚苯板设在防水层上,使防水层不直接受日光曝晒,以延缓老化。

坡屋顶较便于设置保温层,可顺坡顶内铺钉玻璃棉毡或岩棉毡,也可在天棚上铺设上述绝热材料,还可铺玻璃棉、岩棉、膨胀珍珠岩等松散材料。

另外,可以采用屋顶绿化设计,涵养水分,调节局部小气候,具有明显的降温、隔热、防水作用。同时减少了太阳对屋顶的直射,从而还能延长屋顶使用寿命并具有隔热作用。屋顶绿化不仅可使楼上居民拥有自家的屋顶花园,还可美化整个新村住区的绿化环境。

4. 门窗

在建筑外围护结构中,改善门窗的绝热性能是住宅建筑节能的一个重要措施,包括:

(1)严格控制窗墙比。

(2)改善窗户的保温性能,减少传热量。

(3)提高门窗制作质量,加设密封条,提高气密性,减少渗透量。

5. 遮阳与通风

夏季炎热地区,有效的遮阳可降低阳光辐射,减少 10%～20% 居住建筑的制冷用能。主要技术是利用植物遮阳,采用悬挂活百叶遮阳。

夏季炎热地区,良好的通风十分重要,其通风的方法有很多。

(1)组织室外风。

(2)利用窗户朝向影响室内空气流动。

(3)利用百叶窗板影响室内气流模式。

(4)风塔。其原理是热空气经人口进入风塔后,与冷却塔接触即降温,在房间设空气出入口(一般出气口是人气口面积的 3 倍),则可将冷空气抽人房间。经过一天的热交换,风塔到晚上温度比早晨高,晚上其工作原理正好相反。这种系统在干热气候中十分有效。中东地区许多传统建筑有这种系统。一般 3～4 m 的风塔可形成室内风速为 1 m/s 的 4℃～5℃ 的气流。

此系统无法在多层公寓中见效,仅在独立式住宅中有效,可用于干热地区新农村住区建设中。

(5)太阳能气囱。这种气囱适用于低风速地区,可以通过获得最大的太阳能热来形成最大通风效果。其原理是采用太阳辐射能加热气囱空气以形成抽风效果。影响通风速率的因素有出入气口的高度、出入气口的剖面形式、太阳能吸收面的形式、倾斜度。

(6)庭院效果。当太阳加热庭院空气,使之向上升,为补充它们,靠近地面的低温空气通过建筑流动起来,形成空气流动。夜间工作原理反之。应注意当庭院可获取密集太阳辐射时,会影响气流效果,向室内渗入热量。

第六章 新农村公共建筑设计

第一节 中小学建筑和幼儿园建筑设计

一、中小学建筑设计

1. 建筑组成及面积标准

中小学建筑主要由教学及办公用房组成;另外应有室外运动场地及必要的体育设施。条件好的中小学还有礼堂、健身房等。

教学及行政用房建筑面积,小学约为 2.5 m²/每生,中学约为 4 m²/每生。行政办公用房每间 12~16 m²,需要量按学校的具体要求确定。中、小学用地面积,小学为 9~18 m²/每生,中学为 10~20 m²/每生。基本教学用房使用面积参考指标见表 6-1。

表 6-1 教学用房使用面积参考指标

小学	面积(m²)	中学	面积(m²)
普通教室	50	普通教室	53
音乐教室	50	音乐教室	53
实习室	65	物理、化学、生物实验室	71
阅览室	20~50	实验准备室	30~50
书库	16	阅览室	80~90
体育器材室	30	书库	35
体育器材室	54		

2. 中小学校基本用房设计

(1)教室。教室大小和学生桌椅排列有关。为保护学生视力,第一排书桌的前沿距黑板应不小于 2.20 m,而最后排书桌的后沿距黑板小学不宜大于 8.00 m,中学不宜大于 9.00 m,同时为避免两边的座位太偏,横排座位数不宜超过 8 个。因此,小学教室根据座位及走道尺寸要求,进深应不小于 6 m,教室的每个开间应不小于 2.7 m。一个教室占 3 个开间,所以小学教室轴线尺寸一般不宜小于 8.4 m×6 m。因中学生课桌尺寸较大,教室轴线尺寸一般不宜小于 9 m×6.3 m。以上尺寸的教室,每班可容纳学生 54 个。教室层高:小学可为 3.0~3.3 m,中学可为 3.3~3.6 m,音乐教室大小可与普通教室相同。教室座位布置,如图 6-1 所示。

为便于疏散,教室前后需各设一门,门宽不小于 0.90 m。窗的采光面积为 1/6~1/4 地板面积。窗下部宜设固定窗扇或中悬窗扇,并用磨砂玻璃,以免室外活动分散学生注意力。走廊一侧的墙面上应开设高窗以利通风。北方寒冷地区外墙采光窗上可开设小气窗,以便换气,小气窗面积为地板面积的 1/50 左右。

教室黑板的长度一般为 3~4 m,高为 1~1.1 m,下边距讲台的距离为 0.8~1.1 m。简易

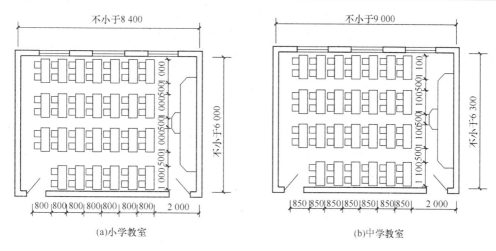

(a)小学教室　　　　　　　　　　　　(b)中学教室

图 6-1　教室座位布置图(单位：mm)

黑板是用水泥砂浆抹成的,表面刷黑板漆。为避免黑板反光,可用磨砂玻璃黑板。讲台长度应大于黑板长度,宽度不应小于 0.80 m,高度宜为 0.20 m。其两端边缘与黑板两端边缘的水平距离分别不应小于 0.40 m。

(2)实验室。中学物理、化学、生物课需要有实验室,规模小的学校可将化学、生物合并为生化实验室。小学有自然教室,实验室面积一般为 70~90 m²,实验准备室为 30~50 m²。为简化设计和施工,实验室及准备室的进深和教室一致。

实验室及准备室内需设置实验台、准备桌及一些仪器药品柜等。一般设备形式、尺寸及实验室、准备室布置,如图 6-2、图 6-3 所示。

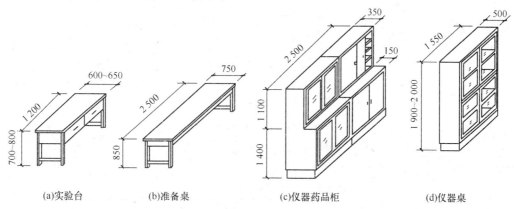

(a)实验台　　　　(b)准备桌　　　　(c)仪器药品柜　　　　(d)仪器桌

图 6-2　实验室设备(单位：mm)

(3)图书阅览室。阅览室的面积与学校规模的大小和阅览方式有关。中等规模学校一般按 50 个座位设计,每座面积：中学 1.4~1.5 m²,小学 0.8~1.0 m²。阅览室宽度尺寸宜与教室一致。如房间过长,空间比例失调也可分成两间使用,大间作为普通阅览室,小间作报刊或教师阅览室。阅览室层高与教室相同。

阅览室与书库位置要靠近,并有门相通。在阅览室与书库之间需设出纳台,办理书刊借还手续和照管阅览室。其布置如图 6-4 所示。

书库面积：中学为 25~50 m²,小学为 16~30 m²。书库与取水点不能靠近。书库底层近地面处应进行防潮处理,空气要流通。为防止阳光直接照射紫外线对书籍的损伤,可在窗上加百页、格片、窗帘等,也可采用绿色、橙色玻璃等。

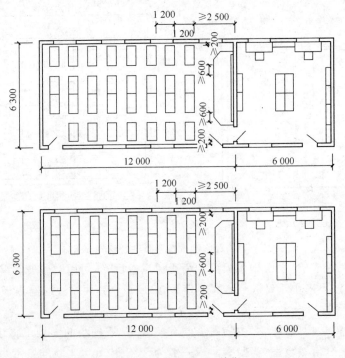

图 6-3　实验室、准备室布置(单位：mm)

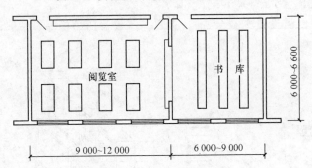

图 6-4　图书阅览室(单位：mm)

(4)厕所。厕所所需面积,男厕所可按每大便池 4 m²,女厕所每大便池 3 m² 计算。卫生器具数量可参考表 6-2 确定。

表 6-2　中学生厕所卫生器具数量

项　目	男　厕	女　厕	附　　注
大便池数量	每 40 人一个	每 25 人一个	或每 20 人 0.5 m 长小便池或每 80 人 0.7 m 长洗手槽
小便斗数量	每 20 人一个	—	
洗手盆	每 90 人一个	每 90 人一个	
污水池	每间一个	每间一个	

男女学生的人数可按 1:1 考虑。男女生厕所内可增加教师用厕所一间;也可将教师用厕所和行政人员用厕所合设。

学生厕所的布置与使用人数有关。每层人数不多时可各设男女厕所一间,集中布置。每层人数较多时,可将男女厕所分别布置在教学楼两端,在垂直方向将男女厕所交错布置,以方便使用。

大便池有蹲式、坐式两种。小学生和女生用大便池可考虑蹲式、坐式各半。

小学厕所内大便池隔断中不设门。小学生所用卫生器具,在间距和高度方面的尺度可比一般的尺度约小 100 mm。学校厕所设备及布置示例,如图 6-5 所示。

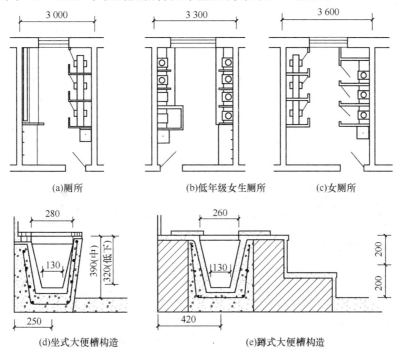

(a)厕所　　　　(b)低年级女生厕所　　　(c)女厕所

(d)坐式大便槽构造　　　　(e)蹲式大便槽构造

图 6-5　厕所设备及布置(单位:mm)

3. 体育运动设施

各类体育运动设施的场地尺寸和构造见表 6-3。

表 6-3　各类体育运动设施的场地尺寸和构造

项　目		内　容
田径运动场		田径运动场按场地条件,跑道周长可为 200 m,250 m,300 m,350 m,400 m。小学宜有一个200~300 m跑道的运动场,中学宜有一个 400 m 跑道的标准运动场。运动场长轴宜南北向,弯道多为半圆式。场地要考虑排水。田径运动场形式、尺寸、排水方式及场地构造等如图 6-6 所示
各类球场	足球场	足球场一般设在田径运动场内。大型足球场的长×宽为(90~120)m×(45~90)m,小型的为(50~80)m×(35~60)m,如图 6-7(a)所示
	篮球场	标准场地为 28 m×15 m,长度可增减 2 m,宽度可相应增减 1 m。场地上空 7 m 以内不得有障碍物。球场长轴按南北向布置(其他球场同)。篮球场及篮球架的尺寸,如图 6-7(b)所示
	排球场	场地尺寸为 18 m×9 m,网高(以球网中间为准)男子为 2.43 m,女子为 2.24 m。场地上空 7 m 以内不得有障碍物,如图 6-7(c)所示
	羽毛球场	单打场地为 13.40 m×5.18 m,双打场地为 13.40 m×6.10 m,场地四周净距不宜小于 3 m,网高为 1.524 m,如图 6-7(d)所示
	乒乓球场	球桌尺寸为 2.740 m×1.525 m。场地一般为 12 m×6 m(国际标准为 14 m×7 m)。乒乓球比赛仅限在室内进行,地面宜采用木地板,深暗色,无反光

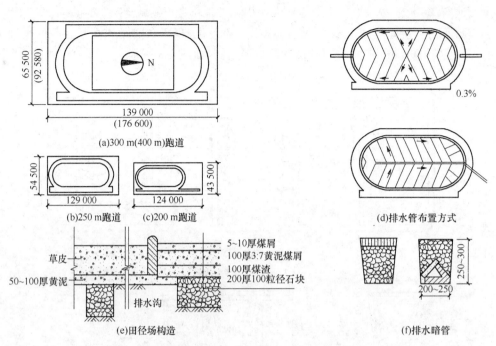

图 6-6　田径运动场形式、尺寸、排水方式及场地构造（单位：mm）

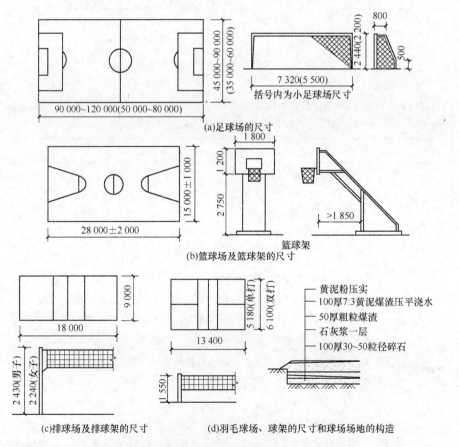

图 6-7　各类球场尺寸及场地构造（单位：mm）

4. 平面组合形式

学校建筑的平面组合主要是对教室、实验室、办公三部分的合理布置(小学不需考虑实验室)。教室是学校建筑的主体部分。

教室的设置数量依学制、班级数确定。办公部分包括行政、教学办公两部分。办公室的开间进深都比较小。实验室面积比教室大,并且要有准备室、仓库等辅助房间。以上三部分功能不同,在建筑上各有特点。组合时相互间既要有方便的联系又要有一定的功能分区。综合地形、总体规划及技术经济等条件,可将实验室、办公室分别布置在教室主体部分的两端或集中在一侧。教室、实验室、办公室的房间可按外廊式排列,也可按内廊式排列。学校的平面形式可为对称的或不对称的,如图 6-8 所示。

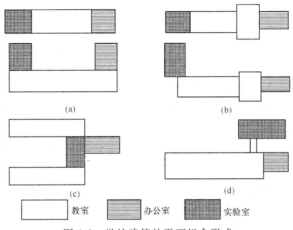

图 6-8　学校建筑的平面组合形式

5. 设计要点

(1)学校应选建在居民比较集中的地段,以方便少年儿童上学。同时要求环境安静、卫生良好、阳光充足、空气新鲜,距铁路线 300 m 以外。

(2)要尽量利用山坡地、荒地、薄地。少占或不占农田。在有条件的地方宜建楼房,以节省土地。

(3)学校附近应有较大的运动场地,并有种植、饲养、气象等自然学科学生实验园。

(4)学校的办公部分如集中设置在教室建筑的一端,办公室的层高可比教室低一些,以节约材料、降低造价。音乐教室宜设在教学建筑的一端,如有条件也可单独设置在教学建筑以外,和普通教室隔开,以避免干扰。如图 6-9 所示为小学平面组合方案比较,如图 6-10 所示为各类中小学校教学楼设计参考方案。

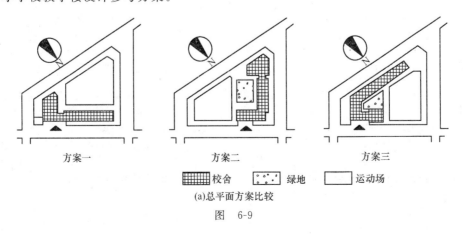

(a)总平面方案比较

图　6-9

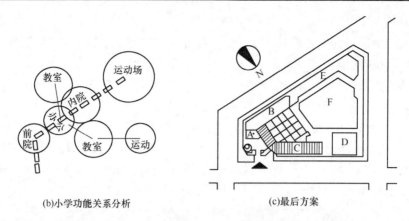

(b)小学功能关系分析　　　　(c)最后方案

图 6-9　小学平面组合方案比较

A—办公;B、C—教学楼;D—多功能教室;E—扩建教学楼;F—操场

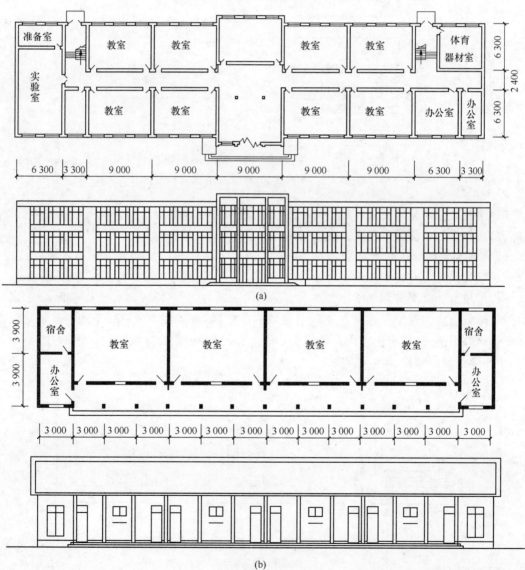

(a)

(b)

图　6-10(单位:mm)

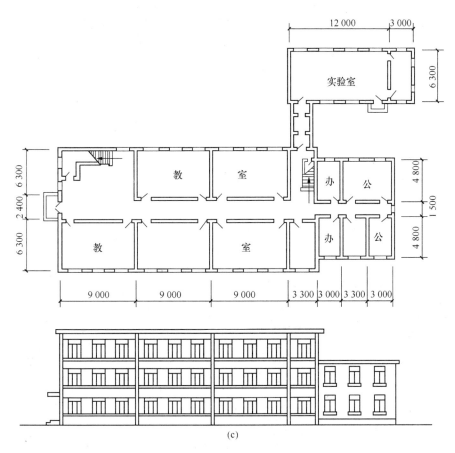

图 6-10　中小学校教学楼设计参考方案(单位：mm)

二、托幼建筑设计

1. 托儿所、幼儿园的类型

(1)按不同年龄段婴幼儿的生理、生活特点分类见表 6-4。

表 6-4　托儿所、幼儿园的分类

类　别		特　点		
按年龄分	托儿所	收托 3 周岁以下的乳、婴儿	哺乳班	初生～10 个月
			小班	11 月～18 个月
			中班	19 个月～2 岁
			大班	2～3 岁以下
	幼儿园	收托 3～6 周岁幼儿	小班	3～4 岁以下
			中班	4～5 岁以下
			大班	5～6 岁

(2)按管理方式分类见表 6-5。

表 6-5　托儿所、幼儿园按照管理方式的分类

类　　别	特　　点	
按管理方式分	全日(日托)	幼儿白天在园(所)生活
	寄宿制(全托、保育院)	幼儿昼夜均在园(所)生活
	混合制	以日托班为主,也收托部分全托班

2. 托儿所、幼儿园的规模、组成与要求

(1)托儿所、幼儿园的规模。班数的多少是托儿所、幼儿园建筑规模大小的标志,托、幼建筑规模的大小除考虑其本身的卫生、保育人员的配备以及经济合理等因素外,尚与托、幼机构所在地区的居民居住密度和均匀合理的服务半径等因素有关。托儿所、幼儿园的规模见表 6-6。

表 6-6　托儿所、幼儿园的规模

项　　目	内　　容
幼儿园的规模	以 3,6,9,12 个班划分为宜,6～9 个班幼儿园居多
单独的托儿所的规模	以不超过 5 个班为宜
托儿所、幼儿园每班人数	(1)托儿所。乳儿班及托儿小、中班 15～20 人,托儿大班 21～25 人。 (2)幼儿园。小班 20～25 人,中班 26～30 人,大班 31～35 人

(2)托儿所、幼儿园的组成。托儿所、幼儿园的组成见表 6-7。

表 6-7　托儿所、幼儿园的组成

项　　目	内　　容
生活用房	包括活动室、寝室、乳儿室、配乳室、喂奶室、卫生间(包括厕所、盥洗、洗浴)、衣帽贮藏室、音体活动室等。全日制托儿所、幼儿园的活动室,与寝室宜合并设置
服务用房	包括医务保健室、隔离室、晨检室、保育员值宿室、教职工办公室、会议室、值班室(包括收发室)及教职工厕所、浴室等。全日制托儿所、幼儿园不设保育员值宿室
供应用房	包括幼儿厨房、消毒室、烧水间、洗衣房及库房等
室外活动场地	包括班级活动场地和公共活动场地

(3)托儿所、幼儿园的要求。处于 0～6 岁的儿童,在不同时期生活发育速度、生理特点差别很大,其生活内容、活动规律对环境的要求也不同。与之相对应,保育人员的任务、工作内容和对托幼建筑的室内环境要求,也是不一样的。对托儿所、幼儿园的要求见表 6-8。

表 6-8　对托儿所、幼儿园的要求

项　　目	内　　容
了解婴幼儿生活的特点	(1)乳、婴儿一天睡眠需 14～20 h,尤其是乳儿除了吃奶就是睡眠。 (2)随着年龄的增长,幼儿的睡眠时间缩短,动态活动时间将逐渐增加,游戏成了幼儿活动的主旋律。 为此,应创造舒适的睡眠和良好的室、内外活动环境以适应婴、幼儿生活规律的要求

续上表

项　目	内　容
创造良好的卫生、防疫环境	（1）婴幼儿处于发育、成长时期，其机体抵抗力弱，易感染，他们生长的环境应安静、卫生、无污染、易防疫。 （2）托、幼建筑从选址到设计应创造阳光充足、空气新鲜的环境，满足卫生、防疫要求，利于婴幼儿健康活泼成长
创造安全、利于防护的环境	婴幼儿时期，身体骨骼发育不完全，他们行动较笨拙，防护意识差，而且好奇、好动、好幻想，因此，托幼建筑设计应为他们创造安全、利于防护的环境，以保障婴、幼儿的安全
托儿所、幼儿园的任务	（1）托儿所的任务是对三周岁前的乳、婴儿实施合理的教养，实行科学育儿。 （2）幼儿园的任务是对三至六七周岁的幼儿实施保育与体、智、德、美全面发展的教育，培养幼儿独立性、创造力、自信心和不断探索的精神，促进幼儿良好个性的形成和充分发展

3. 托儿所、幼儿园的基地选择及总平面设计

（1）托儿所、幼儿园的基地选择。4 个班以上的托儿所、幼儿园应有独立的建筑基地，一般位于居住小区的中心。

1）托儿所、幼儿园的服务半径不宜超过 500 m，方便家长接送，避免交通干扰。

2）日照充足、通风良好、场地干燥、环境优美或接近城市绿化地带，有利于利用这些条件和设施开展儿童的室外活动。

3）应远离各种污染源，并满足有关卫生防护标准的要求。

4）应有充足的供水、供电和排除雨水、污水的方便条件，力求管线短捷。

5）能为建筑功能分区、出入口、室外游戏场地的布置提供必要条件。

（2）托儿所、幼儿园的总平面设计。托儿所、幼儿园应根据设计任务书的要求对建筑物、室外游戏场地、绿化用地及杂物院等进行总体布置，做到功能分区合理、方便管理、朝向适宜、游戏场地日照充足，创造符合幼儿生理、心理特点的环境空间。托儿所、幼儿园的总平面设计见表6-9。

表 6-9　托儿所、幼儿园的总平面设计

项　目		内　容
出入口的布置		出入口的设置应结合周围道路和儿童入园的人流方向，设在方便家长接送儿童的路线上。一般杂务院出入口与主要出入口分级，小型托、幼机构可仅设一个出入口，但必须使儿童路线和工作路线分开。 　主要出入口应面临街道，且位置明显易识别。次要出入口则相对地隐蔽，不一定面临主要街道。根据基地条件的不同，一般出入口的布置方式有：主、次出入口并设；主、次出入口面临同一街道分设；主次出入口面临两条街道
建筑物的布置	建筑朝向	要保证儿童生活用房能获得良好的日照条件：冬季能获得较多的直射阳光，夏季避免灼热的暴晒。一般在我国北方寒冷地区，儿童生活用房应避免朝北；南方炎热地区则尽量朝南，以利通风

续上表

项　目		内　容
建筑物的布置	卫生间距	应考虑日照、防火的因素,必要时还应考虑通风的因素
	建筑层数	幼儿园的层数不宜超过 3 层,托儿所不宜超过 2 层。易于解决幼儿的室外活动,充分享受大自然的阳、光、空气,以利于增强幼儿的体质
	室外活动场地	必须设置各班专用的室外游戏场地。每班的游戏场地面积不应小于 60 m²。各游戏场地之间宜采取分隔措施。全园共用的室外游戏场地,场内除布置一般游戏器具外,还应布置 30 m 跑道、沙坑、洗手池和贮水深度不超过 0.3 m 的戏水池等

4. 托儿所、幼儿园各类房间的设计

(1)生活用房。托儿所、幼儿园的生活用房应布置在当地最好日照方位,并满足冬至日底层满窗日照不少于 3 h,温暖地区、炎热地区的生活用房应避免朝西,否则应设遮阳设施。寄宿制幼儿园的活动室、寝室、卫生间、衣帽贮藏室应设计成每班独立使用的生活单元。托儿所、幼儿园生活用房的设计见表 6-10。

表 6-10　托儿所、幼儿园生活用房的设计

项　目		内　容
幼儿园生活用房	活动室设计	活动室是供幼儿室内游戏、进餐、上课等日常活动的用房,最好朝南,以保证良好的日照、采光和通风。其空间尺度要能够满足多种活动的需要,室内布置和装饰要适合幼儿的特点。地面材料宜采用暖性、弹性地面,墙面所有转角应做成圆角,有采暖设备处应加设扶栏,做好防护措施。 (1)活动室的家具和设备。活动室的家具除桌、椅外,其他的家具设备大致可分为教学和生活两类,分别是:黑板、作业教具柜、分菜桌等。 (2)活动室的平面形状及布置。活动室应满足多种活动的需要,主要有上课、作业、就餐、游戏等。活动室的平面形状以长方形最为普遍。长方形平面结构简单、施工方便,而且空间完整,能满足各种活动的使用要求。其他形状如扇形、六边形等的活动室平面,不少是在特定条件下,根据平面布局的要求而有所变化的
	寝室设计	寝室是专供幼儿睡眠的用房。寄宿制幼儿园和工厂三班轮托的托儿所一般设专用的寝室。托儿小班一般不另设寝室,在活动室内设床位,并辟出一定的面积供幼儿活动。 寝室应布置在朝向好的方位,温暖地区和炎热地区要避免暴晒或设遮阳设施,并应与卫生间邻近。幼儿床的设计要适应儿童尺度,制作要坚固省料、使用安全、便于清洁。床的布置要便于保教人员巡视照顾,并使每个床位有一长边靠走道。靠窗和靠外墙的床要留出一定距离。其平面形式如图 6-11 所示
	卫生间	托幼建筑中的卫生间,必须一个班设置一个,它是幼儿活动单元中不可缺少的一部分。卫生间主要由盥洗、浴室、更衣、厕所等部分组成。 卫生间应邻近活动室和寝室,厕所和盥洗应分间或分隔,并应有直接的自然通风。每班卫生间的卫生设备数量不应少于规范规定。卫生间地面要易清洗、不渗水、防滑,卫生洁具尺度应适应幼儿使用。常用卫生设施供保教人员使用的厕所宜就近集中,或在班内分隔设置

续上表

项　目		内　容
幼儿园生活用房	音体活动室	音体活动室是幼儿进行室内音乐、体育、游戏、节目娱乐等活动的用房。它专供全园幼儿公用,不应包括在儿童活动单元之内。其布置宜邻近生活用房,不应和服务、供应用房混设在一起。可以单独设置,此时宜用连廊与主体建筑连通,也可以和大厅结合,或与某班活动室结合。音体室地面宜设置暖、弹性材料,墙面应设置软弹性护墙以防幼儿碰撞
	托儿所生活用房	托儿所分为乳儿班和托儿班。乳儿班的房间设置和最小使用面积应按有关的规定进行设计。托儿班的生活用房面积及有关规定与幼儿园相同。乳儿班和托儿班的生活用房均应设计成每班独立使用的生活单元。乳儿班不需活动室,它主要有乳儿室、喂奶间、盥洗配奶及观察室等。托儿所和幼儿园合建时,托儿生活部分应单独分区,并设单独的出人口。乳儿班的生活用房应布置在当地最好的日照方位,温暖及炎热地区的生活用房应避免朝西,否则应设遮阳设置

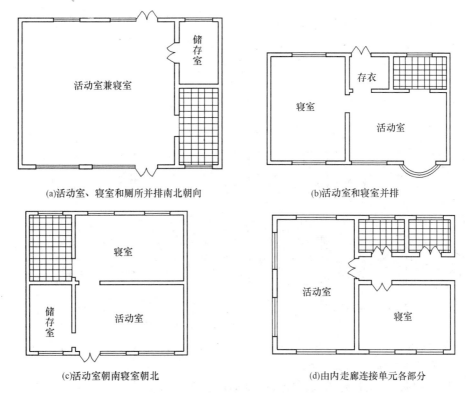

图 6-11　儿童活动单元的平面形式

（2）服务用房。服务用房可分为行政办公、卫生保健等用房。行政用房是行政管理人员工作的房间,这些单间集中在一个区域便于联系工作,同时又要兼顾对外联系方便。卫生保健用房最好设在一个独立单元之内,医务保健和隔离室宜相邻设置,与幼儿生活用房应有适当距离。如为楼房时,应设在底层。隔离室应设独立的厕所。晨检室宜设在建筑物的主出入口处。服务用房的使用面积不应小于有关的规定。

（3）供应用房。供应用房包括幼儿厨房、消毒室、烧水间、洗衣房及库房等。厨房应处于建筑群的下风向,以免油烟影响活动室和卧室。厨房门不应直接开向儿童公共活动部分。托儿所、幼儿园为楼房时,宜设置小型垂直提升食梯。烘干室附设在厨房旁,要有良好的隔离。洗衣房可与烘干室相连。

　　5. 托儿所、幼儿园建筑的平面组合设计

　　幼儿园应能满足儿童正常的生活要求,即活动、饮食、睡眠、排泄、医疗保健等内容,应具备与幼儿生活和教育相关的一整套设施。所使用的房间包括活动室、寝室、厕所盥洗室、保健室、集体活动室、办公室、厨房、贮藏用房等,还应有与幼儿园规模相适应的户外活动场地,配备相应的游戏和体育活动设施,并创造条件开辟沙地、动植物园地。

　　幼儿园各种用房的功能关系,如图 6-12 所示。按照功能分区幼儿园可分为两大部分:儿童活动区和办公后勤区。儿童活动区又包括儿童活动单元、公共室外活动场地、公共音体教室;办公后勤区包括行政办公室、值班室、医务保健室、厨房、洗衣房、杂物院等。幼儿园的人流路线宜保证两条,使幼儿出入园的路线和杂物垃圾路线分开。

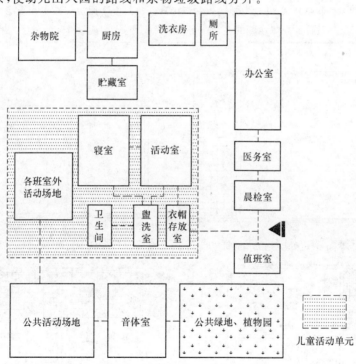

图 6-12　幼儿园各种用房的功能关系

　　(1)基本要求。

　　1)各类房间的功能关系要合理。

　　2)应注意朝向、采光和通风,以利创造良好的室内环境条件。

　　3)注意儿童的安全防护和卫生保健。在平面组合中应防止儿童擅自外出,出入锅炉房、洗衣房、厨房等。注意各生活单元的隔离及隔离室与生活单元的关系。

　　4)要具有儿童建筑的性格特征。通过建筑的空间组合、形式处理、材料结构的特征、色彩的运用、建筑小品及其他手法的处理,使建筑室内外的空间形象活泼、简洁明快,反映出儿童建筑的特点。

　　(2)组合方式。托儿所、幼儿园建筑的组合方式是多种多样的,从房间组合的内在联系方式上,有以下几种:

1)以走廊联系房间的方式。每层由几个儿童活动单元及办公用房拼成一字形,在一侧或者沿周围设置内廊或外廊连接各部分的房间,如图 6-13 所示。这种走廊式组合对组织房间朝向、采光和通风等具有很多优越的条件;

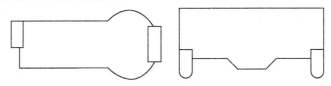

图 6-13　走廊式平面组合

2)以大厅联系房间的方式。这种大厅式组合以大厅为中心联系各儿童活动单元,联系方便,交通路线短捷。一般多利用大厅为多功能的公共活动用,如游戏、放映、集会、演出等;

3)按功能不同,组织若干独立部分,分幢分散组合的称为"分散式",如图 6-14 所示;

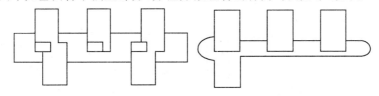

图 6-14　分散式平面组合

4)围绕庭院布置托、幼建筑的各种用房称为"庭园式"或"院落式"。各类房间沿周围布置,内部围合成庭院,内庭院一侧设环形走廊联系平面各部分。一般朝南向的一侧布置儿童活动单元,北向一侧布置办公和其他用房,如图 6-15 所示。

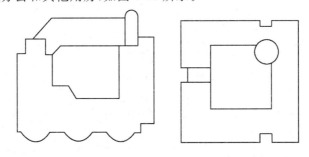

图 6-15　庭院式平面组合

这几种平面形式适用于不同条件的场地。当场地狭小时,用走廊式,这也是较经济和常用的平面组合形式。这种平面形式的建筑体型系数最小,有利于保温和防热,但不利之处在于,处于中部的各单元外墙较少,易造成暗卫生间。当活动室与寝室相连,横向布置时,造成房间单侧采光。横向的大进深也不利于自然通风,北向房间终年无阳光直射。

当场地条件较好、面积较大时,采用庭院式组合较多。庭院式建筑在热环境方面优点甚多,如庭院热稳定性好,内庭院产生的烟囱效应利于自然通风等。但如果围合成的庭院面积过小,则对底层房间的光线遮挡非常严重。

分散式平面组合的最大优点是,各儿童活动单元的外墙面积大,可根据需要灵活开窗,利于自然通风、自然采光和争取日照,适用于南北方向长的场地。但这种组合形成的建筑体型系数大,对冬季保温和夏季防热都是不利的。

第二节　新农村医疗建筑设计

一、新农村医院的分类与规模

根据我国村镇的现实状况,医疗机构可按村镇人口规模进行分类:中心集镇设中心卫生院;一般集镇设乡镇卫生院;中心村设村卫生站。

(1)中心卫生院是村镇三级医疗机制的加强机构。由于目前各县区域的管辖范围大,自然村的居民点分布较散,交通很不便利,这样,县级医院的负担和解决全县医疗需求方面的实际能力,显得过于紧迫。因此,在中心集镇原有卫生院的基础上,予以加强,成为集镇中心卫生院,以此分担县级医院的一些职责,它除负责本区的医疗卫生工作外,还要接受本区所属卫生院转来的病人,并协助和指导下属卫生院的业务,起到县级医院的助手作用。它的规模较县医院小,但是比一般卫生院大,通常有病床50～100张,门诊平均200～400人次/日,见表6-11。

表 6-11　村镇各类医院规模

序　号	名　称	病床数(张)	门诊人次数(人次/日)
1	中心卫生院	50～100	200～400
2	卫生院	20～50	100～250
3	卫生站	1～2张观察床	50左右

卫生站是村镇三级医疗机制的基层机构。它主要是承担本村卫生宣传、计划生育等方面的工作,把医疗卫生工作真正落实到基层。卫生站的规模,平均每天门诊人数为50人左右,附带设置1～2张观察床。

(2)村镇医院用地指标与建筑面积指标参考见表6-12。

表 6-12　村镇医院用地面积与建筑面积指标参考

床位数(张)	用地面积(m²/床)	建筑面积(m²)
100	150～180	1 800～2 300
80	180～200	1 400～1 800
60	200～220	1 000～1 300
40	200～240	800～1 000
20	280～300	400～600

二、新农村医院的选址

村镇各类医院的布点是在村镇三级医疗卫生网的统一规划下进行的,选址时应注意以下几个方面:

(1)要方便看病。由于村镇医院的服务半径较大,因此,村镇医院应设在交通方便,人口比较集中的村镇内,但应避免靠近公路干线,以免影响交通和卫生;

(2)要便于做好疾病的防治和环境卫生保护。不仅需要满足医院本身的环境要求,同时应防止医院污染环境。故新建医院一般布置在村镇的边缘地带,与居住点既便于联系又有适当

距离。同时要便于污水、脏物的处理;

(3)用地要求地势高爽,阳光充足,空气洁净,环境安静、优美。应在工场和畜牧区的上风方位,并有一定的防护距离和绿化带,同时,应考虑村镇医院发展方向和规模并留出发展用地。

三、建筑的组成与总平面布置

建筑的组成与总平面布置见表 6-13。

表 6-13　建筑的组成与总平面布置

项　目		内　容
医院建筑的组成		村镇医院建筑一般可分为四个部分: (1)医疗部分。包括门诊部、辅助医疗部、住院部等; (2)总务供应部分。包括营养厨房、洗衣房、中草药制剂室等; (3)行政管理用房。包括各种办公室等; (4)职工生活部分。规模大的应设职工生活区
医院的总体布局原则		在医院的总平面布置中要根据功能关系合理安排医疗部分、总务供应及管理部分。具体要求如下: (1)医疗部分应位于医院用地的中心,靠近主要出入口,便于内外交通。建筑物的布置要有较好的朝向和自然通风,环境安静,并处于厨房等烟尘染源的上风方向; (2)医疗区的传染病病房应位于其他医疗建筑和职工生活区的下风方向,并有适当的距离和防护绿化带,但又要联系方便。传染病区不宜靠近水面,以免扩大污染范围; (3)放射治疗部分的位置,要便于门诊和住院病人使用,并与周围建筑物保持必要的防护距离; (4)总务区要与医疗区联系方便,但又互不干扰。要注意厨房和烟尘对其他部分的干扰; (5)太平房应设在医院的隐蔽处,避免干扰住院病人,并有直接对外的出入口; (6)职工生活区如设在医院用地范围内时,应与医院各部分用房有一定的分隔,不能混杂在一起; (7)交通路线组织合理,对外联系直接,对内联系方便。出入口的位置明显,一般应设主要的出入口与次要出入口。主要出入口供医疗、探访、总务人流使用。次要出入口作为职工生活的人流使用; (8)厕所以集中设置为宜,对传染患者应另设专厕,便于消毒处理
总平面布局形式	分散布局	这种布局其医疗和服务性用房基本上都分幢建造,其优点是功能分区合理、医院各建筑物隔离较好、有利组织朝向和通风、便于结合地形和分期建造。其缺点是交通路线长,各部分的联系不太方便,增加了医护人员往返的路程;布置松散,占地面积较大,管线也长
	集中式布局	这种布局是把医院各部分用房安排在一幢建筑物内,其优点是内部联系方便、设备集中、便于管理、有利于综合治疗、占地面积较少、节约投资;其缺点是各部分之间的干扰难以避免,但在村镇卫生院中采用较多

四、医院建筑主要部分的设计要点

1. 门诊部的设计要点

门诊部的设计要点见表6-14。

表6-14　门诊部的设计要点

项　目	内　容
门诊部的组成	村镇卫生院门诊部科室情况及房间组成如下： (1)诊室。包括内科、外科、儿科、五官科、妇产科、中医科、计划生育科等； (2)辅助治疗。包括注射科、换药科、针灸科、化验科、药房、X光室、手术室、病案室等； (3)公共部分。包括挂号室、收费室、候诊室及门厅等； (4)行政办公室及生活辅助用房
门诊部设计的一般要求	(1)门诊部建筑层数多为1～2层,当为两层时,应将患者就诊不方便的科室或就诊人次较多的科室设在底层。如外科、儿科、妇产科、急诊室等。 (2)应合理组织各科室的交通路线,防止人流拥挤,往返交叉。规模较大的中心卫生院,由于门诊量较大,有必要将门诊人口与住院人口分开设置。 (3)要有足够的候诊面积。候诊室与各科室以及辅助治疗区保持密切联系,路线尽量缩短
诊室的设计要点	诊室是门诊部的重要组成部分,诊室设计合理与否,将直接影响门诊部的使用功能和经济效益。诊室的形状、面积和诊室的家具布置、医生诊察活动以及患者的候诊处置直接相关。一般卫生院的诊室使用情况是习惯于合用诊室。一科一室两位医生合用,或两科一室几位医生合用。 目前村镇卫生院诊室的常用轴线尺寸为:开间为3.0 m,3.3 m,3.6 m,3.9 m;进深为3.0 m,3.6 m,4.2 m,4.5 m,4.8 m;层高为3.0 m,3.3 m,3.6 m。 几种典型的诊室平面布置,如图6-16所示

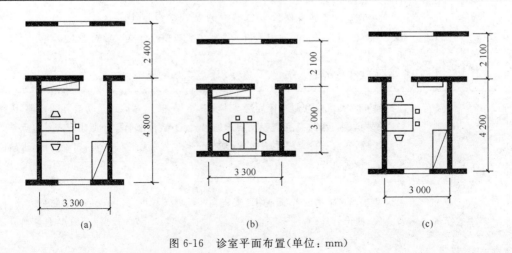

图6-16　诊室平面布置(单位：mm)

2. 住院部设计要点

(1)住院部设计要点见表6-15。

表6-15 住院部设计要点

项 目	内 容
住院部的组成	住院部由入院处、病房、卫生室、护士办公室以及生活辅助房间等组成。病房是住院部中最主要的组成部分
病房的设计要点	病房应有良好的朝向、充足的阳光、良好的通风和较好的隔声效果。 病房的大小与尺寸,与每间病房的床位数有关。目前村镇医院的病房多采用四人一间和六人一间。随着经济的发展和条件的改善,可多采用三人一间乃至两人一间的病房。此外,为了提高治疗效果和不使患者相互干扰,对垂危患者、特护患者应另设单人病房
病房内床位布置形式	患者床位最好的摆法是平行于外墙。对患者来说,既可能避免太阳光直射,又可以观望室外景观,能舒展心情。如果床位垂直于外墙,阳光直射时,会造成患者的不适。所以,比较科学的床位摆法是平行于外墙,如图6-17所示是几种病房的床位摆法

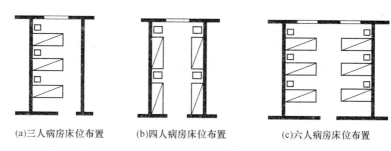

(a)三人病房床位布置　　(b)四人病房床位布置　　(c)六人病房床位布置

图6-17 几种病房的床位摆法

(2)病房的床位数及常用开间、进深尺寸见表6-16。

表6-16 病房尺寸参考表

病房规模	上限尺寸(m)	下限尺寸(m)
三人病房	3.3×6.0	3.3×5.1
六人病房	6.0×6.0	6.0×5.1

(3)卫生院建筑的平面形式,以走廊与房间的相对位置分,有内廊式与外廊式平面;以建筑的平面形式分,则有一字形、L形、工字形等平面。

(4)村镇中心卫生院设计参考方案。村镇中心卫生院设计参考方案,如图6-18所示。

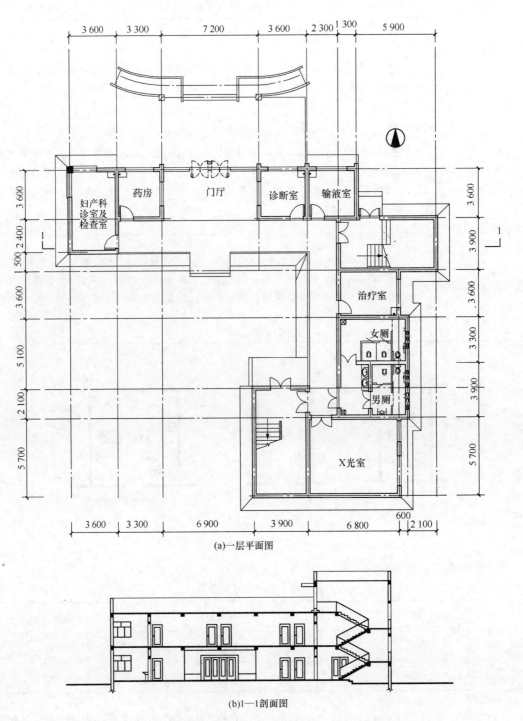

(a)一层平面图

(b)1—1剖面图

图 6-18(单位:mm)

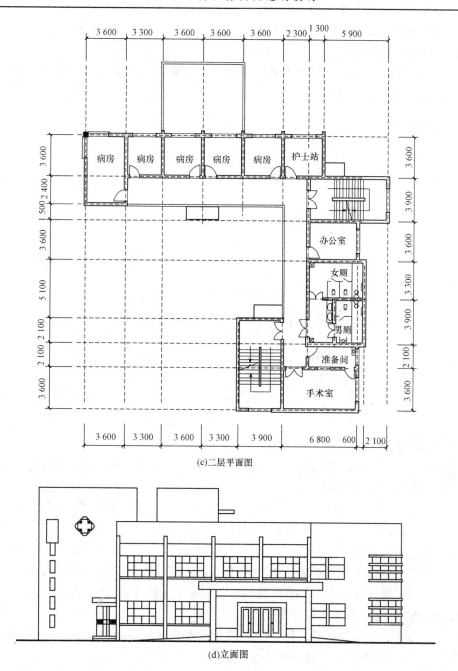

(c)二层平面图

(d)立面图

图 6-18　村镇中心卫生院设计参考方案(单位：mm)

第三节　新农村商业建筑设计

一、新农村商业建筑的类型

(1)集贸市场建筑。集贸市场是近年来迅速发展起来的。它一般属于个体性质,按商品品种的不同大致可分为两大类:其一是农贸市场,农贸市场里的商品都是农民自产品,如蔬菜、水产、肉食、蛋禽等;其二是小商品市场,小商品市场除从城里购销的商品,如服装、鞋帽等以外,还有相当数量是地方民间工艺品。集贸市场是对村镇供销社的一种补充,因为它灵活、方便、营业时间长、深受居民欢迎,因而具有广阔的发展前景。

（2）小型超市建筑。在乡镇或连村地段、要道口,开设小型超市。超市的货物一定要全,包括家居日常用品、烟酒副食等。

二、小商场设计

1. 小商场的组成

小商场一般由入口广场、营业厅、库房及行政办公用房等组成,其功能关系如图 6-19 所示。

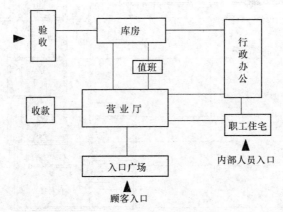

图 6-19　小商场功能关系图

2. 小商场各部分的设计要点

（1）营业厅设计。营业厅是商场的主要使用空间,设计时要合理安排各种设施,并处理好空间,创造一种良好的商业环境。

对于销售量大、挑选性弱的商品,如食品、日用小百货等,应分别布置在营业厅底层并靠近入口,以方便顾客的购买;对挑选性强和贵重商品应设在人流较少的地方。体积大而重的商品应布置在底层。对有连带营业习惯的商品应相邻设置。营业厅与库房之间,要尽量缩短距离,以便管理。营业厅的交通流线要设计合理,避免人流过多拥挤,尤其是顾客流线不应与商品运输流线发生交叉。如果营业厅与其他用房如宿舍合建于一幢建筑,则营业厅与其他用房要采取一定的分隔措施,保证营业厅的安全。

小商店一般不设置室内厕所,营业厅的地面装饰材料就选用耐磨、不易起尘、防滑、防潮及装饰性强的材料。营、业厅应有良好的采光和通风。

营业厅不宜过于狭长,以免营业高峰期间中段滞留过多的顾客。营业厅的开间一般采用 3.6～4.2 m。如果楼上设办公室或宿舍,底层营业厅中设柱子,此时柱子的柱网尺寸既要符合结构受力的要求,又要有利营业厅中柜台的布置。营业厅的层高一般为 3.6～4.2 m。

营业厅中柜台的布置是一个关键环节。营业员在柜台内的活动宽度,一般不小于 2 m,其中柜台宽度为 600 mm,营业员走道为 800 mm,货架或货柜宽度为 600 mm;顾客的活动宽度一般不小于 3 m,这两个参数是营业厅柜台布置的基本数据。柜台的布置方式见表 6-17。

（2）橱窗的设计要点。橱窗是商业建筑的特有标志,它是供陈列商品用的,数量应适当。

橱窗的大小,根据商店的性质、规模、位置和建筑构造等情况而定。由于安全的需要,橱窗的玻璃不宜过大。

表 6-17　柜台的布置方式

项　目	内　容
单面布置柜台	柜台靠一侧外墙,另一侧为顾客活动范围
双面布置柜台	柜台靠两侧外墙布置,顾客走道在中间。这种布置方式要考虑好采光窗与货柜的相互关系
中间或岛式布置柜台	柜台布置在中间,能很好地利用室内空间和自然光线,柜台布置较灵活,比较适合目前的村镇

橱窗的朝向以南、东为宜,为避免暴晒和眩光,可适当考虑遮阳措施,以免使陈列品受损。橱窗内墙应密闭,不开窗,只设小门进入橱窗内。小门尺寸可采用 700 mm×1 800 mm,小门设在橱窗端侧为好。

橱窗的剖面形式见表 6-18。

表 6-18　橱窗的剖面形式

项　目	内　容
外凸式橱窗	即橱窗的内墙与主体建筑的外纵墙重合。其优点是橱窗不占室内面积,但其结构复杂,并且橱窗顶部应有防水处理
内凹式橱窗	即橱窗完全设于室内。其优点是做法比较简单,但占据了室内有效面积
半凸半凹窗式橱窗	即橱窗设于主体建筑的外墙中,且向室内外凸出,是村镇商业建筑采用得较多的一种橱窗

(3)库房的设计。库房的面积大小一般应按所经营商品的种类来确定,库房与营业厅保持密切的联系,以便随时补充商品。库房的大门要合理设置,避免交通面积过大,要提高库房的面积使用率及空间利用率。库房要防潮、隔热、防火以及防虫、防鼠等。

库房与营业厅相对位置的布置方式见表 6-19。

表 6-19　库房与营业厅相对位置的布置方式

项　目	内　容
分散式布置	这种布置使用方便,能随时补充商品,但库房不能相互调节
集中式布置	这种布置管理方便,种类商品存放位置可相互调节,并且货运与人流完全不交叉
混合式布置	这种布置方式的特点是,能分散存放的商品就分散存放,不能分散存放的商品就集中存放

三、集贸市场设计

1. 选址原则及布置方式

(1)农贸市场的选址应考虑以下几个原则:

1)应选在交通方便的地段,以方便农民的销售,对于有批发业务的大型农贸市场,还应考虑农副产品外运时的交通;

2)地势宜平坦、高爽,排水畅通;

3)应遵循节约用地的原则,尽量利用荒地与缓坡地段以及集镇的零星地段;

4)要与居民点保持适当的距离,以减少农贸市场的嘈杂对居住的干扰,但又要方便居民的生活,不宜隔得太远。对于建在居民点内的小型农贸市场,要采取适当的分隔措施以保证居住的安静。

(2)农贸市场的布置方式应有以下的方式。

1)利用原有街道进行布置。这种布置方式适宜建造小型农贸市场,便于居民的生活,能利用集镇的现有设施,其缺点是妨碍交通。因此,这种布置设在次厅街道上,如图6-20所示。

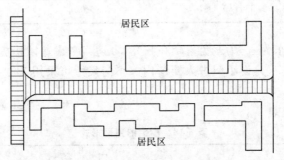

图 6-20　利用原有街道进行布置

2)独立进行布置。这种布置方式适宜建造比较大的农贸市场,能减少对居民点的干扰,不妨碍交通,便于统一管理,如图6-21所示。

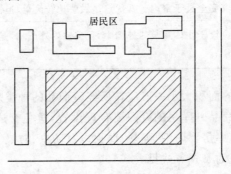

图 6-21　独立进行布置

2. 农贸市场的组成及功能关系

(1)农贸市场的组成见表6-20。

表 6-20　农贸市场的组成

项　目	内　容
摊位	包括各类摊位,如肉类、蛋禽类、水果类、蔬菜类、水产类等,是农贸市场的主要部分
市场管理办公室	包括各类执行与管理人员的办公室
人口广场	包括自行车、板车及其他交通工具的停放场地
垃圾处理站	包括可回收垃圾处理与不可回收垃圾处理

(2)农贸市场各部分的功能关系,如图6-22所示。

3. 农贸市场设计的一般要求

农贸市场设计的一般要求见表6-21。

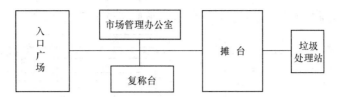

图 6-22　农贸市场功能关系图

表 6-21　农贸市场设计的一般要求

项　　目	内　　容
规模	农贸市场的规模一般应根据村镇人口而定,按占地面积,一般为 1 500～3 000 m²
摊位设计	摊位设计是农贸市场设计的关键,在设计时要安排好内部的货流与人流路线,利用摊台的布置作为人流的导向,人流路线要便捷、畅通,通道要有足够的宽度,要满足携带物品的人流边走边看,并停下来挑选货物的要求,一般情况可按 3 000 mm 设计。如果修建棚架时,高度不小于 4 000 mm。摊位的布置方式通常如下: 　(1)两边布置摊位,中间布置通道,如图 6-23 所示; 　(2)中间布置摊位,两边布置通道,如图 6-24 所示。 　对于成片状布置的农贸市场,其摊位的布置方式,可采用上述两种方式进行组合。对于摊位的长度,一般每隔 10 m 设一个横向通道,以方便顾客的挑选。 　对于不同的农副产品应分类布置摊位,如肉类、蔬菜类、水果类、蛋禽类、水产类等;对需要量大或购买人多的产品,应布置在入口附近,如蔬菜类;对于蛋禽类,由于家禽多以活的出售,为防止粪便影响环境卫生,宜将禽类布置在尽端或人流比较少的地方;对于水产类,为防止废水对其他部分的影响,宜将水产类布置在两边或尽端,并做好给水与排水的设计
采光与通风	对建造有棚架或建筑的农贸市场,要利用侧窗、高侧窗及天窗进行采光与通风
环境设计	农贸市场的环境设计,要处理好它与周边的道路、顾客的流向、附近建筑的关系
垃圾站	农贸市场每天都有大量的废物垃圾排出,因此,在农贸市场附近要设置一个垃圾站或垃圾场,其位置应位于摊台的下风向,并设置独立的出入口

图 6-23　两边布置摊位(单位:mm)

图 6-24　中间布置摊位(单位:mm)

四、小型超市建筑

村镇小型超市常以出售食品和小百货为主,它是一种综合性的自选形式的商店。

小型超市的商品布置和陈列要充分考虑到顾客能均等地环视到全部的商品。营业厅的入口要设在人流量大的一边,通常人口较宽,而出口相应窄一些。根据出入口的设置,设计顾客流动方向,以保持通道的畅通。如图 6-25 所示为小型超市平面没计。

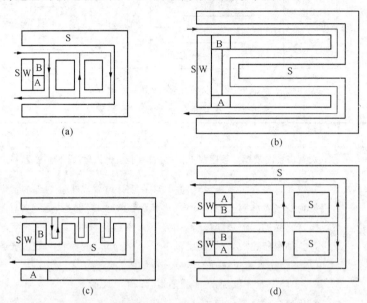

图 6-25　小型超市平面设计

S—开架柜台;SW—存包架;B—存包、租篮、租车;A—收款台

营业厅内食品与非食品的布置,通常是在入口附近布置生活的必需品——各种食品,以利于吸引顾客;而以非食品为主的小型超市,顺序恰恰相反,应突出主要的商品。

小型超市的出人口必须分开,通道宽度一般应大于 1.5 m,出人口的服务范围在 500 m² 以内。有条件的营业厅出口处设置自动收银机,每小时 500～600 人设一台。在人口处要放置篮筐及小推车供顾客使用,其数量一般为人店顾客数的 1/10～3/10。

第四节　新农村文化娱乐设施设计

一、新农村文化娱乐设施设计特点

村镇文化娱乐设施是党和政府向广大农民群众进行宣传教育、普及科技知识、开展综合性文化娱乐活动的场所,是两个文明建设的重要组成部分。文化站建筑一般有如下几个基本特征:

(1)知识性与娱乐性。村镇文化娱乐设施是向广大村镇居民进行普及知识、组织文化娱乐活动和推广实用技术的场所,如文化站、图书馆、影剧院等。文化站组织学习不像学校那样正规,而是采用灵活、自由的学习方式。从它的娱乐性看,文化站设有多种文体活动,可满足不同年龄、不同层次、不同爱好者的需要,例如:茶座交往、棋室、舞厅、儿童游艺室、阅览室、教室、表演厅等;

(2)艺术性与地方性。文化站建筑不仅要求建筑的功能布局合理,而且要求造型活泼新颖、立面处理美观大方,具有地方特色;

(3)综合性与社会性。文化站的活动是丰富多彩,而且是向全社会开放的。

二、新农村文化娱乐设施的组成及功能关系

1. 村镇文化娱乐设施
村镇文化娱乐设施一般有以下几个部分:

（1）入口及入口广场；

（2）表演用房。多功能影剧院、书场与茶座等；

（3）学习用房。大小教室、阅览室等；

（4）各类活动室。棋室、游艺室、舞厅等；

（5）办公用房。行政办公用房及学术研究用房。

2. 文化站功能关系

文化站各部分的功能关系，如图 6-26 所示。

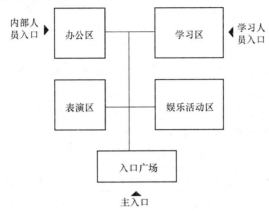

图 6-26　文化站功能关系图

三、表演用房设计要点

1. 表演用房的概念

影剧院是电影院、剧院的统称．属表演用房。附设在文化站中的影剧院，其规模一般不大，根据观众厅能容纳观众的多少，其规模可划分为 500 座、600 座、800 座、1 000 座等几个档次。

2. 影剧院的组成及规模

影剧院的建筑组成，根据使用功能的不同划分见表 6-22。

表 6-22　影剧院的建筑组成

项　目	内　容
观众用房部分	包括在观众厅、休息厅或休息廊等
舞台部分	包括舞台、侧台及化妆室等
放映部分	包括放影室、倒片室、配电室等
管理部分	包括管理办公室及宣传栏等

3. 观众厅的设计

（1）观众厅设计的一般要求。观众厅不仅要符合一般的放映电影与小型文艺演出的需要，而且要使观众能看得到听得清，具体要求见表 6-23。

表 6-23　观众厅设计的一般要求

项　目	内　容
视觉的设计要求	要使观众厅中的每一位观众都能看得到,观众厅就必须设计一定的地面坡度,并且使座位的排列符合一定的技术要求

续上表

项　目	内　容
音质的设计要求	音质的好坏主要取决于观众厅的平面形式、容积以及大厅的装饰材料的声学性能
安全疏散要求	观众厅有一定数量的出入口,以保证在正常使用及意外事故发生时,观众能畅通无阻,并能迅速、安全地离开
通风换气的要求	为保证大厅内的空气新鲜,必须设置通风换气的装置
电气照明的要求	尤其舞台的电器照明,必须符合一定的艺术效果

(2)观众厅的设计参数及平面形状。村镇影剧院的观众厅,一般为单层,标准较低、造价低廉、受力合理、构造简单、施方便。观众厅的大小可按平均每座 0.6~0.7 m² 计算,体积可按平均每座 3.5~5 m² 计算,观众厅平面宽度与长度之比宜采用 1:1.5~1:1.8。

对于矩形平面的观众厅及尺寸可参考表 6-24。

表 6-24　常见观众厅平面尺寸参考

规模类型(座)	宽度(m)	长度(m)	宽度比
500	15	24	1:1.6
600	15	27	1:1.8
800	18	30	1:1.67
1 000	21	33	1:1.57

观众厅的平面形状通常有:矩形平面、梯形平面及钟形平面等,如图 6-27 所示。村镇采用较多的为矩形平面,这种平面形式体形简单、施工方便、声音分布均匀,适合于中小型影剧院使用。

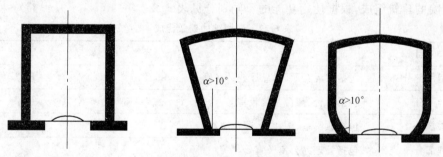

图 6-27　观众厅的常见平面形式

(3)观众厅的剖面形式。村镇影剧院的观众厅一般不设挑台楼座,所以吊顶棚不应过高,以免造成浪费。严格地控制每座位的建筑体积指标,以免混响时间过长而造成声音不清晰。村镇影剧院的观众厅的顶棚在 3.5~8 m 比较合适。吊顶剖面可根据声线反射原理,做成折线形或曲线形。同时为了加强观众厅声响效果,常在台口附近做成反射斜面的吊顶,如图 6-28所示。

斜面顶棚与水平面的夹角西宜小于或等于 15°。舞台上部为了装设吊杆和棚顶,一般要高于观众厅;但以放电影为主要用途的影剧院,应尽量降低舞台的高度,以利降低造价。小型观众厅的舞台上空高度可与观众厅高度相同。这是由于观众厅内设有吊顶和台口反射面,必然使得舞台净空高于观众厅的净空,如图 6-28 所示。

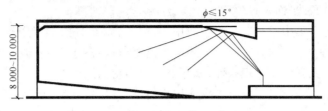

图 6-28　观众厅剖面形式(单位:mm)

(4)舞台的设计。一般用的舞台形式均为箱形,由基本台、侧台、台唇、舞台上空设备及台仓所组成。舞台的有关尺寸如下:

1)台口的高宽比可采用 1:1.5,高度可采用 5~8 m,宽度可采用 8~12 m;

2)台深一般为台口宽度的 1.5 倍,可采用 8~12 m;

3)台宽一般为台口宽度的 2 倍,可采用 10~16 m;

4)台唇的宽度可采用 1~2 m。

舞台一般有双侧台与单侧台之分,如图 6-29、图 6-30 所示。

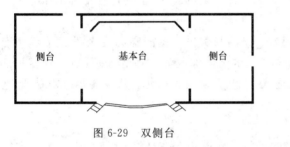

图 6-29　双侧台

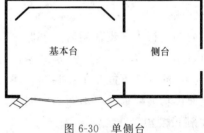

图 6-30　单侧台

(5)观众厅的疏散与出入口。根据防火规范要求,村镇影剧院的安全出入口的数目不应少于两个。当观众厅容纳人数不超过 2 000 人时,每个安全出口平均疏散人数不应超过 250 人。观众厅的疏散走道宽度,应按共通过人数每 100 人不小于 0.6 m 计算,但最小宽度不小于 1 m,在布置疏散走道时,横向走道之间的座位排数不宜超过 20 排。纵向走道之间的座位数每排不超过 18 个。并且要求横向走道正对疏散出口。

观众厅的疏散门以及各走道的总通行宽度,在观众厅座位数小于或等于 1 200 人、耐火等级为三级时,宽度按每百人 0.85 m 计算。观众厅的入场门、太平门都不应设置门槛,门的净宽不应小于 1.4 m,紧靠门口处不应设置踏步,太平门必须向外开启,并设置自动门闩,太平门的位置应明显,并应设置事故照明器。

(6)观众厅的视觉设计。为了保证观众厅内每个观众都有比较好的视觉质量,观众厅的地面应做成前低后高的坡度,观众厅地面的坡度形成阶梯形和弧线形;但村镇影剧院应优先采用阶梯形。当观众厅的排数小于 24 排,升高值用 120 mm 时,可采用逐排升起、隔排升起或每隔二排升起的方法来确定地面的坡度,这种地面的坡度一般变化在 1:2.6~1:8.7 之间。

(7)观众厅的音质设计。观众厅内应使每一个听众都能听得见与听得清,并能使声音保持原有特色。观众厅的音质设计包括音响度、清晰度及丰满等方面的问题。声音的音响度可用电声系统来保证每个观众能听得到,而声音的清晰度与丰满度则须创造最佳混响时间来保证。

四、文化站的平面布置形式

文化站一般有两种平面布置形式:

(1)集中式布置。集中式布置是将表演用房、娱乐活动用房、学习用房等布置在一幢建筑内。这种布置功能紧凑,在北方有利于节约常规能源,空间富于变化,建筑造型丰富多变,但相互间有一定的干扰,尤其应注意观众厅、舞厅对其他用房的影响。

(2)分散式布置。分散式布置是将表演用房、舞厅等比较吵闹的部分独立设置。这种布置方式能减少各部分之间的影响,能根据经济情况分期建设,但联系与管理不便。

第五节 新农村敬老院建筑设计

一、建筑规模及选址

1. 村镇敬老院的概述

村镇敬老院是专门收养村镇无依无靠的孤寡老人的社会福利机构。办好敬老院对解除农村劳动人民老无所依的思想顾虑,破除一部分人养儿防老的思想,推动计划生育工作的开展都有直接影响。

农村自实行生产责任制后,"五保户"已经不适应形势发展的需要,要求逐步建立起敬老院实行"以院代户、集中供养"的养护老人的方式。敬老院除收养孤寡老人外,还要收容一部分"自费代养"的因故不能与子女共同居住的老人,以及残疾人和孤儿。从发展要求来看,敬老院的建筑使用功能要求也将不断趋向完善。

2. 建设规模

根据有关方面的调查,目前我国村镇 60 及 60 岁以上的老人占村镇总人口数为 5%～7%,孤寡老人约占老人总数的 5%。考虑到今后自费代养的老人数量增多的因素,敬老院收容老人的床位是:中心集镇为 25～50 床,一般集镇为 15～25 床,中心村为 10～15 床。建筑面积指标每床为 15～20 m^2。在规模较大的集镇可建造设施较全的福利院或老人养护中心。

3. 选址

敬老院尽可能建在环境幽静、空气清新的区域,以满足老人休养和室外活动的需要。同时也要考虑到老年人行动不便,便于老人就近看戏看电影、就近求医治病和上街购物,敬老院也可与公共设施结合规划。

为了减少建筑物内外地面的台阶,建筑场地尽可能选用平地或缓坡地。此外,建造地点交通要方便,以便亲友探望,总体环境要安静而不偏僻,以免加深老人的孤独感。为了能使老人参加一些力所能及的劳动,并获得一定的经济收入,使他们感到生活更充实,敬老院应与工艺、园艺性生产和养殖等场地结合建造。

二、建筑组成与设计要求

1. 建筑组成

(1)居住生活单元。居住生活单元由卧室、公共起居室、卫生间及贮藏等用房组成。

1)卧室。根据老人们的不同组合居住要求,需设单床,双床或多床卧室,每床居住面积为 5 m^2 左右,每间卧室面积为 10～20 m^2。

2)公共起居室。供老人日常起居活动如聊天、看电视、阅读及用餐等活动之用,房面净面积需 25～30 m²。

3)卫生间。包括厕所及盥洗室。考虑到老人的洗浴要求及有些老人洗浴需人照顾的情况,可在全院集中设一个带有盆塘或池塘的浴室。

4)贮藏。存放老人个人的物品,应设个人专用的贮存小间或壁柜。老人使用的搁板最上层高度不宜过大。

(2)多功能厅。多功能厅供全院老人文娱及各种集体活动之用,也可兼作餐厅。其面积大小按全院使用人数确定。

(3)医护管理人员室。医护管理人员使用房面积按工作人员数量确定。工作人员数按每人负担 4～5 床计算。

(4)生产用房及场地。生产用房及场地包括工作间及养殖场等用房。

(5)辅助用房。

(6)庭院绿化美化设施。

2. 设计要求

敬老院在整体环境设计方面要力求创造亲切的家庭气氛,便于老人自然接触、相互交往、建立友情,使他们在居住过程中减少心灵上的孤独感。建筑物宜建平房;为了节省用地也可建楼房,但层数不宜超过两层。在建筑细部处理方面,要充分考虑老人的生理和心理的特点,方便老人使用,并确保使用过程中的安全。如建筑入口及室内有高差的地坪处尽可能用坡道代替台阶;楼梯坡度宜平缓,使老人在行走时不致感到过于疲劳;楼梯不设梯井和不采用螺旋形梯,以免老人行走时感到头晕;室内地面装修不要采用光滑的材料,以防止老人摔倒;窗台不宜过高,能使老人坐着看到室外;居室的阳台在寒冷地区应加以封闭,以利于冬季防寒;居室的楼板和墙壁均要考虑隔声处理,以防止老人在噪声中感到烦躁。此外,室内装修色彩宜采用高明度鲜亮的颜色,使老人在视力昏花的情况下,能清楚地辨别室内的方向和物品的位置。

第六节　新农村建筑小品设计

一、建筑小品的设计特点

建筑小品的设计特点分为以下三部分。

(1)附属性。建筑小品是依附建筑主体的,不论其体量,还是其造型都必须与主体建筑相呼应。

(2)小型性。建筑小品的规模一般都比较小,投资也不多,尺度也不大。

(3)艺术性。由于建筑小品具有衬托建筑、美化环境的作用,因此,小品种类的选择及与建筑的关系都必须符合人们的审美心理,建筑小品本身造型也必须符合一定的构图规则。

二、建筑小品的类型

建筑小品的类型很多,其分类方法及内容见表 6-25。

表 6-25　建筑小品的类型

项　　目	内　　容
按其构成分类	(1)花池类。如花池、花坛等。 (2)广告宣传类。如宣传栏、广告牌、布告牌画廊等。

项　目	内　容
按其构成分类	(3)山水类。如小水池、假山等。 (4)小型雕塑类。 (5)围墙花格类
按与建筑的相对 位置分类	(1)沿建筑周边设置的小品。如入口花池、沿墙花池，设在建筑山墙上的黑板报、宣传橱窗等。 (2)独立设置的小品。如水池、假山、喷水池、花坛等。 (3)小游园。小游园是建筑小品的综合体，它是在建筑群的空地上，开辟一块小绿地，设一个小水池或假山、亭之类的小品，再配以花草树木、石凳、石桌而形成的
按建筑小品的 功能分类	(1)观赏性质的小品。如花坛、假山等。 (2)有一定使用功能的小品。如宣传栏、布告牌、自行车棚等

三、建筑小品与建筑的协调

建筑小品与建筑的协调必须从建筑小品的种类选择、造型、色彩、尺度等方面综合考虑。建筑小品种类的选择要根据小品设置的位置、功能等方面的因素来确定，如在建筑人口的台阶旁宜设置花池、小兽雕等；在建筑入口的广场上宜设置喷泉、花坛等；在建筑入口广场的四周和建筑的山墙上宜设置宣传栏等。

(1)小品的造型必须与主体建筑相互衬托。如建筑造型比较丰富时，则小品的造型宜简洁些，反之，如果主体建筑的造型比较简洁，其小品的造型则可活泼些。这样就使得它们互为条件，互相依存，融为一体。

(2)小品的色调宜采用主体建筑色调的对比色，以突出小品的位置，吸引人们去观赏，但如果小品的体量大，色调的对比可强烈一些。

(3)小品的尺度应与周围的建筑物协调一致。如果建筑的体量小，则小品的体量宜小一点；小品尺度与建筑的相对位置也有一定的关系，如小品离建筑近，则体量宜小；如果离建筑物远，则体量宜大。如图 6-31 所示为建筑小品设计参考方案。

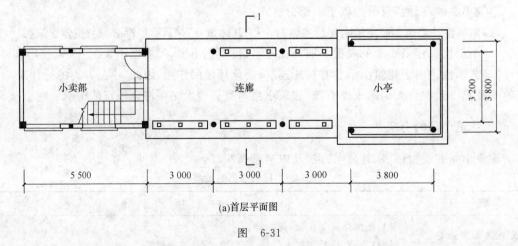

(a)首层平面图

图　6-31

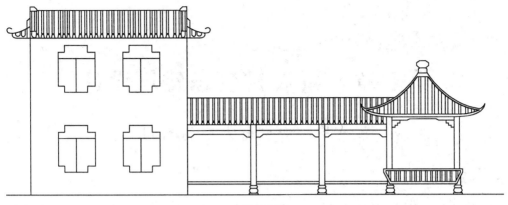

(b)正立面图

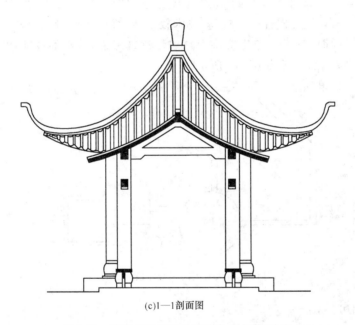

(c)1—1剖面图

图 6-31　建筑小品(亭子)设计参考方案(单位：mm)

第七章　新农村生态建筑设计

第一节　新农村太阳能利用

一、主动式太阳房

主动式太阳房是以太阳能集热器、散热器、管道、风机或泵,以及贮热装置组成的强制循环太阳能采集系统或者是由上述设备与吸收式制冷机组成的太阳能空调系统。

这种系统的优点是控制调节比较灵活、方便,应用也比较广泛,除居住建筑外,还可用于公共建筑和生产建筑。缺点是一次性投资较高,技术较复杂,维修工作量也比较大,并需要消耗一定量的常规能源。因而,对于小型建筑特别是居住建筑来说,基本都被被动式太阳房所代替。主动式太阳能采暖系统示意如图 7-1 所示。

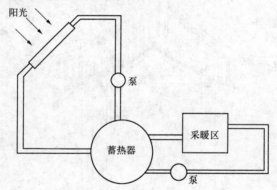

图 7-1　主动式太阳能采暖系统示意图

二、被动式太阳房

1. 被动式太阳房的原理及特点

被动式太阳房是通过建筑朝向和周围环境的合理布置、内部空间和外部形体的巧妙处理以及结构构造和建筑材料的恰当选择,使建筑冬季能集取、保持、贮存、分布太阳热能,从而解决冬季采暖问题;同时夏季能遮蔽太阳辐射,散发室内热量,从而使建筑物降温。

被动式太阳房是一种让太阳射进房屋并加以应用的途径,整个建筑本身就是一个太阳能系统,不像主动式太阳房那样需要另外附加一套采暖设备。例如,窗户不仅仅是为了采光和观景,同时是太阳能集热装置;围护、分隔空间的墙体也是贮存辐射热量的构件。

被动式太阳房不需要或仅需要很少的动力和机械设备,维修费用少。它的一次性投资及使用效果很大程度上取决于建筑设计水平和建筑材料的选择。被动式太阳房利用太阳能来采暖降温,节约常规能源,具有良好的经济效益、社会效益和环境效益。

2. 被动式太阳房的采暖方式

被动式太阳房的采暖方式主要有:直接受益式、对流环路式、蓄热墙式和附加日光间式。

（1）直接受益式。建筑物最简单、最普遍的采暖方式就是直接利用太阳能，即让阳光透过窗户直接照射到室内，提高室温，从而节约常规能源。直接受益采暖方式如图 7-2 所示。

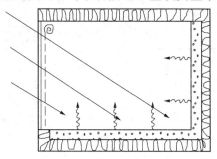

图 7-2　直接受益采暖方式

直接受益式太阳能利用主要解决的问题见表 7-1。

表 7-1　直接受益式太阳能利用主要解决的问题

项　目	内　容
太阳得热体	太阳得热体（玻璃或墙体）尽量朝向正南。玻璃采用透射率较高的净片玻璃，要使阳光照射进北向房间，可采用易于夏季遮阳的天窗。窗户的位置要尽量多地照射到贮热体（地板、墙体等）
贮热体	贮热体是室内温度的保证，当房间无阳光照射时，贮热体向室内散发热量。贮热体的材料选择蓄热系数大的材料，诸如混凝土、砖、夯土等，而且色彩宜深、重量宜重，肌理凹凸。为使贮热体的热量不向外界流失，贮热体必须要有良好的保温措施
活动保温装置	由于窗户传热系数大且冷风渗透失热，在夜晚和阴雨天气，大量热量从窗户流失，所以为了保证室内具有一定的温度，窗户除可采用双层窗和双层玻璃外，窗户处必须设置一些保温装置。常用的措施有设置厚窗帘、设置保温遮阳百叶窗、设置硬质保温板，需要阳光进入时打开这些设施，没有阳光时（例如夜间）关闭。保温遮阳百叶窗和硬质保温板应尽可能放在窗户的外侧，并尽可能地严密

（2）对流环路式。对流环路式的原理类似太阳能家用热水系统，依靠"热虹吸"作用进行循环。对流环路板是一个平板空气集热器。它是由一层或两层玻璃覆盖着一个黑色吸热板组成。空气可以流过吸热板前面或后面的通道，对流环路板的后面设有保温材料。集热器内的空气被吸热板吸收的太阳能加热后上升，经过上部进风口进入房间，同时房间下部温度较低的空气由下部风口进入集热器继续被加热，如此形成循环。

建筑中，把围护结构设计成双层壁面，在两壁面间形成封闭的空气间层，并将各部位的空气层相连形成循环，在太阳产生的热力作用下，依靠"热虹吸"作用产生对流环路系统，在对流循环过程中不断加热壁面间的空气，并使壁面不断地贮存热量，在适当的时候释放热量，保证室内温度稳定。对流环路式也可以在墙体、楼板、屋面、地面上应用。利用双层玻璃形成的空气集热器效果更好。如图 7-3 所示为集热墙对流环路采暖方式，如图 7-4 所示为空气集热器对流环路采暖方式。对流环路式为了获得良好的"热虹吸"效果，集热面的垂直高度要大于1.8 m，空气层厚度一般取 100～200 mm。

在对流环路系统中，夜间当集热墙变冷时，可能产生反向对流，损失掉晴天所获热量，所以设置自动防止反向对流的逆止风门。逆止风门是在风口上悬挂一层又轻又薄的塑料薄膜,热气流可以轻轻地把风门推开进入房间,反向气流则使塑料薄膜落回原来的位置遮住风口,阻止气流逆循环。

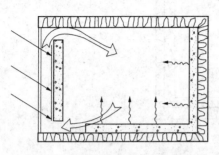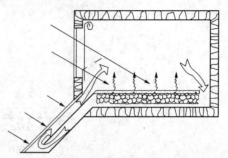

图 7-3　集热墙对流环路采暖方式　　　　图 7-4　空气集热器对流环路采暖方式

对流环路采暖方式最适用于学校、办公建筑等。由于这些建筑的主要特点是白天使用,与集热墙运行周期相一致。它也可以用于住宅这类白天和夜间均使用的建筑,但必须设置一定的贮热体,夜间向室内释放热量。

(3)蓄热墙式。蓄热墙式是综合直接受益式和对流环路式两种太阳能得热方法,主要由外侧玻璃面、空气间层和内侧贮热体构成,在贮热体上开设有一定高差的风口,调节空气间层被加热的空气流入室内。

蓄热墙常用的是采用混凝土、砖、土坯等作为贮热体,这种墙体也称为特隆布墙。蓄热墙的厚度 300 mm 左右,表面色彩宜深,当阳光投射到它上面时便被加热。像对流环路一样,对流风口设在墙的底部和顶部,房间的冷空气下降进入底部风口,在贮热体和玻璃之间的空间中受热上升,经由顶部风口进入房间,如图 7-5 所示。同时,墙体吸收的太阳热能向室内传热。在没有太阳的时候,关闭底部和顶部的风口,蓄热墙向室内辐射热量。蓄热墙也可以采用水墙,水墙热容性好,整个墙体厚度、温度保持较均匀,但构造复杂,造价较高,应用较少,如图 7-6 所示。

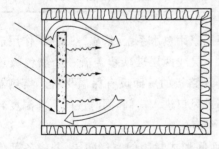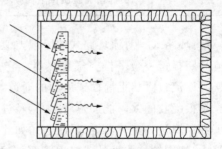

图 7-5　集热蓄热墙采暖方式　　　　　图 7-6　水墙采暖方式

在夏季集热蓄热墙还可促进房间的自然通风,从而降低室内温度。这是由于当玻璃与墙体之间的空气被太阳能加热后,通过面向室外的上部排风口被抽出。这样室内的热空气排出室外,而房屋北侧或地下的凉空气补进室内,降低室内空气温度,如图 7-7 所示。但是如果开向室外的排风口冬天不能严密关闭的话,这种降温系统不应考虑。

在比较寒冷的气候条件下,蓄热墙应至少设两层玻璃。集热蓄热墙的上下风口应靠近天花板和地板,上下风口的垂直距离不宜小于 1.8 m,上下风口的总横断面积约为该墙面积的

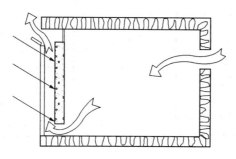

图 7-7　集热蓄热墙夏季降温时的空气流程

1%左右。和对流环路(集热墙)系统一样,风口应安装塑料薄膜自动逆止风门。外侧玻璃与贮热墙体之间的空腔或流道宽度,一般为 75～100 mm。

　　集热蓄热墙的贮热墙体外侧,一般喷涂黑色吸热材料。如果喷涂吸收率高而发射率低的选择性涂层,可以提高它的热效率。但是建筑立面上的大片黑色常常使人们的心情感到沉闷和压抑,所以有时改用墨绿、暗红、深棕等色,但热效率不及黑色。

　　由于热波自贮热墙体室外一侧向室内一侧的传导需要一个过程,因而内表面峰值温度出现的时刻将随墙体厚度和材料的不同,较外表面产生不同的时间延迟,所以它能够把白天吸收的太阳能贮存到夜晚使用。蓄热墙系统常常和直接受益式组合应用,白天由直接受益窗供暖,夜间由蓄热墙供暖,从而使房间获得稳定而舒适的温度。

　　(4)附加日光间式。附加日光间是指由于直接获得太阳能而使温度升高的空间,利用空间热量来达到采暖的目的。过热的空气可以立即用于加热相邻房间,或者贮存起来留待没有太阳照射时使用。在一天的所有时间内,附加日光间内的温度都比室外高,这一较高的温度使其作为缓冲区减少建筑的热损失。

　　附加日光间还可以作为温室栽种花草,以及用于观赏风景,交通联系,娱乐休闲等多种功能。它为人们创造了一个置身大自然之中的室内环境。

　　附加日光间常在南向设置,可采用的有南向走廊、封闭阳台、门厅等。把南面做成透明的玻璃墙,屋顶做成具有足够强度倾斜的玻璃,加大集热数量,如图 7-8 所示。

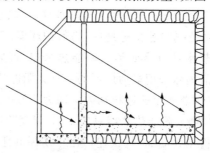

图 7-8　附加日光间采暖方式

　　附加日光间采用双层玻璃,为了减少夜间热量的损失,可安装卷式保温帘。同时,日光间每 20～30 m² 玻璃需要安装 1 m² 的排风口,保证日光间的通风和夏季日光间过热。

　　附加日光间与相邻房间传热方式常用的方法有四种:①太阳热能通过日光间与房间之间的玻璃门窗直接射入室内,如图 7-9(a)所示;②日光间的热量借助自然对流或小风扇直接传送到房间,如图 7-9(b)所示;③通过房间与日光间之间的墙体传导、辐射给房间,如图 7-9(c)所示;④先贮存在卵石床,然后再传给建筑物,如图 7-9(d)所示。

　　被动式太阳房建筑设计,除考虑采暖效果外,和常规建筑一样,还必须做到功能适用、造型

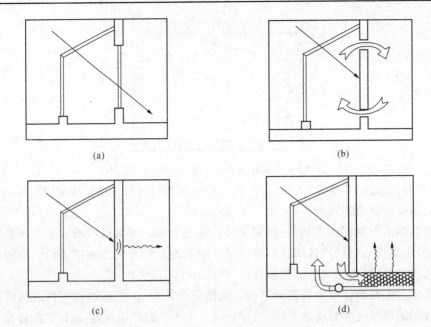

(a)　　　　　　　　　　　　　　　(b)

(c)　　　　　　　　　　　　　　　(d)

图 7-9　日光间与相邻房间传热方式

美观、结构安全合理、维护管理方便,以及节约用料、减少投资等,因而需要反复进行方案比较。在很多情况下,一幢太阳房常常组合应用两种或三种采暖方式。

三、太阳能热水器与太阳能灶的应用

1. 太阳能热水器的应用

太阳能热水器是把预先存储在一个容器中的冷水,通过太阳的直接照射面加热到一定温度,为家庭提供采暖、洗衣、炊事等用途的热水。水温随季节、地区的纬度、阳光照射时间的长短而不同,在夏季一般可达到 $50℃\sim60℃$。我国获得太阳能每年约为 3.6×10^{22} J,相当于 1.2 万吨标准煤的发热量。

太阳能热水器正越来越广泛用于生产、生活与科研领域,炊事用太阳能灶也越发被重视,并推广应用。我国不少农村和喜马拉雅山等地区,为保护环境,已经较为普遍地使用了太阳能灶和太阳能热水器。太阳能热水器分金属类太阳能热水器、玻璃真空管热水器、热管热水器等。玻璃真空管热水器是目前国际采用最为广泛的一种太阳能热水器。

水费不计算在内,燃气热水器 4 年的燃料动力费用为 2 480 元,电热水器 4 年的燃料动力费用为 2 552 元,同样的热水器,太阳能热水器只要 4~5 年就收回总投资,可免费使用 10~15 年,节约近万元,具体数据分析见表 7-2。村镇建房由于房屋间距较大、楼层不多,使用太阳能热水器都会获得良好的收益。

表 7-2　太阳能、燃气、电热水器经济效益对比分析

类别项目	太阳能热水器 (100 L,1.5 m² 集热水器)	燃气热水器 (西安地区液化气 45 元/瓶)	电热水器 (西安地区 0.40 元/度)
装置投资	2 400 元	600 元＋100 元	850 元＋100 元
装置寿命	15 年	6 年	6 年
每年使用天数	300 天	300 天	300 天

续上表

类别项目	太阳能热水器 （100 L,1.5 m² 集热水器）	燃气热水器 （西安地区液化气 45 元/瓶）	电热水器 （西安地区 0.40 元/度）
每天洗浴人数	冬天 3 人,夏天 8 人	冬天 3 人,夏天 8 人	冬天 3 人,夏天 8 人
日产热水量	冬季 100/40,夏季 200/40(L/L)	冬季 100/40,夏季 200/40(L/L)	冬季 100/40,夏季 200/40(L/L)
每年燃料动力费用	0 元	620 元	638 元
每人每次燃料动力费用	0 元	0.60 元	0.50 元
每人每次洗浴平均总费用	0.17 元	0.73 元	0.60 元
15 年装置总投资	2 400 元	1 850 元	2 300 元
15 年所需总费用	2 400 元	11 300 元	11 920 元
是否会发生人身事故	无	可能	可能
环境污染	无	有	有

2. 太阳灶的应用

在阳光资源丰富、燃料短缺的地区,推广利用太阳灶作为农村家庭的辅助生活能源是很有意义的,太阳能灶一般采用反射聚焦太阳能灶,材料较易取得,制作也较方便,特别适用于村镇建筑。家用太阳灶,必须满足以下几个基本要求:

(1)能提供 400℃ 以上温度,这个温度是烹饪时煮沸食用油所必需的;

(2)功率在 700～1 500 W 之间,小于这个功率对于农村家庭实用性不大;

(3)廉价、方便、可靠和耐用,反光材料的有效寿命为两年以上。

第二节　新农村沼气利用

一、沼气的概述

1. 沼气的概念及成分

沼气是有机物质在厌氧环境中,在一定的温度、湿度、酸碱度的条件下,通过微生物发酵作用,产生的一种可燃气体。由于这种气体最初是在沼泽、湖泊、池塘中发现的,所以人们叫它沼气。沼气含有多种气体,主要成分是甲烷(CH_4),是一种很好的洁净燃料。畜牧养殖业的牲畜粪便、农产品废弃物及生活有机垃圾,均可作为沼气的发酵原料。

2. 沼气技术的利用

沼气能源是农村普遍采用的节能方法。沼气用来引火煮食,达到节约煤炭、减少污染的目的。

沼气能作为太阳能应用的补充,有效地解决了人聚地域内排泄物的处理和再利用问题,极好地形成建筑可持续发展的过程,符合保护人类生态环境的要求。

在我国广大的农村,沼气技术已相当成熟,广大用户已积累了丰富的经验。对居民居住较为集中的小区,经济条件好,可采用集中供气发酵供给沼气。

如图 7-10 所示为沼气生态运行模式示意,它是以太阳能为动力,以沼气建设为纽带,通过"生物质能转换"技术,在农户庭院或田园,将沼气池、畜禽室、厕所、日光温室组合在一起,构成能源生态综合利用体系,从而在同一块土地上实现产气、积肥同步,种植、养殖并举,能流、物流良性循环,成为发展生态农业的重要措施。

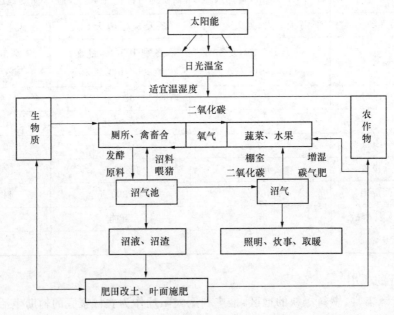

图 7-10　沼气池生态模式运行示意图

3. 沼气池的分类

随着我国沼气科学技术的发展和农村家用沼气的推广,根据当地使用要求和气温、地质等条件,家用沼气池有固定拱盖的水压式池、大揭盖水压式池、吊管式水压式池、曲流布料水压式池、顶返水水压式池、分离浮罩式池、半塑式池、全塑式池和罐式池。形式虽然多种多样,但是归总起来大体由水压式沼气池、浮罩式沼气池、半塑式沼气池和罐式沼气池四种基本类型变化形成的。与四位一体生态型大棚模式配套的沼气池一般为水压式沼气池,它又有几种不同形式。

二、固定拱盖水压式沼气池

圆筒形固定拱盖水压式沼气池的池体上部气室完全封闭,随着沼气的不断产生,沼气压力相应提高。这个不断升高的气压,迫使沼气池内的一部分料液进到与池体相通的水压间内,使得水压间内的液面升高。这样一来,水压间的液面跟沼气池体内的液面就产生了一个水位差,这个水位差就叫做"水压"(也就是 U 形管沼气压力表显示的数值)。

用气时,沼气开关打开,沼气在水压下排出;当沼气减少时,水压间的料液又返回池体内,使得水位差不断下降,导致沼气压力也随之相应降低。这种利用部分料液来回窜动,引起水压反复变化来贮存和排放沼气的池型,就称之为水压式沼气池。

水压式沼气池,是我国农村推广最早、数量最多的池型。把厕所、猪圈和沼气池连成一体,人畜粪便可以直接打扫到沼气池里进行发酵。

水压式沼气池有以下几个优点:①池体结构受力性能良好,而且充分利用土壤的承载能力,所以省工省料,成本比较低;②适于装填多种发酵原料,特别是大量的作物秸秆,对农村积肥十分有利;③为便于经常进料,厕所、猪圈可以建在沼气池上面,粪便随时都能打扫进池;

④沼气池周围都与土壤接触,对池体保温有一定的作用。

水压式沼气池也存在一些缺点,主要是:①由于气压反复变化,而且一般在 4~16 kPa 压力之间变化,这对池体强度和灯具、灶具燃烧效率的稳定与提高都有不利的影响;②由于没有搅拌装置,池内浮渣容易结壳,又难以破碎,所以发酵原料的利用率不高,池容产气率(即每立方米池容积一昼夜的产气量)偏低;③由于活动盖直径不能加大,对发酵原料以秸秆为主的沼气池来说,大出料工作比较困难。因此,出料的时候最好采用出料机械。

三、沼气池的设计

1. 沼气池的设计原则

建造"模式"中的沼气池,首先要做好设计工作。总结多年来科学实验和生产实践的经验,设计与模式配套的沼气池必须坚持的原则见表 7-3。

表 7-3　设计与模式配套的沼气池必须坚持的原则

项　目	内　容
必须坚持"四结合"原则	"四结合"是指沼气池与畜圈、厕所、日光温室相连,使人畜粪便不断进入沼气池内,保证正常产气、持续产气,并有利于粪便管理,改善环境卫生,沼液可方便地运送到日光温室蔬菜地里作肥料使用
坚持"圆、小、浅"的原则	"圆、小、浅"是指池形以圆柱形为主,池容 6~12 m³,池深 2 m 左右,圆形沼气池具有以下优点: (1)根据几何学原理,相同容积的沼气池,圆形比方形或长方形的表面积小,比较省料。 (2)密闭性好,且较牢固。圆形池内部结构合理,池壁没有直角,容易解决密闭问题,而且四周受力均匀,池体较牢固。 (3)我国北方气温较低,圆形池置于地下,有利于冬季保温和安全越冬。 (4)适于推广。无论南方、北方,建造圆形沼气池都有利于保证建池质量。小,是指主池容积不宜过大。浅,是为了减少挖土深度,也便于避开地下水,同时发酵液的表面积相对扩大,有利于产气,也便于出料
坚持直管进料,进料口加算子、出料口加盖的原则	直管进料的目的是使进料流畅,也便于搅拌。进料口加算子是防止猪陷入沼气池进料管中。出料口加盖是为了保持环境卫生,消灭蚊蝇孳生场所和防止人、畜掉进池内

2. 沼气池的设计依据

设计与"模式"配套的沼气池,制定建池施工方案,必须考虑下列因素。

(1)选择池基应考虑土质。建造沼气池,选择地基很重要,这是关系到建池质量和池子寿命的问题,必须认真对待。由于沼气池是埋在地下的建筑物,因此,与土质的好坏关系很大。土质不同,其密度不同,坚实度也不一样,容许的承载力就有差异。而且同一个地方,土层也不尽相同。如果土层松软或是沙性土或地下水位较高的烂泥土,池基承载力不大,在此处建池,必然引起池体沉降或不均匀沉降,造成池体破裂,漏水漏气。

因此,池基应该选择在土质坚实、地下水位较低,土层底部没有地道、地窖、渗井、泉眼、虚土等隐患之处;而且池子与树木、竹林或池塘要有一定距离,以免树根、竹根扎入池内或池塘涨水时影响池体,造成池子漏水漏气;北方干旱地区还应考虑池子离水源和用户都要近些,若池子离用户较远,不但管理(如加水、加料等)不方便,输送沼气的管道也要很长,这样会影响沼气的压力,燃烧效果不好。此外,还要尽可能选择背风向阳处建池。

(2)设计池子应考虑荷载。确定荷载是沼气池设计中一项很重要的环节。如果荷载确定过大,设计的沼气池结构截面必然过大,结果用料过多,造成浪费;如果荷载确定过小,设计的强度不足,就容易造成池体破裂。

(3)设计池子应考虑拱盖的矢跨比和池墙的质量。建造沼气池,一般都用脆性材料,受压性能较好,抗拉性能较差。根据削球形拱盖的内力计算,当池盖矢跨比在 1:5.35 时,是池盖的环向内力变成拉力的分界线;大于这个分界线,若不配以钢筋,池盖则可能破裂,因此,在设计削球形池拱盖时矢跨比(即矢高与直径之比。矢高指拱脚至拱顶的垂直距离)一般在 1:4～1:6;在设计反削球形池底时矢跨比为 1:8 左右(具体的比例还应根据池子大小、拱盖跨度及施工条件等决定)。

在砌拱盖前要砌好拱盖的蹬脚,蹬脚要牢固,使之能承受拱盖自重、覆土和其他荷载(如畜圈、厕所等)的水平推力(一般说来,一个直径为 5 m,矢跨比为 1:5,厚度为 10 cm 的混凝土拱盖,其边缘最大拉力约为 10 t),以免出现裂缝和下塌的危险;其次,池墙质量必须牢固。池墙基础(环形基础)的宽度不得小于 40 cm(这是工程构造上的最小尺寸),基础厚度不得小于 25 cm。一般基础宽度与厚度之比,应在 1:(1.5～2)范围内为好。

3. 沼气池容积的计算

建造沼气池,事先要进行池子容积的计算,就是说计划建多大的池子为好。

计算容积的大小原则上应根据用途和用量来确定。池子太小,产气就少,不能保证生产、生活的需要;池子太大,往往由于发酵原料不足或管理跟不上去等原因,造成产气率不高。

目前,我国农村沼气池产气率普遍不够稳定,夏天一昼夜每立方米池容约可产气 0.15 m³,冬季约可产气 0.1 m³ 左右,一般农村五口人的家庭,每天煮饭、烧水约需用气 1.5 m³(每人每天生活所需的实际耗气量约为 0.2 m³,最多不超过 0.3 m³)。同时,应考虑生产用肥。因此,农村建池,每人平均按 1.5～2 m³ 的有效容积计算较为适宜(有效容积一般指发酵间和贮气箱的总容积)。沼气池容积与家庭人口数量的关系见表 7-4,沼气池容积与畜禽饲养数量的关系见表 7-5。

表 7-4　沼气池容积与家庭人口数量的关系

项目	人口数量		
池容积(m³)	6	7	10
每天可产沼气量(m³)	1.2	1.6	2.0
可满足家庭人口数量(人)	3	4～5	5～6

表 7-5　沼气池容积与畜禽饲养数量的关系

项　目	成　猪	成　鸡	成　牛
日排粪量(kg)	4.0	0.1	20.0
粪便总固体(T_s)(%)	18.0	30.0	17.0

项　目	成　猪	成　鸡	成　牛
6 m³ 沼气池饲养量(头或只)	5	167	2
8 m³ 沼气池饲养量(头或只)	7	222	2.3
10 m³ 沼气池饲养量(头或只)	8	278	3

四、沼气池场地规划及要求

沼气站位置应尽量靠近料源地,以便于原料的运输。沼气池的平面布置应分为生产区及辅助区(锅炉房、实验室、值班室)。由于沼气制气、储存均为低压,根据工程规模的大小,与民用房屋应有 12～20 m 的距离。由于可能的气味,宜布置在小区的下风向。

对日产沼气 800～1 000 m³ 的沼气站来说,占地面积可采取 30 m×50 m＝1 500 m² 即可。

第三节　围护结构节能设计

一、围护结构的概述

在建筑物的朝向、体型系数、楼梯间开敞与否及建筑物入口处处理一定的情况下,建筑物的耗热量与其围护结构有着密切的关系。围护结构的节能设计涉及建筑的外墙、屋顶、门窗、楼梯间隔墙、首层地面等部位。

在相同的室内外温差条件下,建筑围护结构保温隔热性能的好坏,直接影响到流出或流入室内的热量的多少。建筑围护结构保温隔热性能好,流出或流入室内的热量就少,采暖、空调设备消耗的能量也就少;反之,建筑围护结构保温隔热性能差,流出或流入室内的热量就多,采暖、空调设备消耗的能量也就多。

我们应特别注重围护结构的保温设计,采用高效保温隔热材料,加强围护结构的保温隔热性能。

二、围护结构的墙体设计

1. 围护结构墙体构造方案设计

从传热耗热量的构成来看,外墙所占比例最大,约占总耗热量的 1/3 左右,必须要重视外墙的保温。一般而言,单一材料的外墙,在合理的厚度之内,很少有能够满足节能标准要求的。因此,发展复合墙体才能大幅度提高墙体的保温隔热性能。复合墙体是把墙体承重材料和保温材料结合在一起。有外保温、内保温和夹芯保温三种结构形式,如图 7-11 所示。每种方式各有它的优缺点。

2. 外保温复合墙体

外保温复合墙体做法是把保温材料复合在墙体外侧,并覆以保护层。这样,建筑物的整个外表面(除外门、窗洞口)都被保温层覆盖,有效抑制了外墙与室外的热交换。

(1)外墙外保温的特点见表 7-6。

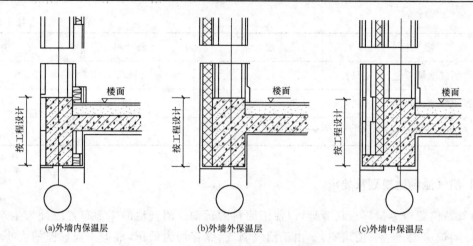

(a)外墙内保温层　　　　　　(b)外墙外保温层　　　　　　(c)外墙中保温层

图 7-11　外墙保温层设置位置示意图

表 7-6　外墙外保温的特点

项　　目	内　　容
外保温可以避免产生热桥	过去,外墙既要承重又要起保温作用,外墙厚度必然较厚。采用高效保温材料后,墙厚得以减薄。但如果采用内保温,主墙体越薄,保温层越厚,热桥的问题就越趋于严重。在寒冷的冬天,热桥不仅会造成额外的热损失,还可能使外墙内表面潮湿、结露,甚至发霉和淌水,而外保温则可以不存在这种问题。由于外保温避免了热桥,在采用同样厚度的保温材料条件下,外保温要比内保温的热损失减少约 1/5,从而节约了热能
外墙外保温有利于使建筑冬暖夏凉	在进行外保温后,由于内部的实体墙热容量大,室内能蓄存更多的热量,使诸如太阳辐射或间歇采暖造成的室内温度变化减缓,室温较为稳定,生活较为舒适;太阳辐射得热、人体散热、家用电器及炊事散热等因素产生的"自由热"得到较好的利用,有利于节能。而在夏季,外保温层能减少太阳辐射热的进入和室外高气温的综合影响,使外墙内表面温度和室内空气温度得以降低
适当降低室温,可以减少采暖负荷,节约能源	室内居民实际感受到的温度,既有室内温度又有围护结构内表面的影响。这就证明,通过外保温提高外墙内表面温度即使室内的空气温度有所降低,也能得到舒适的热环境,如图 7-12 所示。由此可见,在加强外保温、保持室内热环境质量的前提下,适当降低室温,可以减少采暖负荷,节约能源
主体墙寿命延长	由于采用外保温,内部的砖墙或混凝土墙受到保护。室外气候不断变化引起墙体内部较大的温度变化发生在外保温层内,使内部的主体墙冬季温度提高、湿度降低,温度变化较为平缓,热应力减少,因而主体墙产生裂缝、变形、破损的危险大为减轻,寿命得以大大延长
外保温可以避免不必要的麻烦	采用内保温的墙面上难以吊挂物件,甚至安设窗帘盒、散热器都相当困难。在旧房改造时,从内侧保温存在使住户增加搬动家具、施工扰民,甚至临时搬迁等诸多麻烦,产生不必要的纠纷,还会因此减少使用面积,外保温则可以避免这些问题发生。当外墙必须进行装修或抗震加固时,是加做外保温最经济、最有利的时机

续上表

项　目	内　容
采用外保温有利于装修	我国目前许多住户在住进新房时,大多先进行装修。在装修时,房屋内保温层往往遭到破坏。采用外保温则不存在这个问题。外保温有利于加快施工进度。如果采用内保温,房屋内部装修、安装暖气等作业,必须等待内保温做好后才能进行。但采用外保温,则可以与室内工程同时作业
外保温可以使建筑更为美观	外保温可以使建筑更为美观,只要做好建筑立面设计,建筑外貌会十分出色。特别在旧房改造时,外保温能使房屋面貌大为改观
外保温适用范围十分广泛	既适用于采暖建筑,又适用于空调建筑;既适用于民用建筑,又适用于工业建筑;既可用于新建建筑,又可用于既有建筑;既能在低层、多层建筑中应用,又能在中高层和高层建筑中应用
外保温的综合经济效益很高	虽然外保温工程每平方米造价比内保温相对要高一些,但只要技术选择适当,单位面积造价高差并不多。特别是由于外保温比内保温增加了使用面积近2%,实际上是使单位使用面积造价得到降低。加上有节约能源、改善热环境等一系列好处,综合效益是十分显著的

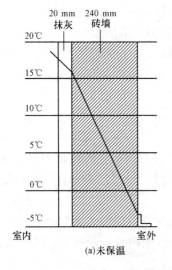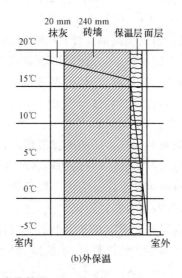

图 7-12　外墙内部温度变化情况

（2）外墙外保温体系的组成。外墙外保温,是指在垂直外墙的外表面上建造保温层,该外墙用砖石或混凝土建造。此种外保温,可用于新建墙体,也可以用于既有建筑外墙的改造。该保温层对于外墙的保温效能增加明显,其热阻值应超过 $1\ m^2 \cdot K/W$。由于是从外侧保温,其构造必须能满足水密性、抗风压以及温湿度变化的要求,不致产生裂缝,并能抵抗外界可能产生的碰撞作用,还能与相邻部位(如门窗洞口、穿墙管道等)之间以及在边角处、面层装饰等方面,均得到适当的处理。

然而,必须注意,外保温层的功能,仅限于增加外墙保温效能以及由此带来的相关要求,而不应指望这层保温构造对主体墙的稳定性起到作用。其主体墙,即外保温层的基底,必须满足建筑物的力学稳定性的要求,能承受垂直荷载、风荷载,并能经受撞击而保证安全使用,还应能使被覆的保温层和装修层得以牢牢固定。不同的外保温体系,其材料、构造和施工工艺各有一定的差别。两种有代表性的构造如图 7-13 所示。

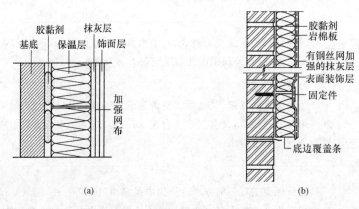

图 7-13　外墙外保温基本构造

外墙外保温体系大体由如下部分组成:

1)保温层。应采用热阻值高,即导热系数小的高效保温材料,其导热系数一般应小于 0.05 W/(m·K)。根据设计计算,具有一定厚度,以满足节能标准对该地区墙体的保温要求。此外,保温材料的吸湿率要低,而黏结性能要好;为了使所用的黏结剂及其表面的应力尽可能减少,对于保温材料,一方面要用收缩率小的材料;另一方面,尺寸变动时产生的应力要小。为此,可采用的保温材料有:膨胀型聚苯乙烯(EPS)板、挤塑型聚苯乙烯(XPS)板、岩棉板、玻璃、棉毡以及超轻保温浆料等。其中以阻燃膨胀型聚苯乙烯板、挤塑型聚苯乙烯板应用得较为普遍。

2)保温板的固定。同的外保温体系,采用的固定保温板的方法各有不同。有的系将保温板黏结或钉固在基底上,有的为两者结合,以黏结为主,或以钉固为主。将保温板黏结在基底上的黏结材料多种多样。为保证保温板在黏结剂固化期间的稳定性,有的体系用机械方法做临时固定,一般用塑料钉钉固。

使保温层永久固定在基底上的机械件,一般采用膨胀螺栓或预埋筋之类的锚固件,国外往往用不锈蚀而耐久的材料,由不锈钢、尼龙或聚丙烯等制成,国内常用的钢制膨胀螺栓,应做好防锈处理。

对于用膨胀聚苯乙烯板作现浇钢筋混凝土墙体的外保温层,还可以用将保温板安设在模板内,通过浇灌混凝土加以固定的方法。即在绑扎墙体钢筋后,将侧面交叉分布有斜插钢丝的聚苯乙烯板,依次安置在钢筋层外侧,平整排列并绑扎牢固,在安装模板、浇灌混凝土后,此聚苯乙烯保温层即固定在钢筋混凝土墙面上。超轻保温浆料可直接涂抹在外墙外表面上,例如胶粉聚苯颗粒砂浆。

3)面层。保温板的表面覆盖层有不同的做法,薄面层一般为聚合物水泥胶浆抹面,厚面层则仍采用普通水泥砂浆抹面。有的则用在龙骨上吊挂薄板覆面。

　　薄型抹灰面层为在保温层的所有外表面上涂抹聚合物水泥胶浆。直接涂覆于保温层上的为底涂层,厚度较薄(一般为 4～7 mm),内部包覆有加强材料。加强材料一般为玻璃纤维网格布,有的则为纤维或钢丝网,包含在抹灰面层内部,与抹灰面层结合为一体,其作用为改善抹灰层的机械强度,保证其连续性,分散面层的收缩应力和温度应力,避免应力集中,防止面层出现裂纹。网格布必须完全埋入底涂层内,从外部不能看见,以使不致与外界水分接触(因网格布受潮后,其极限强度会明显降低)。

　　不同的外保温体系,面层厚度有一定差别。但总体要求是,面层厚度必须适当,簿型的一般在 10 mm 以内。如果面层厚度过薄,结实程度不够,就难以抵抗可能产生外力的撞击;但如果过厚,加强材料离外表面较远,又难以起到抗裂的作用。

　　厚型的抹灰面层,在保温层的外表面上涂抹水泥砂浆,厚度为 25～30 mm。此做法一般用于钢丝网架聚苯板保温层上(也用于岩棉保温层上),其加强网为网孔 50 mm×50 mm、用 2 钢丝焊接的网片,并通过交叉斜插入聚苯乙烯板内的钢丝固定。抹灰前在聚苯板表面喷涂界面处理剂以加强粘结。所用水泥砂浆强度应适当,可用强度等级为 42.5 的普通硅酸盐水泥、中砂,1∶3 配比。抹灰应分层进行,底层和中层抹灰厚度各约 10 mm,中间层抹灰应正好覆盖住钢丝网片。面层砂浆宜用聚合物水泥砂浆,厚度 5～10 mm,可分两次抹完,内部埋入耐碱玻璃纤维网格布,如前所述。各层抹灰后均应洒水养护,并保持湿润。

　　为便于在抹灰层表面上进行装修施工,加强相互之间的粘结,有时还要在抹灰面上喷涂界面剂,形成极薄的涂层,上面再做装修层。外表面喷涂耐候性、防水性和弹性良好的涂料,也能对面层和保温层起到保护作用。

　　有的工程采用硬质塑料、纤维增强水泥、纤维增强硅酸盐等板材作为覆面材料,用挂钩、插销或螺钉等固定在外墙龙骨上。龙骨可用金属型材制成,锚固在墙体外侧。

　　4)零配件与辅助材料。在外墙外保温体系中,在接缝处、边角部,还要使用一些零配件与辅助材料,如墙角、端头、角部使用的边角配件和螺栓、销钉等,以及密封膏如丁基橡胶、硅膏等,根据各个体系的不同做法选用。

　　3. 内保温复合墙体

　　内保温墙体是将保温材料复合在建筑物外墙的内侧,同时以石膏板、建筑人造板或其他饰面材料覆面作为保护层。

　　(1)外墙内保温的特点见表 7-7。

表 7-7　外墙内保温的特点

项　　目	内　　容
施工方便且不受气候影响	施工方便,室内连续作业面不大,多为干作业施工,较为安全方便,有利于提高施工效率、减轻劳动强度。同时,保温层的施工可不受室外气候(如雨季、冬季)的影响。但施工中应注意避免保温层材料受潮,同时要待外墙结构层达到正常干燥时再安装保温隔热层,还应保证结构层内侧吊挂件预留位置的准确和牢固
设置空气层、隔汽层	设计中不仅要注意采取措施,如设置空气层、隔汽层,避免由于室内水蒸气向室外渗透,在墙体内产生结露而降低保温层的保温隔热性能,还要注意采取措施消除一些保温隔热层覆盖不到的部分产生"冷桥"而在室内产生结露现象,这些部位一般是内外墙交角、外窗过梁、窗台板、圈梁、构造柱等处

项　目	内　容
室温波动较大，供暖时升温快，不供暖时降温也快	内保温墙体的外侧结构层密度大、蓄热能力大，因此这种墙体室温波动较大，供暖时升温快，不供暖时降温也快。在冬季时，宜采取集中连续供暖方式以保证正常的室内热环境；在夏季时，由于绝热层在内侧，晚间墙内表面温度随空气温度的下降而迅速下降，减少闷热感。这对间歇供暖使用的房间如影剧院、体育馆和人工气候室比较合适。但对农村住宅来说，一般采用间歇供暖方式，所以采用此种方式对室内舒适的热环境不利
占用住宅使用面积且不便于居民二次装修	内保温做法是把保温材料放置在墙体的内侧，有占用住宅的使用面积和不便于居民二次装修等缺点。尤其随着住宅商品房逐步实施以使用面积记价的政策，住宅建筑不宜采用墙体内保温的构造做法

（2）外墙内保温构造体系。

1）结构层。结构层为外围护结构的承重受力墙体部分，它可以是现浇或预制混凝土外墙、内浇外砌或砖混结构外墙以及其他外墙（如多孔砖外墙）等。

2）空气层。其主要作用是切断液态水分的毛细渗透，防止保温材料受潮。而且设置空气层还可以增加一定的热阻，而且造价比专门设置隔汽层要低。空气层的设置对内部孔隙连通、易吸水的保温材料是十分必要的。

3）绝热材料层（保温层、隔热层）。是节能墙体的主要功能部分，可采用高效绝热材料（聚苯乙烯泡沫塑料板、挤塑型聚苯乙烯泡沫塑料板、水泥珍珠岩板、岩棉板、矿棉等轻质高效保温材料）。也可采用膨胀珍珠岩、加气混凝土块等。

4）覆面保护层。其主要作用是防止保温层受到破坏，同时在一定程度上阻止室内水蒸气浸入保温层，可选用纸面石膏板等。

4. 夹芯保温复合墙体

夹芯保温做法是把保温材料放置在结构中间。它的优点是对保温材料的强度要求不高，但施工过程极易使保温材料受潮而降低保温效果，同时由于内部的墙体较薄，冬季室内蒸汽渗透在保温层及夹芯墙体的交接面上，在复合墙体内部产生结露，增加湿积累，从而降低保温效果。

从传热的角度，采用外保温墙体从整体上是合理的；对包贴形式研究发现，外保温做法综合技术及经济效益更优越。同时，外保温墙体的设计、施工等技术都有比较成熟的经验，有许多国内外的经验可以借鉴。

在砖混结构的住宅建筑中，一般设置圈梁、窗过梁，并在墙体拐角处、楼梯间四角、部分丁字墙和十字墙处设置构造柱的抗震做法。如果墙体采用外保温复合墙体的做法，可减少这些周边热桥的影响，降低建筑的耗热量。而且，对旧房的节能改造也迫在眉睫，采用外保温方式对旧房进行节能改造，其最大的优点就是无须临时搬迁，不影响居民的内部活动和正常生活。因此，住宅外墙优先选取外保温复合墙体的构造做法。如图 7-14 所示为外墙保温砂浆外粉刷，如图 7-15 所示为外墙热桥部位保温层加强处理做法，如图 7-16 所示为外墙硬质保温板外贴。

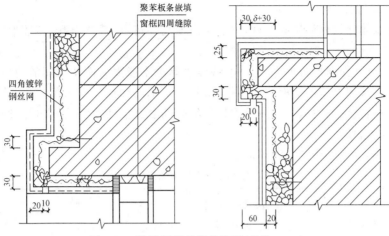

图 7-14　外墙保温砂浆外粉刷（单位：mm）

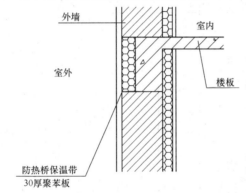

图 7-15　外墙热桥部位保温层加强处理做法（单位：mm）

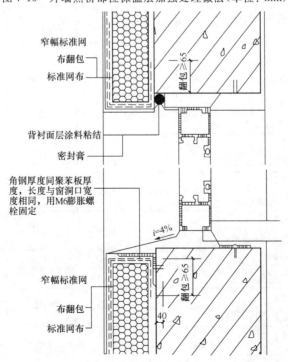

图 7-16　外墙硬质保温板外贴（单位：mm）

5. 围护结构墙体的热工性能

围护结构墙体增设保温层的厚度,可根据当地气候特点、墙体材料、节能要求等经计算来确定。

考虑施工方便,保温层自重不宜太大,墙体总厚度不能太大而使房间的使用面积减少,住宅建筑的外墙宜采用聚苯乙烯泡沫塑料板、挤塑型聚苯乙烯泡沫塑料板、水泥珍珠岩板、岩棉板、矿棉等轻质高效保温材料与当地承重材料组合的复合墙体。下面列出几种常用墙体构造方案的热工性能指标。

(1)加气混凝土外墙热工性能指标见表 7-8。

表 7-8　加气混凝土外墙热工性能指标

编号	外墙构造	保温层厚度 δ (mm)	外墙总厚度 (mm)	主体部位			外墙平均传热系数 K_m [W/ (m² · K)]
				热惰性指标 D 值	热阻 R (m² · K/W)	传热系数 K_p [W/ (m² · K)]	
1	1—石灰砂浆 2—加气混凝土 3—水泥砂浆	200	240	3.43	0.84	1.01	1.04
	热桥外侧30聚苯板	250	290	4.18	1.04	0.84	0.92
2	外墙构造同 1	200	240	3.43	0.84	1.01	0.94
	热桥外侧 50 聚苯板	250	290	4.18	1.04	0.84	0.82
3	外墙构造同 1 热桥外侧 100 加气混凝土	300	340	4.93	1.24	0.72	0.94
4	外墙构造同 1 热桥外侧 70 加气混凝土,30 聚苯板	300	340	4.93	1.24	0.72	0.72
5	外墙构造同 1 热桥外侧 150 加气混凝土	350	390	5.68	1.44	0.63	0.78
6	外墙构造同 1 热桥外侧 100 加气混凝土,50 聚苯板	350	390	5.68	1.44	0.63	0.62
7	外墙构造同 1 热桥外侧 200 加气混凝土	400	440	6.43	1 604	0.56	0.67
8	外墙构造同 1 热桥外侧 150 加气混凝土,50 聚苯板	400	440	6.43	1 064	0.56	0.55
9	外墙构造同 1 热桥外侧 225 加气混凝土	425	465	6.81	1.74	0.53	0.62

续上表

编号	外墙构造	保温层厚度δ(mm)	外墙总厚度(mm)	主体部位			外墙平均传热系数K_m[W/(m²·K)]
				热惰性指标D值	热阻R(m²·K/W)	传热系数K_p[W/(m²·K)]	
10	外墙构造同1 热桥外侧175加气混凝土,50聚苯板	425	465	6.81	1.74	0.53	0.52
11	外墙构造同1 热桥外侧250加气混凝土	450	490	7.18	1.84	0.50	0.58
12	外墙构造同1 热桥外侧200加气混凝土,50聚苯板	450	490	7.18	1.84	0.50	0.49

（2）黏土空心砖外墙热工性能指标见表7-9。

表7-9　黏土空心砖外墙热工性能指标

编号	外墙构造	保温层厚度δ(mm)	外墙总厚度(mm)	主体部位			外墙平均传热系数K_m[W/(m²·K)]
				热惰性指标D值	热阻R(m²·K/W)	传热系数K_p[W/(m²·K)]	
1	1—石灰砂浆 2—黏土空心砖墙 3—水泥砂浆 热桥外侧70黏土砖,50聚苯板	370	410	5.50	0.68	1.20	1.04
2	外墙构造同1 热桥外侧120空心砖	370	410	5.50	0.68	1.20	1.40
3	外墙构造同1 热桥外侧190空心砖,50聚苯板	490	530	7.08	0.88	0.97	0.85
4	外墙构造同1 热桥外侧240空心砖块	490	530	7.08	0.88	0.97	1.08
5	1—石灰砂浆 2—高强珍珠岩板 3—空气层($\rho_0=400,\lambda_c=0.14$) 4—黏土空心砖墙(26~36孔) 5—水泥砂浆 热桥外侧40聚苯板	50	340	4.56	0.95	0.91	0.90
		60	350	4.73	1.03	0.85	0.86
		70	360	4.90	1.08	0.81	0.83
		80	370	5.07	1.17	0.76	0.79
		90	380	5.24	1.24	0.72	0.77
		100	390	5.41	1.30	0.69	0.74

续上表

编号	外墙构造	保温层厚度 δ (mm)	外墙总厚度 (mm)	主体部位			外墙平均传热系数 K_m [W/(m²·K)]
				热惰性指标 D 值	热阻 R (m²·K/W)	传热系数 K_p [W/(m²·K)]	
6	δ10 240 20 1—充气石膏板 (ρ_0=400, λ_c=0.17) 2—空气层 3—黏土空心砖墙 (26~36孔) 4—水泥砂浆 12 3 4 热桥外侧40聚苯板	50	320	4.23	0.86	0.99	0.97
		60	330	4.39	0.93	0.93	0.92
		70	340	4.55	0.99	0.88	0.88
		80	350	4.70	1.04	0.84	0.85
		90	360	4.83	1.08	0.81	0.83
		100	370	5.01	1.17	0.76	0.80
7	20 240 δ6 1—石灰砂浆 2—黏土空心砖墙 (26~36孔) 3—聚苯板 (ρ_0=20, λ_c=0.05) 4—纤维增强层 1 2 34	30	296	3.78	1.04	0.84	0.92
		40	306	3.86	1.24	0.72	0.78
		50	316	3.95	1.44	0.63	0.67
		60	326	4.04	1.64	0.56	0.59
		70	336	4.12	1.84	0.50	0.52
		80	346	4.21	2.04	0.46	0.48
8	20 240 δ5010 1—石灰砂浆 2—黏土空心墙 3—岩棉或玻璃棉板 (ρ_0=100或30, λ_c=0.054) 4—空气层 5—GRC外挂板 1 2 345	50	370	4.40	1.53	0.60	0.63
		80	400	4.89	2.08	0.45	0.47
		100	420	5.23	2.54	0.38	0.40

（3）黏土实心砖外墙热工性能指标见表7-10。

表7-10　黏土实心砖外墙热工性能指标

编号	外墙构造	保温层厚度δ(mm)	外墙总厚度(mm)	主体部位			外墙平均传热系数K_m[W/(m²·K)]
				热惰性指标D值	热阻R(m²·K/W)	传热系数K_p[W/(m²·K)]	
1	20 δ 1—石灰砂浆 2—黏土实心砖墙 1 2 热桥外侧130黏土砖	370	390	5.09	0.48	1.59	1.79
2	外墙构造同1 热桥外侧250黏土砖	490	510	6.58	0.62	1.30	1.42
3	12 δ10 240 20 1—石膏板 2—聚苯板($\rho_0=20,\lambda_c=0.05$) 3—空气层 4—黏土砖墙 5—水泥砂浆 1 2 3 4 5	30	312	3.89	1.10	0.80	1.47
		40	322	3.97	1.30	0.69	1.39
		50	332	4.06	1.50	0.61	1.31
		60	342	4.15	1.70	0.54	1.26
		70	352	4.23	1.90	0.49	1.20
		80	362	4.32	2.10	0.44	1.15
4	12 δ10 240 20 1—石膏板 2—聚苯板($\rho_0=20,\lambda_c=0.05$) 3—空气层 4—黏土砖墙 5—水泥砂浆 1 2 3 4 5 热桥外侧40聚苯板	30	312	3.89	1.10	0.80	0.83
		40	322	3.97	1.30	0.69	0.76
		50	332	4.06	1.50	0.61	0.70
		60	342	4.15	1.70	0.54	0.65
		70	352	4.23	1.90	0.49	0.61
		80	362	4.32	2.10	0.44	0.58

编号	外墙构造	保温层厚度δ(mm)	外墙总厚度(mm)	主体部位			外墙平均传热系数 K_m[W/(m²·K)]
				热惰性指标 D 值	热阻 R (m²·K/W)	传热系数 K_p [W/(m²·K)]	
5	20 240 10 δ6 1—石灰砂浆 2—黏土砖墙 3—空气层 4—聚苯板($\rho_0=20,\lambda_c=0.05$) 5—纤维增强层	30	306	3.72	1.07	0.82	0.86
		40	316	3.80	1.28	0.70	0.73
		50	326	3.89	1.46	0.62	0.64
		60	336	3.98	1.67	0.55	0.57
		70	346	4.06	1.85	0.50	0.51
		80	356	4.15	2.07	0.45	0.46
6	20 240 δ50 6 1—石灰砂浆 2—黏土砖墙 3—岩棉板($\rho_0=100,\lambda_c=0.054$) 4—空气层 5—GRC外挂板	50	370	4.34	1.42	0.64	0.66
		80	400	4.83	1.97	0.47	0.48
		100	420	5.17	2.34	0.40	0.41

(4)混凝土砌块外墙热工性能指标见表 7-11。

表 7-11　混凝土砌块外墙热工性能指标

编号	外墙构造	保温层厚度δ(mm)	外墙总厚度(mm)	主体部位			外墙平均传热系数 K_m[W/(m²·K)]
				热惰性指标 D 值	热阻 R (m²·K/W)	传热系数 K_p [W/(m²·K)]	
1	δ10 190 20 1—充气石膏板($\rho_0=400,\lambda_c=0.17$) 2—空气层 3—混凝土砌块 4—水泥砂浆	50	270	2.12	0.64	1.27	1.51
		60	280	2.28	0.70	1.18	1.43
		70	290	2.44	0.76	1.10	1.35
		80	300	2.59	0.82	1.03	1.29
		90	310	2.75	0.88	0.97	1.23
		100	320	2.90	0.94	0.92	1.19

编号	外墙构造	保温层厚度δ(mm)	外墙总厚度(mm)	主体部位			外墙平均传热系数K_m[W/(m²·K)]
				热惰性指标D值	热阻R(m²·K/W)	传热系数K_p[W/(m²·K)]	
2	1—充气石膏板(ρ_0=400,λ_c=0.17) 2—空气层 3—混凝土砌块 4—水泥砂浆 热桥外侧30聚苯板	50	270	2.12	0.64	1.27	1.22
		60	280	2.28	0.70	1.18	1.16
		70	290	2.44	0.76	1.10	1.10
		80	300	2.59	0.82	1.03	1.05
		90	310	2.75	0.88	0.97	1.01
		100	320	2.90	0.94	0.92	0.97
3	1—石膏板 2—岩棉板(ρ_0=100,λ_c=0.054) 3—空气层 4—混凝土砌块 5—水泥砂浆	30	270	2.07	0.93	0.93	1.24
		40	282	2.24	1.12	0.79	1.11
		50	292	2.41	1.30	0.69	1.02
		60	302	2.58	1.49	0.61	0.95
		70	312	2.75	1.67	0.55	0.89
		80	322	2.92	1.85	0.50	0.84
4	1—石膏板 2—岩棉板(ρ_0=100,λ_c=0.054) 3—空气层 4—混凝土砌块 5—水泥砂浆 热桥外侧30聚苯板	30	270	2.07	0.93	0.93	0.99
		40	282	2.24	1.12	0.79	0.89
		50	292	2.41	1.30	0.69	0.82
		60	302	2.58	1.49	0.61	0.76
		70	312	2.75	1.67	0.55	0.72
		80	322	2.92	1.85	0.50	0.68

编号	外墙构造	保温层厚度δ(mm)	外墙总厚度(mm)	主体部位			外墙平均传热系数K_m[W/(m²·K)]
				热惰性指标D值	热阻R(m²·K/W)	传热系数K_p[W/(m²·K)]	
5	1—石灰砂浆 2—混凝土砌块 3—空气层 4—聚苯板($\rho_0=20,\lambda_c=0.05$) 5—纤维增强层	30	256	2.10	0.98	0.88	0.89
		40	266	2.18	1.18	0.75	0.77
		50	276	2.27	1.38	0.65	0.67
		60	286	2.36	1.58	0.58	0.59
		70	296	2.44	1.78	0.52	0.53
		80	306	2.53	1.98	0.47	048
6	1—石灰砂浆 2—混凝土砌块 3—空气层 4—聚苯板($\rho_0=300,\lambda_c=0.12$) 5—纤维增强层	50	276	2.68	0.80	1.05	1.09
		60	286	2.84	0.88	0.97	1.01
		70	296	3.01	0.96	0.90	0.93
		80	306	3.17	1.05	0.83	0.86
		90	316	3.34	1.13	0.78	0.80
		100	326	3.51	1.21	0.74	0.76
7	1—石灰砂浆 2—混凝土砌块 3—加气混凝土($\rho_0=600,\lambda_c=0.25$) 4—水泥砂浆	125	355	3.88	0.75	1.11	1.16
		150	380	4.25	0.85	1.00	1.04
		175	405	4.63	0.95	0.91	0.94
		200	430	5.00	1.05	0.83	0.86

续上表

编号	外墙构造	保温层厚度δ (mm)	外墙总厚度 (mm)	主体部位			外墙平均传热系数 K_m [W/(m²·K)]
				热惰性指标D值	热阻R (m²·K/W)	传热系数K_p [W/(m²·K)]	
8	20 190 δ5010 1—石灰砂浆 2—混凝土砌块 3—岩棉或玻璃棉板($\rho_0=100$或$30,\lambda_c=0.054$) 4—空气层 5—GRC外挂板	50	320	2.72	1.33	0.68	0.70
		80	350	3.21	1.88	0.49	0.50
		100	370	3.55	2.25	0.42	0.46
9	20 190 δ₁δ₂9020 1—石灰砂浆 2—混凝土砌块 3—岩棉($\rho_0=100,\lambda_c=0.054$) 4—空气层 5—混凝土砌块 6—水泥砂浆	30 70	420	4.00	1.19	0.75	0.91
		40 60	420	4.17	1.37	0.66	0.83
		50 50	420	4.34	1.56	0.58	0.75
		60 40	420	4.50	1.74	0.53	0.70
		70 30	420	4.67	1.92	0.48	0.66
		80 20	420	4.83	2.09	0.45	0.63
		100 0	420	5.17	2.30	0.41	0.59

(5)钢筋混凝土外墙热工性能指标见表7-12。

表7-12　钢筋混凝土外墙热工性能指标

编号	外墙构造	保温层厚度δ (mm)	外墙总厚度 (mm)	主体部位		
				热惰性指标D值	热阻R_0 (m²·K/W)	传热系数K [W/(m²·K)]
1	—20厚混合砂浆抹灰 —加气混凝土板 —200厚钢筋混凝土墙体 —20厚水泥砂浆抹灰 室内 δ 室外 20 200 20	80	320	3.86	0.72	1.39
		100	340	4.02	0.81	1.23
		120	360	4.18	0.90	1.10

编号	外墙构造	保温层厚度δ (mm)	外墙总厚度 (mm)	主体部位		
				热惰性指标 D 值	热阻 R_0 (m²·K/W)	传热系数 K [W/(m²·K)]
2	石膏板 聚苯板隔热保温材料(挤塑型) 空气层 200厚钢筋混凝土墙体 20厚水泥砂浆抹灰 室内 12 δ20 200 20 室外	20	272	2.49	0.80	1.25
		30	282	2.58	0.96	1.04
		40	292	2.66	1.11	0.90
		50	302	2.75	1.27	0.79
3	面板 200厚钢筋混凝土墙体 粘贴层 聚苯板隔热保温材料 20厚钢丝网 室内 20 200 6 δ 20 室外 水泥砂浆抹灰	20	266	2.63	0.63	1.59
		30	276	2.72	0.79	1.27
		40	286	2.80	0.94	1.06
		50	296	2.89	1.10	0.91
4	石膏板 岩棉板或玻璃棉板 空气层 200厚钢筋混凝土墙体 20厚水泥砂浆抹灰 室内 12 δ 20 200 20 室外	20	272	2.65	0.85	1.18
		30	282	2.82	1.04	0.96
		40	292	2.99	1.22	0.82
		50	302	3.16	1.41	0.71

三、围护结构的屋顶设计

1. 平屋顶的保温隔热

平屋顶的保温隔热构造形式分为实体材料保温隔热、通风保温隔热屋面、植被屋面和蓄水屋面等。

平屋顶的实体保温层可放在结构层的外侧(外保温),也可放在结构层的内侧(内保温)。屋顶内外保温与墙体内外保温的优缺点类似。但屋顶受太阳辐射的影响较大,夏季室内气温易高于室外气温。尤其夏季,屋顶采用内、外保温做法,屋顶构造的各层次温度变化明显不同。内保温做法的屋顶,盛夏时,钢筋混凝土屋顶板的温度变化值在一天之内可高达30℃,而采用外保温做法,温度的变化值仅为4℃左右。

为了减少钢筋混凝土板产生热应力,减少"烘烤"现象,当采用平屋顶时,保温层要设在结构层的外侧。为防止室外潮气以及雨水对保温材料的影响,不宜选择倒铺屋面的做法,宜把防水层设置在保温层的外侧,再设保护层。为防止保温层内部出现冷凝,甚至冻胀,破坏防水层引起屋顶渗漏,导致保温材料保温性能下降,屋顶要设置排气装置。常规做法是在屋顶每隔3~5 m设一根PVC排气管,排气管由保温层伸出屋面,管的周围要做好泛水处理。平屋顶保温构造如图7-17所示。

2. 坡屋顶的保温隔热

(1)坡屋顶的作用。考虑坡屋顶排水顺畅,容易解决屋顶防水问题;尤其采用彩色压型钢板,提高了工业化程度,加快了施工速度;坡屋顶在造型上较美观;改善了顶层的热工条件,避免了夏天热辐射之苦等,城市住宅大量采用坡屋顶。至于大量农村住宅同样采用坡屋顶的形式较多。坡屋顶住宅节能需要注意坡屋顶的保温与隔热及坡屋顶通风换气等问题。

(2)坡屋顶保温层的位置。目前,坡屋顶结构设计一般有以下几种做法:钢筋混凝土屋面板水平布置加彩色压型钢板形成斜坡、斜的钢筋混凝土屋面板外挂平瓦加吊顶、斜的钢筋混凝土屋面板外挂瓦加水平钢筋混凝土顶棚板。

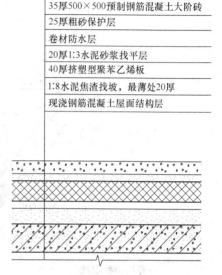

| 35厚500×500预制钢筋混凝土大阶砖 |
| 25厚粗砂保护层 |
| 卷材防水层 |
| 20厚1:3水泥砂浆找平层 |
| 40厚挤塑型聚苯乙烯板 |
| 1:8水泥焦渣找坡,最薄处20厚 |
| 现浇钢筋混凝土屋面结构层 |

图7-17 平屋顶保温构造(单位:mm)

从冬季屋顶传热耗热的角度考虑,同样厚度同种保温材料放置在屋顶和顶棚处相比,设在屋顶处的传热耗热量相对小些,影响不是太大。但两种做法对阁楼内的空气温度影响较大,当保温材料设在屋顶处,阁楼内空气温度接近室内温度;当设在顶棚处时,阁楼内的温度接近室外温度。当坡屋顶的顶部空间仅仅用于通风、保温和隔热,对居民影响较小。但是,对于坡屋顶空间利用的情况来说,因为阁楼内的温湿度影响着阁楼内的舒适度和阁楼的能耗,所以保温材料的位置问题就不可忽视。

当把保温层设在顶棚处时,冬季阁楼内温度太低,夏季阁楼内温度太高,一方面使阁楼内冬季结露的几率增大;另一方面当阁楼使用时,为保证阁楼内的舒适度要消耗大量能源,造成能源浪费,尤其对于彩色压型钢板的斜屋顶阁楼基本无法使用。因此,建议把保温层设置在屋顶处。但保温层的具体位置还与屋顶的具体构造做法有关。

保温层设在屋顶处有内保温和外保温两种做法。对于钢筋混凝土斜坡屋顶,当采用内保温做法时,混凝土两表面的温度变化很大,导致产生大的热应力而使混凝土发生龟裂,建议把保温层设在钢筋混凝土斜坡顶的上侧,即采用外保温的做法。对于压型钢板斜坡顶下设钢筋混凝土水平顶棚板做法,采用钢板下粘贴保温材料的做法不利于施工,建议采用夹芯保温钢板做斜坡顶或把保温层设在顶棚处。

(3)坡屋顶阁楼的换气。从冬季坡屋顶传热耗热角度考虑,阁楼不进行换气比进行换气的耗热量少。但阁楼不进行换气,水蒸气会充满阁楼,造成大量结露,影响保温材料的保温性能。住宅宜采用阁楼进行换气的构造做法,阁楼的换气可以在檐口和山墙处设置换气口或设老虎窗,但对于严寒和寒冷地区,特别对于风速较大的寒冷地区,为了减少换气耗热量,换气口的面积不宜太大,而且要防止雨雪的飘入。如果不设换气口,就要在屋顶的构造层次中增加一道隔汽层(干铺一层改性沥青油毡),阻止水蒸气渗入保温层,使保温材料的保温性能下降。屋顶保温的几种构造做法如图 7-18、图 7-19 和图 7-20 所示。下面列出部分屋顶构造的热工性能指标。

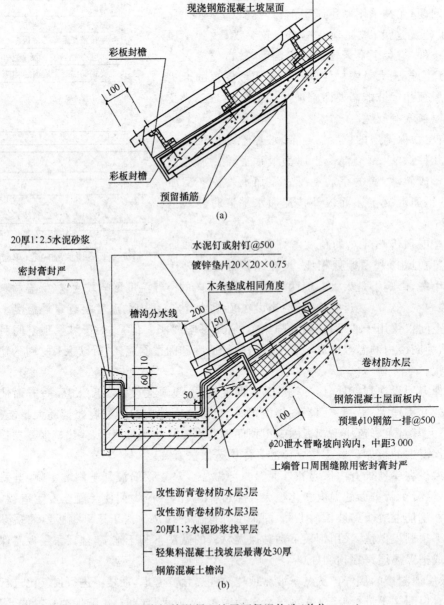

图 7-18　现浇钢筋混凝土坡屋面保温构造(单位：mm)

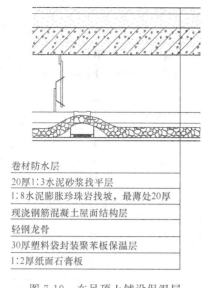

卷材防水层
20厚1:3水泥砂浆找平层
1:8水泥膨胀珍珠岩找坡，最薄处20厚
现浇钢筋混凝土屋面结构层
轻钢龙骨
30厚塑料袋封装聚苯板保温层
1:2厚纸面石膏板

图 7-19 在吊顶上铺设保温层
（单位：mm）

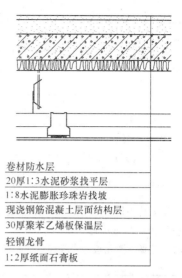

卷材防水层
20厚1:3水泥砂浆找平层
1:8水泥膨胀珍珠岩找坡
现浇钢筋混凝土屋面结构层
30厚聚苯乙烯板保温层
轻钢龙骨
1:2厚纸面石膏板

图 7-20 在屋面结构板底粘贴
保温层（单位：mm）

(1)加气混凝土保温屋面热工性能指标见表 7-13。

表 7-13 加气混凝土保温屋面热工性能指标

编号	屋面构造	保温层厚度 δ(mm)	屋面总厚度 (mm)	热惰性指标 D 值	热阻 R $(m^2 \cdot K/W)$	传热系数 K $[W/(m^2 \cdot K)]$
1	卷材防水层 水泥砂浆找平层 水泥加气混凝土找平层 加气混凝土条板 $(\rho_0=500,\lambda_c=0.24)$	200	280	4.15	1.02	0.85
		250	330	4.89	1.23	0.72
		300	380	5.63	1.44	0.63
		350	430	6.36	1.65	0.56
2	卷材防水层 水泥砂浆找平层 加气混凝土 $(\rho_0=500,\lambda_c=0.24)$ 水泥焦渣找坡层 钢筋混凝土圆孔板	100	360	4.61	0.77	1.09
		150	410	5.35	0.98	0.88
		200	460	6.05	1.18	0.75

编号	屋面构造	保温层厚度 δ(mm)	屋面总厚度 (mm)	热惰性指标 D 值	热阻 R (m²·K/W)	传热系数 K [W/(m²·K)]
3	屋面构造同2 加气混凝土 ($\rho_0=600,\lambda_c=0.25$)	100	360	4.64	0.75	1.11
		150	410	5.39	0.95	0.91
		200	460	6.14	1.15	0.77
4	屋面构造同2 屋面板为110mm厚钢筋混凝土圆孔板	100	340	4.48	0.72	1.15
		150	390	5.22	0.93	0.93
		200	440	5.92	1.13	0.78
5	卷材防水层 水泥砂浆找平层 加气混凝土 ($\rho_0=500,\lambda_c=0.24$) 水泥焦渣找坡层 现浇钢筋混凝土板	100	350	3.43	0.73	1.14
		150	400	4.17	0.94	0.92
		200	450	4.87	1.14	0.78

(2)乳化沥青珍珠岩保温屋面热工性能指标见表7-14。

表7-14　乳化沥青珍珠岩保温屋面热工性能指标

编号	屋面构造	保温层厚度 δ(mm)	屋面总厚度 (mm)	热惰性指标 D 值	热阻 R (m²·K/W)	传热系数 K [W/(m²·K)]
1	卷材防水层 水泥砂浆找平层 乳化沥青珍珠岩板 ($\rho_0=400,\lambda_c=0.14$) 水泥焦渣找坡层 钢筋混凝土圆孔板	100	360	5.09	1.06	0.83
		120	380	5.50	1.21	0.74
		140	400	5.88	1.35	0.67
		160	420	6.26	1.49	0.61
		180	440	6.67	1.64	0.56
		200	480	7.06	1.78	0.52

编号	屋面构造	保温层厚度 δ(mm)	屋面总厚度 (mm)	热惰性指标 D 值	热阻 R ($m^2 \cdot K/W$)	传热系数 K [$W/(m^2 \cdot K)$]
2	屋面构造同 1 屋面板为 110 mm 厚 钢筋混凝土圆孔板	100	340	4.96	1.01	0.86
		120	360	5.37	1.16	0.76
		140	380	5.75	1.30	0.69
		160	400	6.13	1.44	0.63
		180	420	6.54	1.59	0.57
		200	440	6.93	1.73	0.53
3	卷材防水层 水泥砂浆找平层 乳化沥青珍珠岩板 ($\rho_0=400,\lambda_c=0.14$) 水泥焦渣找坡层 现浇钢筋混凝土板	150	380	5.73	1.50	0.67
		200	430	6.04	1.61	0.62
		250	480	6.33	1.71	0.58

(3)憎水型珍珠岩保温屋面热工性能指标见表 7-15。

表 7-15　憎水型珍珠岩保温屋面热工性能指标

编号	屋面构造	保温层厚度 δ(mm)	屋面总厚度 (mm)	热惰性指标 D 值	热阻 R ($m^2 \cdot K/W$)	传热系数 K [$W/(m^2 \cdot K)$]
1	卷材防水层 水泥砂浆找平层 憎水型珍珠岩板 ($\rho_0=250,\lambda_c=0.10$) 水泥焦渣找坡层 钢筋混凝土圆孔板	60	320	4.16	0.95	0.91
		80	340	4.50	1.15	0.77
		100	360	4.84	1.35	0.67
		120	380	5.18	1.55	0.59
		140	400	5.52	1.75	0.53
		160	420	5.86	1.95	0.48

续上表

编号	屋面构造	保温层厚度 δ(mm)	屋面总厚度 (mm)	热惰性指标 D 值	热阻 R (m²·K/W)	传热系数 K [W/(m²·K)]
2	屋面构造同 1 屋面板为 180 mm 厚 钢筋混凝土圆孔板	60	370	4.17	1.07	0.82
		80	390	4.48	1.29	0.69
		100	410	4.80	1.51	0.60
		120	430	5.11	1.73	0.53
		140	450	5.44	1.96	0.47
		160	470	5.76	2.18	0.43
3	屋面构造同 1 屋面板为 110 mm 厚 钢筋混凝土圆孔板	60	300	3.97	0.97	0.89
		80	320	4.28	1.19	0.75
		100	340	4.60	1.41	0.64
		120	360	4.91	1.63	0.56
		140	380	5.24	1.86	0.50
		160	400	5.56	2.08	0.45
4	 —卷材防水层 —水泥砂浆找平层 —憎水型珍珠岩板 ($\rho_0=250,\lambda_c=0.10$) —水泥焦渣找坡层 —现浇钢筋混凝土板	60	310	2.98	0.91	0.94
		80	330	3.32	1.11	0.79
		100	350	3.66	1.31	0.68
		120	370	4.00	1.41	0.60
		140	390	4.34	1.71	0.54
		160	410	4.68	1.91	0.49

(4)聚苯板保温屋面热工性能指标见表 7-16。

表 7-16 聚苯板保温屋面热工性能指标

编号	屋面构造	保温层厚度 δ(mm)	屋面总厚度 (mm)	热惰性指标 D 值	热阻 R (m²·K/W)	传热系数 K [W/(m²·K)]
1	 —卷材防水层 —水泥砂浆找平层 —水泥焦渣找坡层 —聚苯板 ($\rho_0=40,\lambda_c=0.063$) —钢筋混凝土圆孔板	50	310	3.57	1.14	0.76
		60	320	3.65	1.30	0.69
		70	330	3.74	1.46	0.62
		80	340	3.83	1.62	0.56
		90	350	3.91	1.78	0.52
		100	360	4.00	1.94	0.48

编号	屋面构造	保温层厚度 δ(mm)	屋面总厚度 (mm)	热惰性指标 D 值	热阻 R (m²·K/W)	传热系数 K [W/(m²·K)]
2	屋面构造同1 屋面板为 110 mm 厚 钢筋混凝土圆孔板	50	290	3.44	1.09	0.81
		60	300	3.52	1.25	0.71
		70	310	3.61	1.41	0.64
		80	320	3.70	1.57	0.58
		90	330	3.78	1.73	0.53
		100	340	3.87	1.89	0.49
3	卷材防水层 水泥砂浆找平层 聚苯板 ($\rho_0=30,\lambda_c=0.054$) 水泥焦渣找坡层 现浇钢筋混凝土板	60	290	3.33	1.43	0.70
		70	300	3.42	1.59	0.63
		80	310	3.51	1.76	0.57

(5)挤塑型聚苯板保温屋面热工性能指标见表7-17。

表7-17 挤塑型聚苯板保温屋面热工性能指标

编号	屋面构造	保温层厚度 δ(mm)	屋面总厚度 (mm)	热惰性指标 D 值	热阻 R (m²·K/W)	传热系数 K [W/(m²·K)]
1	混凝土板 砂垫层 挤塑型聚苯板 ($\rho_0=35,\lambda_c=0.04$) 卷材防水层 水泥砂浆找平层 水泥焦渣找平层 钢筋混凝土圆孔板	30	340	4.05	1.15	0.77
		40	350	4.17	1.40	0.65
		50	360	4.29	1.65	0.56
		60	370	4.41	1.90	0.49
		70	380	4.52	2.15	0.43
		80	390	4.64	2.40	0.39

编号	屋面构造	保温层厚度 δ(mm)	屋面总厚度 （mm）	热惰性指标 D 值	热阻 R （m²·K/W）	传热系数 K [W/(m²·K)]
2	屋面构造同1 屋面板为 110 mm 厚 钢筋混凝土圆孔板	30	320	3.92	1.10	0.80
		40	330	4.04	1.35	0.67
		50	340	4.16	1.60	0.57
		60	350	4.28	1.85	0.50
		70	360	4.39	2.10	0.44
		80	370	4.51	2.35	0.40
3	混凝土板 砂垫层 挤塑型聚苯板 ($\rho_0=35, \lambda_c=0.04$) 卷材防水层 水泥砂浆找平层 水泥焦渣找平层 现浇钢筋混凝土板	30	330	2.87	1.11	0.79
		40	340	2.99	1.36	0.66
		50	350	3.11	1.61	0.57
		60	360	3.23	1.86	0.50
		70	370	3.34	2.11	0.44
		80	380	3.46	2.36	0.40

（6）水泥聚苯板保温屋面热工性能指标见表 7-18。

表 7-18　水泥聚苯板保温屋面热工性能指标

编号	屋面构造	保温层厚度 δ(mm)	屋面总厚度 （mm）	热惰性指标 D 值	热阻 R （m²·K/W）	传热系数 K [W/(m²·K)]
1	卷材防水层 水泥砂浆找平层 水泥聚苯乙烯泡沫板 泡沫塑料板 ($\rho_0=300, \lambda_c=0.14$) 水泥焦渣找坡层 钢筋混凝土圆孔板	100	360	4.78	1.06	0.83
		120	380	5.13	1.21	0.74
		140	400	5.45	1.35	0.67
		160	420	5.77	1.49	0.61
		180	440	6.12	1.64	0.56
		200	460	6.44	1.78	0.52

续上表

编号	屋面构造	保温层厚度 δ(mm)	屋面总厚度 (mm)	热惰性指标 D 值	热阻 R ($m^2 \cdot K/W$)	传热系数 K [$W/(m^2 \cdot K)$]
2	卷材防水层 水泥砂浆找平层 水泥聚苯乙烯泡沫板 泡沫塑料板 ($\rho_0=300, \lambda_c=0.14$) 水泥焦渣找坡层 现浇钢筋混凝土板	140	370	5.10	1.43	0.70
		150	380	5.27	1.50	0.67
		160	390	5.43	1.57	0.64

（7）彩色钢板聚苯乙烯泡沫夹芯保温屋面热工性能指标见表 7-19。

表 7-19　彩色钢板聚苯乙烯泡沫夹芯保温屋面热工性能指标

屋面构造	保温层厚度 δ(mm)	屋面总厚度 (mm)	热惰性指标 D 值	热阻 R ($m^2 \cdot K/W$)	传热系数 K [$W/(m^2 \cdot K)$]
彩色钢板 聚苯乙烯泡沫板 ($\rho_0=20\sim30, \lambda_c=0.039$) 彩色钢板	40	40	0.37	1.03	0.85
	60	60	0.55	1.54	0.59
	80	80	0.74	2.05	0.45

（8）岩棉、玻璃棉板保温屋面热工性能指标见表 7-20。

表 7-20　岩棉、玻璃棉板保温屋面热工性能指标

编号	屋面构造	保温层厚度 δ(mm)	屋面总厚度 (mm)	热惰性指标 D 值	热阻 R ($m^2 \cdot K/W$)	传热系数 K [$W/(m^2 \cdot K)$]
1	卷材防水层 水泥砂浆找平层 混凝土板，砖墩架空 空气层 岩棉板或玻璃棉板 水泥焦渣找平层 钢筋混凝土圆孔板	50	390	4.28	1.12	0.79
		60	400	4.45	1.24	0.72
		70	410	4.61	1.35	0.67
		80	420	4.78	1.47	0.62
		90	430	4.95	1.59	0.57
		100	440	5.11	1.70	0.54

编号	屋面构造	保温层厚度 δ(mm)	屋面总厚度 (mm)	热惰性指标 D 值	热阻 R (m²·K/W)	传热系数 K [W/(m²·K)]
2	屋面构造同 1 屋面板为 110 mm 厚钢筋混凝土圆孔板	50	370	4.15	1.07	0.82
		60	380	4.32	1.19	0.75
		70	390	4.48	1.30	0.69
		80	400	4.65	1.42	0.64
		90	410	4.82	1.54	0.59
		100	420	4.98	1.65	0.56

(9)彩色钢板聚氨酯硬泡夹芯保温屋面热工性能指标见表 7-21。

表 7-21　彩色钢板聚氨酯硬泡夹芯保温屋面热工性能指标

屋面构造	保温层厚度 δ(mm)	屋面总厚度 (mm)	热惰性指标 D 值	热阻 R (m²·K/W)	传热系数 K [W/(m²·K)]
彩色钢板 聚氨酯硬质泡沫板 (ρ_0=30~45,λ_c=0.029) 彩色钢板	40	40	0.50	1.38	0.65
	60	60	0.75	2.07	0.45
	80	80	0.99	2.76	0.34

四、围护结构的门窗设计

1. 窗户的热损失

窗户是除墙体之外,围护结构中热量损失的另一个大户。一般而言,窗户的传热系数远大于墙体的传热系数,所以尽管窗户在外围护结构表面中占的比例不如墙面大,但通过窗户的传热损失却有可能接近甚至超过墙体。因此,对窗户的节能必须给予足够的重视。

窗户的热损失主要包括通过窗户传热耗热和通过窗户的空气渗透耗热。窗户的节能应从改善窗户保温性能、减少窗户冷风渗透和控制窗墙面积比三方面着手来提高。

2. 窗户的保温性能

窗户的保温性能主要可以从窗用型材和玻璃的保温性能来考虑。

(1)窗用型材。目前,我国常用的窗用型材有木材、钢材、铝合金、塑料。表 7-22 中列出了上述四种窗框材料的导热系数值。从表中可以看出,木材和塑料的保温隔热性能优于钢材和铝合金材料。但钢材和铝合金经断热处理后,热工性能明显改善。与 PVC 塑料复合,也可显著降低其导热系数。

表 7-22　几种材料的导热系数值(λ)

品种	木材(横)	泡沫	钢材	石棉
λ[W/(m·K)]	0.14~0.17	0.045	36~54	0.15

（2）窗用玻璃。玻璃按其性能不同可分为平板玻璃、中空玻璃、镀膜玻璃和彩色玻璃（吸热玻璃）四类，另外，还有一些新型镀膜玻璃（如低辐射玻璃）。表 7-23 列出几种玻璃的传热系数。

表 7-23　几种玻璃的传热系数（K）

材料名称	构造、厚度（mm）	传热系数 K[W/(m² · K)]
单层玻璃	—	6.2
单层中空玻璃	5＋9＋5	2.22
单层中空玻璃	5＋12＋5	2.08
双层中空玻璃	5＋9＋5	3.26
双层中空玻璃	5＋12＋5	3.11

玻璃的导热系数很大，薄薄的一层玻璃，其两表面的温差只有 0.4℃，热量很容易流出或流入。而具有空气间层的双层玻璃窗，内外表面温度差接近于 10℃，使玻璃窗的内表面温度升高，减少了人体遭受冷辐射的程度，所以采用双层玻璃窗，不仅可以减少供暖房间的热损失以达到节约能源的目的，而且可以提高人体的舒适感。另外，中空玻璃、低辐射玻璃的保温性能很好，国外已较普遍地使用。由于其技术性要求高，价格昂贵，目前国内已在一些大型建筑中使用，随着经济的发展和技术的进步，这些玻璃可逐渐推广使用。

（3）常用门窗的性能。下面列出了几种材料门窗的传热系数值。

1）钢窗的传热系数见表 7-24。

表 7-24　钢窗的传热系数（K）

窗框材料	窗户类型	空气层厚度（mm）	窗框窗洞面积比（%）	传热系数 K[W/(m² · K)]
普通钢窗	单框双玻璃	6～12	12～30	3.9～4.5
		16～20		3.6～3.8
	双层窗	100～140		2.9～3.0
	单框中空玻璃窗	6		3.6～3.7
		9～12		3.4～3.5
	单框单玻窗＋单框双玻窗	100～140		2.4～2.6
彩板钢窗	单框双玻窗	16～12		3.4～4.0
		16～20		3.3～3.6
	双层窗	100～140		2.5～2.7
	单框中空玻璃窗	6		3.1～3.3
		9～12		2.9～3.0
	单框单玻窗＋单框双玻窗	100～140		2.3～2.4

2)金属门的传热系数见表 7-25。

表 7-25　金属门的传热系数(K)

门框材料	类型	玻璃比例(%)	传热系数 $K[W/(m^2 \cdot K)]$
金属	单层板门	—	6.5
	单层玻璃门	不限制	6.5
	单框双坡门	<30	5.0
	单框双坡门	30～70	4.5
无框	单层玻璃门	100	6.5

3)铝合金窗的传热系数见表 7-26。

表 7-26　铝合金窗的传热系数(K)

窗框材料	窗户类型	空气层厚度(mm)	窗框窗洞面积比(%)	传热系数 K $[W/(m^2 \cdot K)]$
普通铝合金	单框双玻璃	6～12	20～30	3.9～4.5
		16～20		3.6～3.8
	双层窗	100～140		2.9～3.0
	单框中空玻璃窗	6		3.6～3.7
		9～12		3.4～3.5
	单框单玻窗＋单框双玻窗	100～140		2.4～2.6
中空断热	单框双玻窗	16～12		3.1～3.3
		16～20		2.7～3.1
	单框中空玻璃窗	6		2.7～2.9
		9～12		2.5～2.6

4)塑料窗的传热系数见表 7-27。

表 7-27　塑料窗的传热系数(K)

窗户类型	空气层厚度(mm)	窗框窗洞面积比(%)	传热系数 $K[W/(m^2 \cdot K)]$
单框单玻窗	—		4.7
单框双玻窗	6～12	30～40	2.7～3.1
	16～20		2.6～2.9
双层窗	100～140		2.2～2.4
单框中空玻璃窗	6		2.5～2.6
	9～12		2.3～2.5
单框单玻窗＋单框双玻窗	100～140		1.9～2.1
单框低辐射玻璃窗	12		1.7～2.0

5)塑料门的传热系数见表 7-28。

表 7-28 塑料门的传热系数（K）

门框材料	类型	玻璃比例（%）	传热系数 $K[W/(m^2 \cdot K)]$
塑料（木）	单层板门	—	3.5
	夹板门、夹芯门	—	2.5
	双层双玻门	不限制	2.0
	单层玻璃门	<30	4.5
	单层玻璃门	30~60	5.0

3. 窗户的气密性

建筑物通过窗户的冷风渗透损失大量的热量,约占总换热量的 20%多,窗户的气密性好坏对节能有很大的影响。窗户的气密性差时,通过窗户的缝隙渗透入室内的冷空气量加大,采暖耗热量随之增加。提高门窗的气密性对建筑物的节能非常有利,换气次数由 0.81 次/h 降到 0.51 次/h,耗热量指标降低 10%左右。因此,改善窗的气密性是十分必要的。当然,窗户的气密性首先要保证室内人员生理、卫生的需要。

窗户的气密性可用单位时间、单位长度窗缝隙所渗透的空气体积表示。《建筑外门窗气密、水密、抗风压性能分级及检测方法》(GB 7106—2008)中,把窗户按空气渗透性能分级见表 7-29。

表 7-29 外窗按其空气渗透性分级（压差=10 Pa 的条件下）

分级	2	3	4	5
单位缝长指标值 $q_1[m^3/(m \cdot h)]$	$4.0 \geq q_1 > 2.5$	$2.5 \geq q_1 > 1.5$	$1.5 \geq q_1 > 0.5$	$q_1 \leq 0.5$
单位面积指标值 $q_2[m^3/(m \cdot h)]$	$12 \geq q_2 > 7.5$	$7.5 \geq q_2 > 4.5$	$4.5 \geq q_2 > 1.5$	$q_2 \leq 1.5$

加强窗户的气密性,要从以下几个方面着手:①合理选用窗户所用型材,提高窗户所用型材的规格尺寸、准确度、尺寸稳定性和组装的精确度,减少开启缝的宽度,达到减少空气渗透的目的;②采用密封条、密封胶或其他密封材料、挡风设施,提高外窗的气密水平,减少渗透能耗;③合理设计窗户的形式,减少窗缝的总长度。④可采用节能换气装置,把欲排到室外的热空气与进入室内的新鲜空气进行不接触换热,提高进气温度,减少换气能耗(50%左右)。

在钢窗中,只有制作和安装质量良好的标准型气密窗、国标气密条密封窗以及类似的带气密条的窗户,才能达到规定要求,但这几类窗户价格昂贵,技术水平要求高。

4. 窗墙面积比的设计

窗户的主要目的是采光、通风、眺望、丰富建筑立面等。窗户数量过少或尺寸过小,会使人们产生禁闭和不快感。同时,室内显得昏暗,甚至白天也需要照明,这样反而会增加能耗。另外,外窗面积、形状的设计影响着建筑立面效果。总之,窗户面积大小的设计,不能单纯只求绝热,必须全面综合地加以考虑。

关于窗墙面积比确定的基本原则,是依据这一地区不同朝向墙面冬、夏日照情况(日照时间长短、太阳总辐射强度、阳光入射角大小)、冬、夏室内外空气温度、室内采光设计标准以及开窗面积与建筑能耗所占比率等因素综合考虑确定的。

住宅的窗户不管哪个方向的窗户要优先选用单框双玻窗和双层窗,尤其在北向不宜选用单层窗。一般普通窗户(包括阳台门的透明部分)的保温隔热性能比外墙差得多,冬季通过窗户的耗热比外墙大得多,增大窗墙面积比对节能不利。从节能角度出发,必须限制窗墙面积比,尤其对于北向窗,寒冷地区村镇住宅北向不开或开小的换气窗。

一般南向窗的透明玻璃窗在冬季是有利的,尤其是采用双层窗,与其热损失相比,太阳辐射所起的辅助作用更大些。利用双层玻璃窗或双层窗,对太阳能的摄取超过了它本身的热损失,这样南向窗本身就变成太阳能利用的部位。同时,随着人们物质文化水平的提高,对住宅的舒适性要求也在不断地提高,住户越来越偏爱大面积的窗户。农村住宅南向窗面积增大,冬季获得大量的太阳能,有利于减少住宅建筑的能耗;夏季晚上室外气温下降,打开窗使热量尽快散出。

在住宅北向设窗,是为了利用天空的散射光来进行采光,而且在夏季,北窗有利于与其他门窗组织穿堂风进行通风。对于东、西向窗,尤其是西向窗,要注意设置遮阳设施,避免西晒。

五、围护结构的其他部位及朝向设计

1. 楼梯间隔墙、首层地面、阳台门、户门

从传热耗热量的构成来看,外墙所占比例最大,占总耗热量的 1/3;其次是窗户,传热耗热约占总能耗的 1/4、空气渗透约 20%;接着是屋顶和楼梯间隔墙(在有不采暖楼梯间情况下),地面、户门和阳台门下部所占比例较小,但这些部位的保温是不可忽视的,否则,建筑物的热舒适性能、建筑物的节能效益以及经济效益都受到影响。由对围护结构进行能耗分析和外保温节能量计算的结果可知,随着外墙保温层厚度的不断增加,节能效果的增加不再显著;当达到一定厚度以后,节能效果将趋于不变。

根据《严寒和寒冷地区居住建筑节能设计标准》(JGJ 26—2010),建筑物的耗热量不仅与其围护结构的外墙、屋顶和门窗的构造做法有关,而且与其楼梯间隔墙、首层地面等部位的构造做法有关。而且,当围护结构各部位的 K 值相差较大时,使他们表面之间的温差加大,而且 K 值小的表面温度更低,增强了对流和辐射换热,从而导致其传热损失更大。因此,我们不仅对围护结构的主体外墙、窗户和屋面进行保温设计,而且必须对建筑物其他部位的构造做法对建筑节能的影响引起足够的重视。

同样,户门、阳台门和首层地面的保温性能必须给予重视,保证住宅围护结构整体的保温性能,提高人体的热舒适性。户门、阳台门要增加其保温隔热性能,加强门的气密性,如图 7-21所示为首层地面构造做法大样。

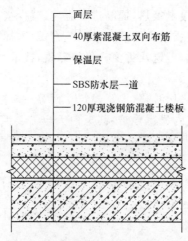

— 面层
— 40厚素混凝土双向布筋
— 保温层
— SBS防水层一道
— 120厚现浇钢筋混凝土楼板

图 7-21　首层地面构造做法大样(单位:mm)

2. 建筑的朝向

建筑物的朝向对于建筑节能亦有很大的影响。同是长方形建筑物,南向太阳辐射量最大,当其为南北向时,耗热量较少。而且,在面积相同的情况下,主朝向面积越大,这种倾向越明显。

因此,从节能角度出发,如果总平面布置允许自由考虑建筑物的朝向和形状,则应首先选择长方形体型,采用南北朝向。由于地形、地势、规划等因素的影响,朝向不能成为南北向;在居住小区总体规划中,要考虑当地主导风向组织小区的自然通风,减少建筑物的风影区,或组织单体建筑的自然通风时,要尽量使建筑物朝向南偏西或南偏东,不超过 $45°$。

第四节　建筑体型节能设计

一、体型系数

建筑物的耗热量主要与以下几个因素有关:体型系数、围护结构的传热系数、窗墙面积比、楼梯间开敞与否、换气次数、朝向、建筑物入口处是否设置门斗或采取其他避风措施。建筑体型的设计对建筑的节能有很大的影响。

体型系数是指建筑物围合室内所需与大气接触外包表面积(F_0)与其体积(V_0)的比值,即围合单位室内体积所需的外包面积,用 $S=F_0/V_0$ 表示。由于建筑物内部的热量是通过围护结构散发出去的,所以传热量就与外表面传热面积相关。体型系数越小,表示单位体积的外包表面积越小,即散失热量的途径越少,越具有节能意义。

二、体型系数对节能节地的影响

我国《严寒和寒冷地区居住建筑节能设计标准》(JGJ 26—2010)对寒冷和严寒地区以体型系数 0.3 为界,对集中供暖居住建筑的围护结构的传热系数给予限定,通过限制围护结构的传热系数来弥补由于体型系数过大而造成的能源浪费,但对农村住宅没有给出明确的规定。大量研究证明,在其他条件相同的情况下,建筑物的采暖耗热量随体型系数的增大而呈正比例升高。根据节能标准规定,当体型系数达到 0.32 时,耗热量指标将上升 5% 左右;当体系功能系数达到 0.34 时,耗热量指标将上升 10% 左右;当体型系数上升到 0.36 时,耗热量指标将上升 20% 左右。如果体型系数进一步增大,则耗热量指标将增加得更快。农村的平房住宅体型系数偏大,对节能节地极其不利。所以,在设计村镇住宅时,要逐步改变延续传统的住宅规划及住宅设计思想,应对这些住宅进行整体规划,合理控制建筑的体型系数,达到节约能源、节约土地、保护环境的目的。

住宅仅从体型设计方面就具有很大的节能、节地、节材潜力,具有良好的经济效益、社会效益和环境效益。在其他条件相同的情况下,建筑的能耗与建筑的体型系数有着直接的关系,为了分析不同体型系数的节能性,对两种体型系数的设计方案作一比较。对于三开间分别为 3 300 mm,3 300 mm,3 900 mm,总进深为 9 000 mm,层高 2.8 m 的住宅来说,表 7-30 分析了两种方案体型系数及能耗比较。

表 7-30　两种方案体型系数及能耗比较

方案	简图	层数	体型系数	四户外表面积(m²)	能耗节约率(%)
方案 1		单层	0.77	814.8	—

方案	简图	层数	体型系数	四户外表面积（m²）	能耗节约率（%）
方案2		二层	0.49	525	36

从表 7-4 中的数据明显得出，由于体型系数的减小，住宅散失热量的外表面积明显减少，能耗大幅度降低，在其他条件相同的情况下，能耗降低达 36%。这样，每年势必会节约大量的燃煤，降低冬季采暖费用。同时，由于减少供暖燃煤，可相应减少由于燃煤释放的大量 CO_2、SO_2 等气体，减少对大气的污染，减少酸雨的形成，具有良好的环境效益。

另外，从耗材方面考虑，减小体型系数可以节约大量的建筑材料。以外墙 370 mm 厚黏土空心砖，20 mm 厚内外抹；内墙 240 mm 厚黏土空心砖，20 mm 厚内外抹灰考虑。按照所设计方案的户型考虑，每四户住宅可节约两户约 189 m² 的屋顶材料、约 4.9 m³ 的墙体材料和约 0.52 m³ 内外抹灰。同时，如果按建筑全寿命周期考虑，节约材料的同时减少了生产建筑材料所需的能耗，具有良好的经济效益。

因此，住宅建筑在平面布局上外形不宜凹凸太多，尽可能力求完整，以减少因凹凸太多形成外墙面积大而提高体型系数。组合上最好是两个以上单元组合。

为了保证日照的要求，保证交通、防火、施工等要求，每栋建筑之间需要有足够的间距。单从日照考虑，把一幢五层住宅和五幢单层的平房相比，在日照间距相同的条件下，用地面积要增加 2 倍左右，道路和室外管线设施也都相应增加。在村镇规划时，由于每户附带一庭院，对于二层住宅很容易满足日照间距的要求，每栋住宅之间的距离保证交通、防火、施工等要求即可。珍惜和合理利用每寸土地，是我国的一项基本国策。可见，农村发展多层住宅（与平房相比体型系数减小）对节约用地是非常有利的。

三、体型对日辐射得热的影响

仅从冬季得热最多的角度考虑，应使南向墙面吸收的辐射热量尽可能地最大，且尽可能地大于其向外散失的热量，以将这部分热量用于补偿建筑的净负荷。

将同体积的立方体建筑模型按不同的方式排列成为各种体型和朝向，从日辐射得热多少角度可以得出建筑体型对节能的影响。由图 7-22 可以看出，立方体 A 是冬季日辐射得热最少的建筑体型，D 是夏季日辐射得热最多的体型，E、C 两种体型的全年日辐射得热量较为均衡。长、宽、高比例较为适宜的 B 种体型，在冬季得热较多，在夏季得热为最少。

四、体型对风的影响

风吹向建筑物，风的方向和速度均会发生相应的改变，形成特有的风环境。单体建筑的三维尺寸对其周围的风环境影响很大。从节能的角度考虑，应创造有利的建筑形态，减少风流、降低风压，减少能耗损失。建筑物越长、越高、进深越小，其背面产生的涡流区越大，流场越紊乱，对减少风速、风压有利，如图 7-23、图 7-24 和图 7-25 所示（图中 a 为建筑物长度，b 为建筑物宽度，h 为建筑物高度）。

从避免冬季季风对建筑物侵入来考虑，应减少风向与建筑物长边的入射角度。

建筑平面布局、风向与建筑物的相对位置不同，其周围的风环境有所不同，如图 7-26～图 7-29 所示。由图 7-26 可以看出，风在条形建筑背面边缘形成涡流。风在 L 形建筑中，如图

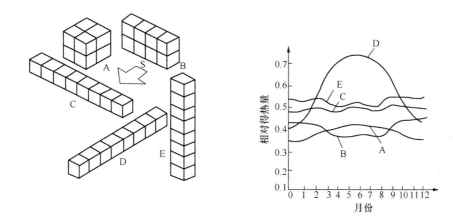

图 7-22　同体积不同体型建筑日辐射得热量

7-27中的两个布局对防风有利。U 形建筑形成半封闭的院落空间,如图 7-28 所示的布局对防寒风十分有利。全封闭建筑当有开口时,其开口不宜朝向冬季主导风向和冬季最不利风向,而且开口不宜过大,如图 7-29 所示。

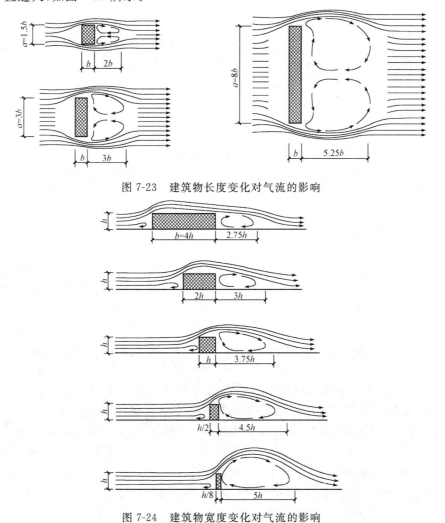

图 7-23　建筑物长度变化对气流的影响

图 7-24　建筑物宽度变化对气流的影响

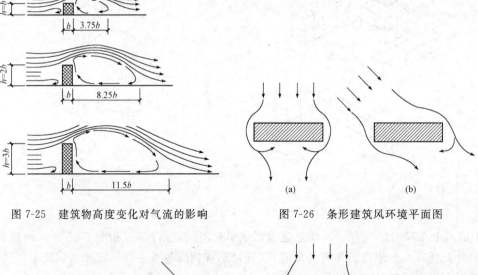

图 7-25　建筑物高度变化对气流的影响　　　　图 7-26　条形建筑风环境平面图

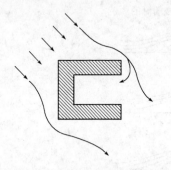
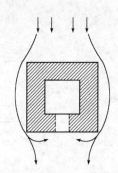

图 7-27　L 形建筑风环境平面图

图 7-28　U 形建筑风环境平面图　　　　图 7-29　方形建筑风环境平面图

　　不同的平面形体在不同的日期内,建筑阴影位置和面积也不同,节能建筑应选择相互日照遮挡少的建筑形体,以利减少因日照遮挡影响太阳辐射得热,如图 7-30 所示。

　　总之,体型系数不只影响建筑物外围护结构的传热损失,它还与建筑造型、平面布局、采光通风等紧密相关。体型系数太小,将制约建筑师的创造性,使建筑造型呆板,平面布局困难,甚至损害建筑功能。因此,在进行住宅的平面和空间设计时,应全面考虑,综合平衡,兼顾不同类型的建筑造型,在保证良好的围护结构保温性能、良好的朝向及合适的窗墙面积比、合理利用可再生能源等情况下,使体型不要太复杂,凹凸面不要太多。

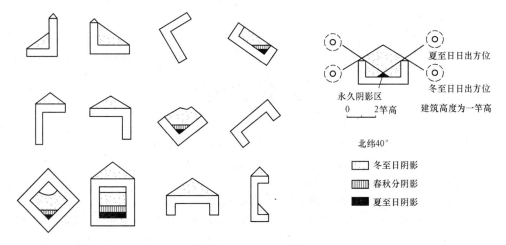

夏至日日出方位
冬至日日出方位
永久阴影区
0　　2竿高　　建筑高度为一竿高

北纬40°

冬至日阴影
春秋分阴影
夏至日阴影

图 7-30　不同平面形体在不同日期的房屋阴影

参 考 文 献

[1] 同济大学,东南大学等.房屋建筑学[M].北京:中国建筑工业出版社,2005.

[2] 单德启.小城镇公共建筑与住宅设计[M].北京:中国建筑工业出版社,2004.

[3] 刘建荣,房屋建筑学[M].武汉:武汉大学出版社,2005.

[4] 李必喻.建筑构造:上册[M].北京:中国建筑工业出版社,2005.

[5] 中华人民共和国住房和城乡建设部.GB/T 50001—2010 房屋建筑制图统一标准[S].北京:中国建筑工业
    出版社,2011.

[6] 骆中钊,李宏伟,王炜.小城镇规划与建设管理[M].北京:化学工业出版社,2005.

[7] 林川等.小城镇住宅建筑节能设计与施工[M].北京:中国建材工业出版社,2004.

[8] 张泽蕙等.中小学建筑设计手册[M].北京:中国建筑工业出版社,2001.

[9] 骆中钊.小城镇现代住宅设计[M].北京:中国电力出版社,2006.

[10] 方明,刘军.新农村建设政策理论文集[M].北京:中国建筑工业出版社,2006.

[11] 赵键.建筑节能工程设计手册[M].北京:经济科学出版社,2005.

[12] 彰国社.国外建筑设计详图图集 13-被动式太阳能建筑设计[M].北京:中国建筑工业出版社,2004.

[13] 胡吉士等.建筑节能与设计方法[M].北京:中国计划出版社,2005.